计算思维与大学计算机基础（微课版）

邵增珍 姜言波 刘倩 编著

清华大学出版社
北京

内容简介

本书详细介绍了信息技术基础，包括信息与信息社会，计算机的起源、应用与发展，计算机内部数据的表示，计算机系统和微型计算机系统；着重介绍了计算思维的相关知识，包括算法表示及算法复杂性分析、数据结构、程序设计及基本控制结构、面向对象技术等；详细介绍了新一代信息技术，包括物联网、大数据、云计算、人工智能、区块链、移动互联网、虚拟现实、智能制造与智慧城市的基本概念，并对其应用领域进行了说明；介绍了传统关系数据库的基本理论及 NoSQL 数据库的基本知识。为提高读者的计算机操作能力，本书还讲解了 Windows 10 操作系统和 Office 2016 办公软件。同时，本书还介绍了计算机网络基础与网页设计、数字多媒体技术及信息安全等内容。

全书共分 11 章。第 1～4 章为基础理论篇，介绍信息技术基础、计算思维、新一代信息技术、数据库管理系统；第 5～8 章为操作篇，介绍 Windows 10、Word 2016、Excel 2016、PowerPoint 2016 的功能及重要操作；第 9～11 章为网络及数字媒体应用篇，介绍计算机网络基础、数字多媒体技术及信息安全的基本概念。

本书适合作为高等院校非计算机专业的"大学计算机基础"公共课教材，也适合广大信息技术爱好者和职场办公人员使用。

图书在版编目(CIP)数据

计算思维与大学计算机基础：微课版/邵增珍，姜言波，刘倩编著. —北京：清华大学出版社，2021.9
ISBN 978-7-302-58558-9

Ⅰ. ①计… Ⅱ. ①邵… ②姜… ③刘… Ⅲ. ①计算方法－思维方法－高等学校－教材 ②电子计算机－高等学校－教材 Ⅳ. ①O241 ②TP3

中国版本图书馆 CIP 数据核字(2021)第 132320 号

责任编辑：张 玥
封面设计：常雪影
责任校对：徐俊伟
责任印制：沈 露

出版发行：清华大学出版社
网 址：http://www.tup.com.cn，http://www.wqbook.com
地 址：北京清华大学学研大厦 A 座 **邮 编**：100084
社 总 机：010-62770175 **邮 购**：010-83470235
投稿与读者服务：010-62776969，c-service@tup.tsinghua.edu.cn
质量反馈：010-62772015，zhiliang@tup.tsinghua.edu.cn
课件下载：http://www.tup.com.cn，010-83470236
印 装 者：三河市天利华印刷装订有限公司
经 销：全国新华书店
开 本：185mm×260mm **印 张**：18.75 **字 数**：445 千字
版 次：2021 年 9 月第 1 版 **印 次**：2021 年 9 月第 1 次印刷
定 价：69.80 元

产品编号：092555-01

前言

以计算机技术为核心的现代信息技术正在影响和改变着人类的生产、生活和学习方式,尤其影响了人类的创造性思维。计算思维概念的提出,使人类对计算机应用的认识达到了一种新的高度。信息技术正在改造传统领域,也正在催生新的领域和学科。当代大学生是未来社会的建设者,计算机应用能力水平的高低已经成为衡量其能否承担未来建设重任的重要指标。

本书以提高大学生计算机应用能力为基础,以培养计算思维能力为目标,梳理了信息社会对专业技术人员的技术要求,形成了相应的章节。按照循序渐进的原则,笔者对全书内容进行了精心设计和安排,针对重点内容进行了详细讲解。课后配备的部分习题方便读者自查。另外还配套了试题汇编。本书可以提高学生的计算机应用能力和计算思维能力,使其对新一代信息技术的发展具有更高的敏感度。本书既可以作为非计算机类专业学生的教材,也可以作为计算机爱好者和办公人员的参考用书。

全书共分 11 章,编写思路为先讲解理论,再讲解操作,最后讲解网络及数字媒体应用。内容讲解由浅入深,层次清晰,通俗易懂。第 1 章为信息技术基础,介绍信息与信息社会,计算机的起源、应用与发展,计算机内部数据的表示,计算机系统及微型计算机系统等;第 2 章为计算思维,介绍计算思维的基本知识、算法表示及算法复杂性分析、数据结构、程序设计及基本控制结构、面向对象技术等;第 3 章介绍新一代信息技术,包括物联网、大数据、云计算、人工智能、区块链、移动互联网、虚拟现实、智能制造与智慧城市等。第 4 章为数据库管理系统,介绍数据库的基本概念、关系模型与关系数据库,以及 NoSQL 数据库;第 5 章为 Windows 10 操作系统,介绍操作系统基础理论以及 Windows 10 的应用;第 6 章为 Word 2016 应用,重点介绍 Office 2016 的主要功能及其基本操作;第 7 章为 Excel 2016 应用,重点介绍 Excel 的主要功能及其基本操作;第 8 章为 PowerPoint 2016 应用,重点介绍 PowerPoint 的视图方式及其应用;第 9 章为计算机网络基础与网页设计,介绍计算机网络基础、Internet 基础及应用、网页基本概念等;第 10 章为数字多媒体技术,介绍数字多媒体技术的相关概念、应用领域及常用软件、数字多媒体系统组成等;第 11 章为信息安全,介绍信息安全基本概念、计算机犯罪、常见的信息安全技术等。

本书具有以下特点:

(1) 遵照教指委有关信息技术课程最新培养目标和方案,合理安排信息技术基础知识体系。结合社会对行业工作人员的实际需要,本着提高信息思维能力的原则组织全书内容的编写。

(2) 注重理论和实践的结合。本教材充分考虑读者的实际需要,采用逐步深入的方法介绍计算机基础理论及计算机应用工具,使用户逐渐掌握相关理论及实践技能。

(3) 本书内容丰富,既包括计算机基础理论,又包括新一代信息技术。在知识内容安排上采取层层推进的方法,使得读者易于接受和掌握。

(4) 本书的重难点内容均配有教学视频讲解,读者可扫描封底刮刮卡注册,再扫描书中二维码观看学习。教学大纲、教学课件等配套资源,读者可登录清华大学出版社网站(www.tup.tsinghua.edu.cn)下载。

(5) 各章配有选择题、判断题、填空题、简答题及综合应用题等,并配有在线作业库系统。读者可扫描封底作业系统二维码注册获取习题及答案,以巩固所学知识。

本书由邵增珍、姜言波、刘倩共同编写。其中,邵增珍编写了第1、2、3、4章并统稿,姜言波编写了第5、6、7、8章和各章习题,刘倩编写了第9、10、11章。本书吸取了国内外优秀教材的精髓,这里对提供资源的作者表示由衷的感谢。本书的编写得到了刘伯明教授、孙洪峰教授、董树霞副教授和刘辉老师的支持和帮助,在此表示衷心的感谢。感谢我的儿子邵齐家,他为本书做了大量校稿工作。本书还得到了清华大学出版社的大力支持,在此表示诚挚的感谢。

由于作者水平有限,书中难免有不妥和疏漏之处,恳请各位专家、同仁和读者不吝赐教。

邵增珍

2021年7月

目录

第1章 信息技术基础

学习目标：

掌握信息与数据的基本概念；掌握计算机的起源、应用与发展；掌握计算机内部数据的表示；了解计算机系统；掌握微型计算机的定义、概念、主要性能指标；了解总线及主板的概念。

1.1 信息与信息社会

1.1.1 信息与数据

1. 信息的定义

当前，我们所处的时代称为“信息化时代”，所处的社会称为“信息化社会”。然而，什么是信息？信息从何而来？我们赖以生存的自然环境中充满各种各样的信息，风雨雷电、月亮阴晴圆缺表达的是自然界呈现给人类的信息，喜怒哀乐、婚丧嫁娶表达的是人类社会的情感世界和人类活动的信息，朋友圈、融媒体、物联网承载的则是现代社会的更加丰富多彩的信息，甚至有人用“信息爆炸”来形容这个辉煌的时代。目前，人们普遍认为，那些用语言、文字、符号、图形图像等方式表示的消息、新闻、数据及情报等都可以称为信息。

即便如此，有关信息的确切定义仍然没有定论，各位专家、学者从不同角度对信息进行了大量阐述。1948年，控制论创始人维纳认为：信息是我们在适应外部世界、感知外部世界的过程中与外部世界交换的内容。信息就是信息，既不是物质，又不是能量。也就是说，人们通过感官接收到的外部事物及其变化中都含有信息。同年，信息论的创始人香农在题为“通信的数学理论”的论文中指出“信息是用来消除随机不定性的东西”。他认为，信息的功能就在于消除事物的不确定性，人们掌握有关某事物的信息量越大，对该事物的认识就越清晰，不确定性就会变成确定性。我国的钟义信教授则认为：信息是关于事物运动的状态和规律，或者说是关于事物运动的知识。知名科学家李衍达院士则认为：信息反映的是事物的状态、特性和变化。

我们认为，信息能够反映事物本身的形态、结构、状态等特征，这些特征或者可以用人的感觉器官感受得到，或者可以用各种探测设备、记录设备探测并记录得到。信息是一个动态而非静态的概念，随着时代的发展，它将被不断赋予更多、更新的内涵。随着全球信息化时代的到来，“信息”的概念已经同通信技术、微电子技术、信息技术、计算机网络技术、多媒体技术等密切联系在一起。

一般认为，信息是在自然界、人类社会和人类思维活动中普遍存在的一切物质和事物的属性。

2. 信息的性质

物质、能量和信息是构成世界的三大基本要素和三大基本资源，但是信息不同于物质和能量，它有着自己独特的性质。

1）共享性

信息的共享性指的是信息可以发给多个接收者，而信息本身并不减少，这是信息不同于物质和能量的重要特征之一。你和你的朋友各有一个苹果，互相交换之后，每个人还是只有一个苹果；但如果你和你的朋友各有一条信息，交流之后每个人都会拥有两条信息。显然，这体现了信息的共享性特征。

2）独立性

信息刻画的是物质及事物的属性，但是脱离开它所反映的事物后，信息也可被独立保存和传输，这就是信息的独立性。这里的“独立性”和信息的载体无关，只是说明了信息可以离开它所反映的事物。例如，文字描述的可能是几千年以前的故事，保存的甚至是远古祖先的智慧，故事和智慧早已消逝在历史的长河中，但是文字信息中闪烁的思想精髓，却一直在滋养着一代又一代人。再例如，现代技术可以让人造设备到达人类从来未曾到达过的地方，并采集信息回来。这些都说明，信息可以和它所反映的事物分离并独立存在，我们可以采集、存储、传输、应用这些信息。当然，信息虽然可以独立存在，但并不是凭空存在或凭空产生的，信息不是虚妄的。

3）多样性

同一条信息，其存储形式和存储载体可能是多种多样的。例如，在古代，文字是刻在石头、动物骨骼或竹片上的；到了近现代，文字是印刷在纸张上的；而到了现在，文字是保存在存储器中的。虽然有这么多的存储形式或存储载体，但文字还是那个文字，其意义并没有发生变化，这就体现了信息的多样性。

4）本质性

相对于物质和能量，信息更能刻画事物的内在本质特征，因为信息反映的是事物的运动状态及规律性特征。人们掌握了事物的这些特征，并对这些信息进行存储、传输和加工，可以得到更多更有意义、更深层次的有价值的信息。所以，从这一方面来看，信息的出现、交流及应用对人类认知世界、认知自我并作出更为科学的判断具有重要意义。

5）普遍性

宇宙中的万事万物都是运动着、变化着的，而运动、变化将产生无限的信息。因此，可以说任何事物中都包含着信息，信息世界涉及所有事物，这实际体现了信息的普遍性，也是人类社会离不开信息的根本原因。

6）无限性

随着科技的发展，人类所能感知到的信息越来越多，人类获取信息的范围也越来越宽广。我们不仅可以通过高精尖仪器设备探测到夸克，也可以将目光投向遥远的外太空。这一切都体现了信息的无限性。

3. 数据的定义

数据是指存储在某种媒体上，可以加以鉴别的符号资料。使用计算机处理信息时，必须将要处理的有关信息转换成计算机能识别的符号。信息的符号化就是数据，所以数据是信息的具体表示形式。

从计算机的角度看，数据指可以被计算机接收并处理的符号。这里的“符号”，不仅可以指文字、数字、字母，还可以指图形、图像、声音、视频、音频等。同一个信息也可以用不同的数据形式表示，例如，“Chinese”“中国人”虽然形式不同，但表示的含义相同。

在日常应用中，“数据”和“信息”是不作严格区分的，但是从信息科学的角度看，它们还是有所区别的。数据是信息的表现形式，是信息的载体，信息是对数据进行加工得到的结果。人类拥有的信息越多，对信息处理的手段和方法越先进，人类获得新信息甚至新知识的可能性就越大。

4. 知识的定义

知识反映的是世界的状况、变化和规律。从这个角度讲，知识就是信息。但要清楚，知识实际上是从信息中提炼出来的，反映的是比信息更为本质的东西。就如同从铁矿石中提取钢铁一样，知识的获取是一个不断提炼、不断累积、不断总结的过程。所以，信息和知识有极其密切的关系，但是信息绝不是知识，信息是知识的原材料，知识是对信息进行深度加工的抽象产物。例如，当前流行的知识发现（Knowledge Discovery in Database，KDD）的概念，其含义就是从各种媒体表示的信息中，根据不同的需求获得知识，其目的是向使用者屏蔽原始信息或数据的细节，提炼出更有意义、简洁的知识。

1.1.2 信息技术、信息社会与信息经济

1. 信息技术

所谓信息技术，指的是人们获取、存储、处理、开发和利用信息资源的各种相关技术。信息技术包括传感技术、新型元器件技术、微电子技术、通信技术、网络技术、计算机技术、人工智能技术等。在现代信息技术中，传感技术、计算机技术、通信技术和网络技术是主导性技术，其中计算机在其中起着至关重要的作用。计算机也被称为信息处理机，通过计算机可以高质量地完成信息整理、存储、加工、分析处理等工作。不管是传感技术、通信技术还是网络技术，计算机技术在其中都起着重要的作用。可以说，信息处理过程的每一个环节都有计算机直接参与的身影。

利用计算机处理信息时，需要把外部信息转换成计算机可以识别的符号，这实际上就

是信息的符号化过程。当然，要输出计算机内部数据时，也要将之转换成用户或外部设备可以识别的形式。

2. 信息社会

人类文明已经经历了农业社会和工业社会两大时期。电子计算机出现以后，人类社会开始进入信息社会。20 世纪 90 年代初期，世界的主要发达国家开始建设高速度、大容量、具备多媒体特征的高速信息传输干线，称为"信息高速公路"(Information Highway)。1993 年 9 月，美国政府宣布实施一项新的高科技计划——国家信息基础设施(National Information Infrastructure，NII)，旨在以因特网为基础兴建信息时代的"信息高速公路"。截至目前，世界上已经建成了以光缆作为信息传输主干线的高速数据网。

在农业社会和工业社会，物质和能源是主要资源，而在信息社会，信息成为继物质和能源之后的第三重要的资源。以信息收集、加工、传播为主要经济形式的信息经济在国民经济中开始占据主导地位，并构成了社会信息化的物质基础。

3. 信息经济

所谓信息经济，是以现代信息技术等高科技为物质基础，以信息产业为主导的，基于信息、知识、智力的一种新型经济。信息经济又称为资讯经济、IT 经济，其最重要的成分是服务。作为信息革命在经济领域的伟大成果，信息经济是通过产业信息化和信息产业化两个相互联系和彼此促进的途径不断发展起来的。

1.1.3 计算机文化

计算机文化是自从计算机成为人类改造世界的工具后发展起来的新型文化形态，它揭示了信息时代的到来，说明人类文明又向前迈进了一大步。"文化"的产生和人类的形成与发展几乎是同步进行的，总是有一个由低级向高级迈进的过程。文化是人类社会的特有现象，它不是一个空洞的概念，而是经济基础、上层建筑和意识形态的复合体。文化是人类行为的社会化，是人类创造功能和创造成果的最高和最普遍的社会形式。

"计算机文化"的概念诞生于 20 世纪 80 年代初期。1981 年在瑞士洛桑召开了第三届世界计算机教育大会，科学家提出要树立计算机教育是文化教育的概念，呼吁人们应该高度重视计算机文化教育。自此，"计算机文化"的说法开始被各个国家广泛接受。

所谓计算机文化，是指以计算机为核心，集网络文化、信息文化、多媒体文化于一体，并对社会生活和人类行为产生深远而广泛影响的新型文化。因为使用计算机，人类的生产、生活方式发生了重大变化，由此产生一种特殊的、不同于以前任何文化的新型文化。所谓的"新"主要体现在以下几个方面。

(1) 计算机技术对自然科学、社会科学的不断渗透使得计算机表现出典型的文化特征。

(2) 计算机软件技术及硬件技术的广泛应用对人类思维、行为方式产生了深刻的影响。

(3) 计算机应用同各行各业深度融合，开始深刻影响及改变人们的思维方法及价值评判标准。

所有这一切都说明，作为一种新型文化，计算机文化已经对人类社会产生了深远而广泛的影响。计算机文化是人类文明发展的四个里程碑之一（前三个里程碑分别是语言的产生、文字的使用和印刷术的发明），而且计算机文化对人类的影响更为深刻和广泛。利用计算机的高速性和稳定性等特征，很多原本由人类承担的繁重劳动由计算机替代，人类可以有更多的时间从事更重要、更具创新性的工作。可以说，计算机文化作为一种新型文化，可对一个人进行更高水平的教育。传统的教育使得人类具有读、写、算的能力，而经过计算机文化教育的人还具有利用计算机进行信息处理的能力，这是计算机文化的真正内涵和价值。

1.2 计算机的起源、应用与发展

1.2.1 计算机的起源

现代计算机已经进入千家万户，成为很多普通家庭的标准配置，其发展速度之快是令人难以想象的。实际上，现代计算机是从古老的计算工具一步一步演化过来的。古代的先人们为了计数，发明了“结绳计数”。我国春秋时期开始出现算筹，到了唐代就出现了算盘。算盘是我国古代人们智慧的结晶，是一种采用纯粹的十进制的计算工具。

1620 年，英国学者纳皮尔发明了对数计算尺。1642 年，法国数学家布莱士·帕斯卡发明了机械计算机。19 世纪中期，英国数学家巴贝奇在世界上最早提出通用数字计算机的设计思想，并于 1832 年开始设计一种可实现自动化运算的分析机。这是非常了不起的成就，在现代计算机诞生 100 多年前，巴贝奇已经提出了几乎完整的计算机方案，因此被称为“计算机之父”。

1. ENIAC

世界上第一台真正意义上的计算机是 ENIAC（Electronic Numerical Integrator and Calculator），于 1946 年 2 月 14 日在美国宾夕法尼亚大学投入运行。ENIAC 的发明，奠定了电子计算机的发展基础，开辟了信息时代的新纪元，是人类第三次产业革命开始的标志，具有重要的历史意义。ENIAC 重达 30t，使用了 1.7 万多个真空电子管，功率超过 150kW，占地面积约 $170m^2$，采用十进制进行运算，每秒钟执行约 5000 次加法运算。参加 ENIAC 研制工作的是以美国宾夕法尼亚大学莫尔电机工程学院的莫奇利和埃克特为首的研究小组，冯·诺依曼、华人科学家朱传榘也参加其中。总工程师埃克特当时非常年轻，年仅 25 岁。

研制电子计算机的想法产生于第二次世界大战期间。当时各国正在激战，占主要地位的武器装备是飞机和大炮，因此研制和开发新型大炮和导弹就显得十分必要和迫切。为此，美国陆军军械部设立了弹道研究实验室，希望采用数值计算的方法快速计算弹道轨道，但当时的计算速度非常慢。为了改变这种不利的状况，莫奇利于 1942 年提出了试制第一台电子计算机的初始设想，期望用电子管代替继电器，以提高机器的计算速度。美国军方得知这一设想后，马上拨款大力支持，成立了一个以莫奇利、埃克特为首的研制小组，开始研制工作，预算经费为15万美元，最后总投资达到48万美元，这在当时是一笔巨款。

按照设计者最先的想法，设计ENIAC的目的是提高计算能力，替代人类传统的计算工具。但是ENIAC带给人类社会的远远不止这些，电子计算机的问世开创了一个新的时代——计算机时代，引发了一场由工业社会发展到信息社会的新技术产业革命浪潮，把人类社会推向了第三次产业革命的历史发展新纪元。

2. EDVAC

1945年，冯·诺依曼以"关于EDVAC(Electronic Discrete Variable Automatic Computer)的报告草案"为题，起草了长达101页的总结报告。报告广泛而具体地介绍了制造电子计算机和程序设计的新思想，是计算机发展史上一个划时代的文献，它向世界宣告了电子计算机时代的开始。EDVAC于1949年8月交付给美国弹道研究实验室。在发现和解决许多问题之后，直到1951年，EDVAC才开始运行，而且局限于基本功能。现在使用的计算机的基本工作原理仍然是存储程序和程序控制，所以现在一般计算机被称为冯·诺依曼结构计算机。鉴于冯·诺依曼在发明电子计算机中所起到的关键性作用，他被称为"现代计算机之父"。

3. EDSAC

电子延迟存储自动计算器(Electronic Delay Storage Automatic Calculator，EDSAC)是英国早期研制的计算机。1946年，英国剑桥大学数学实验室的莫里斯·威尔克斯教授和他的团队受冯·诺伊曼EDVAC的启发，以EDVAC为蓝本设计和建造了EDSAC。EDSAC也采用二进制，于1949年5月6日正式运行，是世界上第一台实际运行的存储程序式电子计算机。EDSAC在工程实施中遇到了资金缺乏的困难，后来威尔克斯说服了伦敦一家面包公司老板投资该项目，使得该项目绝处逢生。

1.2.2 计算机发展的四个阶段

从ENIAC到今天，电子计算机领域已经发生了翻天覆地的变化。根据计算机采用的主要元器件，人们把计算机的发展分为四个阶段，如表1.1所示。

表1.1 计算机发展的四个阶段

发展阶段	时间段	基本元件	应用
第一代计算机	1946—1957年	电子管(也称为真空管)	只能应用于科学计算
第二代计算机	1958—1964年	晶体管	不仅可以应用于科学计算，还可以进行数据处理
第三代计算机	1965—1970年	中小规模集成电路	已广泛应用于各个领域
第四代计算机	1971年至今	大规模和超大规模集成电路	开始了网络时代

1. 第一代计算机(1946—1957 年)

第一代计算机为电子管计算机,也称为真空管计算机。它采用电子管(真空管)作为基本逻辑元件,编程语言使用低级语言,即机器语言和汇编语言。由于采用电子管作为基本元件,第一代计算机的体积较大,能耗高,价格贵,但运行速度和可靠性不高,其主要作用是科学计算。代表机型有 EDVAC、UNIVAC、IBM 701 等。

2. 第二代计算机(1958—1964 年)

第二代计算机为晶体管计算机。它的主要逻辑元件是晶体管。同电子管相比,晶体管的体积变小,寿命变长,速度变快且更为省电。由于采用晶体管作为基本元件,第二代计算机的体积大大减小,而且运算速度和稳定性等有了很大提升,计算机的应用也由科学计算快速扩展到数据处理、过程控制等领域。代表机型有 IBM 7094、Honeywell 800 等。

3. 第三代计算机(1965—1970 年)

第三代计算机为集成电路计算机。它的主要逻辑元件是中小规模集成电路。该时期的中小规模集成电路技术可以把数十个甚至上百个电子元件集中做在一个硅片上,从而更缩小了体积,而且耗电更少,寿命更长,可靠性更高,速度更快。集成电路技术的出现大大提高了计算机的质量,计算机开始应用于各个领域。代表机型有 IBM 360 系列、DEC 的 PDP 系类小型机等。

4. 第四代计算机(1971 年至今)

第四代计算机为超大规模集成电路计算机。它的主要逻辑元件是大规模或超大规模集成电路。大规模或超大规模集成电路技术的应用,大大提高了电子元件的集成度,人们甚至可将计算机最为核心的部件(运算器和控制器)集中制作在一个小小的芯片上。实际上,现在民众普遍使用的微型机就是在这一技术背景下诞生的,世界知名的 CPU 制造商英特尔公司也是在这一时期推出了全球第一款微处理器。第四代计算机无论在运算速度、存储容量、可靠性还是性价比等方面达到的高度都是前三代计算机难以企及的,计算机软件也得到了空前繁荣的发展,计算机的发展呈现出多极化、网络化、多媒体化和智能化的发展趋势,计算机的应用也进入了网络化时代。

5. 新一代计算机

新一代计算机也称为第五代计算机。它是对第四代计算机之后的各类计算机的总称。总结前四代计算机的发展历程,我们发现虽然计算机的发展日新月异,但是无论是电子管计算机,还是超大规模集成电路计算机,其基本原理仍然没有摆脱冯·诺依曼结构的限制。另外,随着芯片制造技术的不断提高,以硅材料为基础的芯片制造技术也出现制造瓶颈,人们正在努力开拓新的芯片制造技术。世界各国的研究人员正在加紧研究量子计算机、生物计算机、光计算机等。但是截至目前,尚没有出现真正意义上可以大规模量产的新一代计算机。

现在,计算机的自动化程度越来越高,但是智能化程度并没有达到人类希望的程度。新一代计算机在这一方面应该有所突破,它能在很大程度上模仿人类大脑的部分功能,具有学习、推理、总结、联想等功能,能够对图像、声音、自然语言等有较为精确的识别和处理能力。

1.2.3 我国计算机的发展状况

我国从1956年开始研制计算机,1958年研制成功第一台电子管计算机,1964年研制成功晶体管计算机,1971年研制成功集成电路计算机,1983年研制成功每秒运算1亿次的"银河I"巨型机。目前,我国自主研发了"银河"等系列高性能计算机,取得了令人瞩目的成就。

2020年12月4日,中国科学技术大学宣布该校潘建伟等人成功构建76个光子的量子计算原型机"九章",这一突破使我国成为全球第二个(第一个为IBM的Q System One)实现"量子优越性"(国外称为"量子霸权")的国家。潘建伟院士表示,这一成果确立了我国在国际量子计算研究中的第一方阵地位。

现代计算机最基本的元件是芯片,芯片制造技术的提高是推动计算机发展的动力。2020年6月,全球超算超级计算机500强榜单出炉,其中以ARM为核心处理器的日本富岳(Fugaku)蝉联第一,美国的Summit和Sierra排在第二、三位,中国的神威·太湖之光超级计算机依旧保持第四的名次。整体来看,此届全球超算500强排行榜中,中国共计有217台超算上榜,数量遥遥领先其他国家;美国以113台上榜,排在第二;日本以34台上榜,排在第三;其余上榜的超算分布在德国(18台)、法国(18台)、荷兰(15台)、爱尔兰(14台)、英国(12台)、加拿大(12台)等国家。具体来看,2020全球超算排行榜中,联想和浪潮的入围数量分别达到了180台和66台,在供应商台数上分别夺得第一和第二名的好成绩。

超级计算机是世界新技术领域各个国家竞相争夺的制高点。一个国家在超级计算机上的排名,在一定程度上反映了该国的综合国力和科技水平。我国近年来在超级计算机方面取得举世瞩目的成绩,计算机制造业也取得了很大进步,出现了联想、浪潮、清华同方等主要计算机制造商,其中联想集团是全球最大的个人计算机(Personal Computer,PC)生产厂商,浪潮集团是服务器销售额全球前三、中国第一的高科技企业。

1.2.4 计算机的特点及分类

1. 计算机的特点

计算机自从诞生到现在一直在飞速发展,具有极其顽强的生命力。究其原因,是因为计算机本身具有很多优点,具体表现在如下几个方面。

1) 运算速度快

现代计算机的主要元器件是电子元件,因此其运算速度远高于其他计算工具,而且速度还在提高。2020 年 6 月，运算速度排名全球第一的日本"富岳"的运算速度已经达到了每秒钟 44.2 亿亿次浮点运算。

2）运算精度高

计算机的运算精度取决于计算机的字长，而不是计算机所采用的电子元件的精确程度。理论上讲，只要提供足够的位数，计算机就可以达到任意精度。

3）存储容量大

具有存储功能是计算机同其他计算工具的重要区别。针对复杂的计算，计算机可以将初始数据、中间结果、最终结果一并保存，以方便调用。较大容量的存储功能使得计算机可以存储大量数据，并在需要时输入和输出数据。

4）具有逻辑判断能力

计算机的运算器不仅可以执行加、减、乘、除等算术运算，还可以执行与、或、非等逻辑运算。利用计算机的逻辑运算功能，用户可以让计算机做出逻辑判断，分析命题是否成立，并根据命题的正确与否给出后续措施。

5）工作自动化

当前计算机都遵从冯·诺依曼原理，也就是说，用户解决问题时，首先要根据问题需要编制程序，然后将程序保存在外存中备用。执行程序时，系统按照既定步骤一步一步自动执行，执行过程无需过多人工干预，这体现了很高的自动化程度。传统的计算工具不具备类似功能。

6）通用性强

指的是计算机可以应用于各种领域。不管多复杂的问题求解，均可以算法的方式拆解为基本的算术运算和逻辑运算，这样就可以完成各种任务。

2. 计算机的分类

计算机可以按多种方法分类，如按照计算机处理信息形式、按照计算机的用途以及按照计算机的规模来划分。

1）按照计算机处理信息形式划分

按照计算机处理信息形式的不同，计算机可分为模拟计算机、数字计算机和混合计算机三类。

模拟计算机处理的信息为模拟信息。模拟信息指的是一些连续的量，例如电压、温度、速度等模拟数据，其应用范围很窄。表示这些连续的量时，由于受到电子元器件本身特点的影响，该类计算机的精度较低，而且受外界干扰较大，目前已经基本被淘汰。

数字计算机处理的信息为数字信息，数字信息是离散的量。所谓离散，指的是在两种符号之间不存在第三种符号。如果用后面介绍的二进制来表示，数字信息要么是 1，要么是 0，不存在 0～1 中的中间状态。此类信息信号类型较少，因此受外界干扰较小，精度不受电子元件本身的影响。数字计算机是目前广泛使用的计算机类型。

混合计算机就是把模拟计算机和数字计算机混合起来一起使用的综合系统，一般应用于大型的仿真系统。该类计算机同时具备模拟计算机和数字计算机的特点。

2）按照计算机的用途划分

按照计算机的用途不同，计算机可以分为专用计算机和通用计算机。

专用计算机是针对某些特殊应用而专门设计并生产的，其结构、存储、效率、造价及环境适应性等都是各有不同的。可能某类专用计算机在这个环境中发挥了最大效益，到了另外一个环境中效果就很差。日常生活中的POS机、彩票机，以及在导弹导航、火箭发射上用的计算机都是专用机。

通用计算机适合解决一般性问题，它的适应性强、应用面广，不仅可用于科学计算、信息处理和实时控制，也可以用于计算机辅助系统、人工智能等领域，但是其效率、适应性、性价比等会根据应用对象的不同而有所差异。

3）按照计算机的规模划分

按照计算机的规模不同，计算机可以分为巨型机、大型机、中型机、小型机、微型机、工作站及单片机等。

按规模来分类时，计算机的分类依据有多个技术（性能）指标，例如字长、运算速度、存储容量、输入输出能力以及价格等，而不是从字面意义的"体积的大小"。请注意，计算机的技术（性能）指标中不包括字节，字节仅是存储容量的基本单位，不是性能指标。字长同字节也没有必然的关系，一般来说，字的长度是字节长度的整数倍。

（1）巨型机：也称为超级计算机，指的是在一定时期内运算速度最快、存储容量最大、体积最大、造价也最高的计算机。巨型机不是简单的一台机器，而是一个巨大的计算机系统，主要应用于国民经济和涉及国家安全的尖端科技领域，例如天气预报、地震预警、核试验模拟、国防科技、宇宙飞船等。中国的神威·太湖之光超级计算机就是一个巨型机。

（2）大型机、中型机：其配置高档、性能优越、运算速度快、存储容量大，具有很强的可靠性，价格昂贵。大型机或中型机主要用于大型企业的数据处理，或者用于对外服务的网络服务器。大型机和中型机没有本质的区别，关键就是它们的配置有所不同。

（3）小型机：小型机的处理能力也比较强，当然配置比大型机、中型机要低一些，体积也比较小。相对于大中型机来说，小型机的价格比较亲民，使用和管理相对容易，很多中小企业、学校都采用小型机作为服务器。

（4）微型机：微型计算机，简称微机，也称PC，是一种价格低廉、体积较小的计算机，适合于办公和家庭应用，是世界上发展最快、应用最为广泛的一类计算机。近期，随着计算机网络技术、分布式处理技术的出现，微型机有了进一步的发展。

（5）工作站：工作站是一种较为高端的微型计算机，是为用户提供比个人计算机更强大的性能而提出的。一般工作站具有较强的图形处理能力、任务并行能力等，是一类高性能计算机。工作站的应用领域包括科学计算、大型软件开发、计算机辅助工程、图形和图像处理、过程控制和信息管理、系统仿真等。另外，连接到服务器的终端机也可称为工作站。

（6）单片机：是一片体积很小的集成电路，但其上集成了运算器、控制器和容量较小的存储器，没有输入输出设备。单片机重量很轻，结构简单，价格非常便宜，主要应用于某些控制系统。将单片机、输入输出设备集成在一个PCB板上并能完成一定的功能时，单片机就变成了单板机。

1.2.5　计算机的应用领域

从被发明出来到今天，计算机的发展完全可以用“日行万里”来形容，其应用领域也不断扩大，目前已经几乎覆盖所有领域。计算机的应用已经成为一种文化，它不仅提高了其他领域的发展速度，改变了其他领域的发展方向，甚至由此产生了一些新的学科领域。更值得说明的是，计算机的应用正在改变着人类的思维模式、学习和生活方式，推动着社会的快速进步。归纳起来，计算机的应用领域可以分为以下几个方面。

1. 科学计算

科学计算也称为数值计算，这是计算机最早的应用。我们知道，发明计算机的初衷就是进行弹道的快速运算，只是到了后期数值计算的应用领域越来越大，计算机在科学研究中的地位就不断提高了。在现代社会，随着运算量的不断增大，数值计算在科学研究中的地位也与日俱增。当前很多顶级的科学研究领域，例如天气预报、登月计划、核爆炸模拟等，都离不开计算机高速而可靠的计算功能。

2. 信息管理

信息管理也称为信息处理，也可称为数据管理或数据处理，其处理的对象主要是非数值数据，例如文字、图片、声音、视频等。信息处理的过程，就是对这些信息的采集、存储、传输、处理和应用等操作。目前，信息管理功能已经成为计算机的最主要、最广泛的应用。我们平时经常接触到的人事管理、工资管理、图书管理、商业数据管理、情报管理等，都属于信息管理的应用范畴。

3. 过程控制

过程控制也称为自动控制、实时控制，是指用计算机实时采集数据、检测数据、处理和判断数据，按最优值对操作对象进行快速配置或调节。过程控制系统往往是一个自动控制系统，它不需要人工干预，因此效率很高，目前被广泛应用于炼钢炼铁、石油化工、机械电子、航空航天等领域。

4. 计算机辅助系统

所谓计算机辅助系统，是指通过人机交互，利用计算机辅助人们进行各类加工、设计、计划、测试和学习等工作。

计算机辅助设计(Computer-Aided Design，CAD)，是指利用计算机帮助设计人员进行各类产品或工程的设计。采用CAD软件进行设计，用户可以将很多重复的、繁杂的工作交给计算机执行，将人类从这些工作中解脱出来，而把注意力集中在更需要人类智能或创造性的地方，从而提高工作效率和质量。例如，CAD服装设计软件可以协助服装设计工程师进行服装设计和改造，集成电路CAD软件可帮助电子工程师进行PCB板的布局，并能帮助用户发现一些常见的设计缺陷。

计算机辅助制造(Computer-Aided Manufacturing,CAM),是指利用计算机辅助用户完成从生产准备到产品制造整个过程的活动,即通过直接或间接地把计算机与制造过程和生产设备相联系,用计算机系统完成制造过程的计划、管理以及对生产设备的控制与操作,处理产品制造过程中所需的数据,控制和处理物料的流动,对产品进行测试和检验等。CAM已经在汽车制造、家电制造等制造业获得广泛的应用,很多无人工厂、无人生产线都是以CAM为技术基础持续高效运行的。

计算机辅助测试(Computer-Aided Test,CAT),是指利用计算机协助进行测试的一种方法。计算机辅助测试可以用在不同的领域,例如机械设计领域和教育领域。在机械设计领域,CAT是指通过计算机收集和处理各零部件的参数,从而检验零部件是否满足加工或装配要求;在教学领域,CAT指的是使用计算机对学生的学习效果进行测试和学习能力估量;在软件测试领域,CAT是指程序员可使用计算机进行软件测试,以提高测试效率。

计算机辅助教育(Computer-Based Education,CBE),是计算机技术在教育领域中应用的统称,涉及教育、教学、教学管理、科研管理等教育领域的各个方面,包括计算机辅助教学(Computer-Aided Instruction,CAI)和计算机管理教学(Computer-Managed Instruction,CMI)等。计算机辅助教育指的是利用计算机对学生学习、教师教学、教学事务(教务)等进行管理。计算机辅助教学是在计算机辅助下进行的各种教学活动,以对话方式与学生讨论教学内容、安排教学进程、进行教学训练的方法与技术。计算机管理教学是指利用计算机来监测、评价和指导教学过程,协助教师实施有效的教学决策和管理。计算机管理教学主要是为教师服务的,能帮助教师监测、评价和指导学生的学习过程,并为教师提供教学分析报告。

计算机集成制造系统(Computer Integrated Manufacturing System,CIMS),是随着计算机辅助设计与制造的发展而产生的。它是在信息技术、自动化技术与制造技术的基础上,利用计算机技术把分散在产品设计、制造过程中原本各自独立的自动化系统有机集成起来,形成一个大的、集成化程度和智能化程度高的综合制造系统。这里“集成”的含义,一是技术的集成,二是管理的集成,三是技术与管理的集成。

计算机辅助工程(Computer-Aided Engineering,CAE),是指把工程(生产)的各个环节有机地组织起来,关键是将有关的信息进行集成,使其产生并存在于工程(产品)的整个生命周期。因此,CAE系统是一个包括了相关人员、技术、经营管理及信息流和物流的有机集成且优化运行的复杂系统。注意区分计算机辅助工程(CAE)和计算机辅助教育(CBE)。

5. 人工智能

人工智能(Artificial Intelligence,AI),也称机器智能,是一门研究、开发用于模拟、延伸和扩展人的智能的理论、方法、技术及应用系统的新的技术科学。人工智能是计算机科学的一个分支,重点研究如何让计算机做一些通常需要人类智能才能做的事情。该领域的研究包括机器人研究、文字识别、图像识别、自然语言处理和专家系统等。人工智能从诞生以来，其理论和技术日益成熟，应用领域也在不断扩大，是一门极富挑战性和发展性的科学。2018 年，我国将“人工智能”作为一个单独的专业设置。2019 年，全国有 35 所高校设立“人工智能”专业，2020 年，全国又有 180 所高校新设立“人工智能”专业。

6. 计算机网络与通信

利用通信技术和计算机技术的结合，可以把世界上的信息组合到一起，以方便全世界共享，这就构成了计算机网络。这种摆脱了时间和空间限制的交互式沟通方式，真正使得地球成为一个“地球村”，是传统的通信手段难以达到的。Internet 出现以后，网络技术真正成为改变人类生存状态的一把利器。特别值得一提的是，随着传感技术、射频技术、二维码技术的发展，物联网技术（The Internet of Things，IOT）成为基于 Internet 发展起来的新一代信息技术的重要组成部分，它实现了人与人、物与物、人与物之间的网络互联，实现了对人、物品及其活动过程的智能化感知、识别和管理。

7. 多媒体技术及应用

所谓多媒体，指的是多种媒体的组合，例如文本、图像、音频、视频等。利用各种技术手段将各种媒体形式组合起来，就形成了多媒体（Multimedia）。多媒体技术在教育教学、商业、宣传、行政管理等领域具有广泛的应用。当前，“新媒体”已经成为民众较为熟悉的术语，是指利用数字技术，通过计算机网络、无线通信网、卫星等渠道，以及计算机、手机、数字电视机等终端，向用户提供信息和服务的传播形态。从空间上来看，“新媒体”特指与“传统媒体”相对应的、以数字压缩技术和无线网络技术为支撑，利用其大容量、实时性和交互性特点，可跨越地理空间的限制，最终得以实现全球化的媒体。“融媒体”也是近几年提出的一个概念，它首先是一种理念，是指充分利用媒介载体，把广播、电视、报纸等既有共同点、又存在互补性的不同媒体，在人力、内容、宣传等方面进行全面整合，实现“资源通融、内容兼融、宣传互融、利益共融”的新型媒体宣传理念。

8. 嵌入式系统

嵌入式系统（Embedded System）是以应用为中心，以现代计算机技术为基础，能够根据用户需求（包括功能、性能、可靠性、成本、体积、功耗、环境等）灵活裁剪软硬件模块的专用计算机系统。嵌入式系统具有专用性特点，其应用场合大多对可靠性、实时性有较高的要求，不强调系统的通用性和可扩展性。专用性特点使得嵌入式系统是一个软硬件紧密集成的系统，因为这样可以更为有效地提高系统的可靠性，并降低成本，并使之具有更好的用户体验。

嵌入式系统的基本支撑技术包括集成电路设计技术、系统结构技术、传感与检测技术、嵌入式操作系统和实时操作系统技术、资源受限系统的高可靠软件开发技术、通信技术、低功耗技术、信号处理和控制优化技术等。所谓的软硬件的可裁剪特点，指的是嵌入式系统的应用场景极多，现实中不可能会出现满足所有系统要求的方案。因此，根据不同需求进行灵活裁剪软硬件，组建符合要求的最终系统，是嵌入式技术发展的必然技术路线。从构成上看，嵌入式系统是一个集软硬件于一体的、可独立工作的计算机系统；从外观上看，嵌入式系统像是一个“可编程”的电子器件；从功能上看，它是对目标系统进行控制并使其智能化的控制器。

1.2.6 计算机的发展趋势

计算机技术是当今世界上发展最快的科学技术之一，拥有改变世界的绝对实力。随着计算机技术的不断发展，未来计算机将向巨型化、微型化、网络化和智能化几个方向发展。

1. 巨型化

在巨型机中，发展速度更快、存储量更大、运行更稳定、功能更强的超级计算机，是计算机发展的重要方向。超级计算机是一个国家科技实力和工业发展水平的集中体现，世界各个国家都投入了大量人力、物力和财力发展超级计算机。超级计算机巨型化是未来的发展方向。

2. 微型化

微型化是指发展体积更小、功耗更低、可靠性更高、更便于携带的计算机系统，是随着微电子技术、嵌入式开发技术的发展而发展起来的。当前的电子设备越来越小，功能却越来越强大，其主要的技术发展方向就是微型化。

需要注意，我们日常用到的各种仪器设备、家用电器，之所以具有一定的自动化甚至智能化功能，就在于微电子技术的应用使得这些设备有了一颗虽小但功能强大的智能化的“心脏”。随着微电子技术、嵌入式开发技术的不断进步，更多的新型微型设备将会不断被开发，并不断刷新我们对计算机的认识。

3. 网络化

计算机之间能够相互通信，就构成了网络。从计算机最初发明的单机运行到走向联网，是计算机应用发展的必经之路。所谓计算机网络，就是利用通信技术和计算机技术，将分布在不同区域的计算机连接起来，在相关软件及协议的支持下进行资源共享和分布式处理的综合系统。显然，网络化是计算机应用发展的一个趋势，其目的是充分利用网络中的软硬件资源及数据资源实现资源的共享。

云计算(Cloud Computing)是计算机网络化发展的有力体现。“云”是一种形象的说法，其本质就是将网络上的各种资源按照用户的需求分配，实现“按需付费”的服务模式。计算机网络的另一个发展方向是普适计算。所谓普适计算，指的是用户可以在任何地方、任何时候进行计算的一种方式。

4. 智能化

智能化是指计算机具有模拟人的感觉和思维过程的能力。智能化研究包括模式识别(语音输入、语音识别)，物形分析，自然语言的生成和理解，博弈，定理自动证明，自动程序设计，专家系统，学习系统和智能机器人等。

1.3 计算机内部数据的表示

我们知道，信息的符号化就是数据。在计算机内部，信息的表现形式是怎样的呢？想象一下，平常我们用的信息包括可以执行算术运算的数值、不可执行算术运算的文本串以及图形、图像、音频、视频等。这些信息都需要保存到计算机中，方可进一步处理和使用。也就是说，不管能否执行算术运算，为在计算机中使用这些信息，首先要解决的问题就是如何保存这些信息。

如何保存这些信息呢？答案是编码。实际上，编码的历史可以追溯到人类文明的启蒙时代，那时的先祖们外出打猎，就是用"结绳计数"的方法记录打猎数量。而在今天，每个人的身份证号码、Internet上计算机的IP地址、超市购物付款时的条形码、疫情防控期间的绿码（一种根据用户身体健康情况及所处位置生成的二维码），甚至是我们这本教材的ISBN号等，都是编码的最好体现方式。可以说，我们生活在一个编码的时代。

在计算机中，信息也是用编码来表示的。因为二进制是计算机内部使用的标准进制，所以0、1就成为所有编码的基础。换句话说，任何信息存储到计算机中，都是用一串二进制数码表示的。一种直观的认识是，需要编码的信息量越大，用到的二进制的位数就越多。

1.3.1 数制及其转换

1. 进位计数制

用进位的方法进行计数，称为进位计数制，简称进制，也称为数制。常用的进制有二进制、八进制、十六进制和十进制。人们日常生活中最经常使用的是十进制，其他的七进制（例如一周有7天）；十二进制（例如一年有12个月，一个白天有12个小时）；二十四进制（例如一天有24小时）；六十进制（例如一分钟有60秒，一甲子有60年等）也经常使用。不管是十进制，还是其他进制，实际表示的属性一样，仅仅是形式不同而已。下面是有关进制的几个概念。

1）数码

一组用于表示某种数制的符号。例如，任意一个十进制数值都可以用0、1、2、3、4、5、6、7、8、9共十个数字符号组成的串来表示，这些数字符号称为数码。下面列出常用的进制、常用进制的数码及数码个数。

二进制：数码有0、1；数码个数为2个。

八进制：数码有0、1、2、3、4、5、6、7；数码个数为8个。

十六进制：数码有0、1、2、3、4、5、6、7、8、9、A、B、C、D、E、F；数码个数为16个。

十进制：数码有0、1、2、3、4、5、6、7、8、9；数码个数为10个。

2）基数

指进制中数码的个数。显然，二进制的基数为2，八进制的基数为8，十进制的基数为10，十六进制的基数为16。基数也称为基，经常用英文字母R表示。基数为R的进制也称为R进制。

3）位权

指的是数码在不同的位置上有不同的数值含义。数码越往左，代表的数值越大，反之越小。位权也称为权、权值、权重等。例如，十进制数188.724，个位上的8的权值是10^0，十位上的8的权值是10^1，百位上的1的权值是10^2；小数点后面第1位数7的权值是10^{-1}，小数点后面第2位数2的权值是10^{-2}，小数点后面第3位数4的权重是10^{-3}，于是有：

$$188.724=1\times10^2+8\times10^1+8\times10^0+7\times10^{-1}+2\times10^{-2}+4\times10^{-3}$$

为了方便，我们称R进制的小数点左侧一位为“第0位”，小数点右侧一位为“第－1位”，以此类推。于是有：

二进制数 $101011.101=1\times2^5+0\times2^4+1\times2^3+0\times2^2+1\times2^1+1\times2^0+1\times2^{-1}+0\times2^{-2}+1\times2^{-3}$

八进制数 $1267.153=1\times8^3+2\times8^2+6\times8^1+7\times8^0+1\times8^{-1}+5\times8^{-2}+3\times8^{-3}$

十六进制数 $\mathrm{ABCD.37}=\mathrm{A}\times16^3+\mathrm{B}\times16^2+\mathrm{C}\times16^1+\mathrm{D}\times16^0+3\times16^{-1}+7\times16^{-2}$

$=10\times16^3+11\times16^2+12\times16^1+13\times16^0+3\times16^{-1}+7\times16^{-2}$

4）进制加法/减法规则

逢R进1。

二进制：逢2进1、借1当2。

八进制：逢8进1、借1当8。

十六进制：逢16进1、借1当16。

十进制：逢10进1，借1当10。

5）进制的表示方法

把一串数用括号括起来，再加上这种数制的下标，如$(10)_{10}$、$(1101)_2$、$(16)_8$、$(\mathrm{A6})_{16}$，就是各进制的表示方法。对于十进制数，可以省略括号以及括号外面的下标。

用进位制的字符符号B（二进制）、O（八进制）、D（十进制）、H（十六进制）也可以表示，如$(10)_{10}=10\mathrm{D}$、$(110101)_2=110101\mathrm{B}$、$(160)_8=160\mathrm{O}$、$(\mathrm{A68C})_{16}=\mathrm{A68CH}$。

2. 进制转换

汉语成语“半斤八两”是相差无几、旗鼓相当的意思。旧时我国有一种杆秤，其1斤是16两，显然8两就是半斤，这也就是成语“半斤八两”的由来。另外，一年有12个月，则13个月可以说成是“1年零1个月”。也就是说，如果用十二进制来表示十进制数13，则其形式为“11”。

以上的论述说明，相同的数值可能有不同的表示形式。人类最喜欢用的进制是十进制，同时也在使用的还有七进制、十二进制、二十四进制、六十进制等，但是目前计算机内部使用的只有二进制。这是为什么呢？主要就是因为二进制数据很容易用两态器件实现，而且运算规则非常简单。为了方便人机交流，进制转换成为必须要开展的工作。

1）二、八、十六进制数转为十进制数

对于任意的二进制数、八进制数、十六进制数，可以写出它们的按权展开式，然后再按照十进制加法计算出结果。注意小数点位置左侧和右侧的权值变化。

例如：

$$
\begin{aligned}
11011100.101B &= 1\times 2^{7}+1\times 2^{6}+0\times 2^{5}+1\times 2^{4}+1\times 2^{3}+1\times 2^{2}+0\times 2^{1}+0\times 2^{0}+\\
&\quad 1\times 2^{-1}+0\times 2^{-2}+1\times 2^{-3}\\
&=128+64+16+8+4+0.5+0.125=220.625
\end{aligned}
$$

$$160O=1\times 8^{2}+6\times 8^{1}+0\times 8^{0}=64+48=112$$

$$
\begin{aligned}
A10B.8H &= 10\times 16^{3}+1\times 16^{2}+0\times 16^{1}+11\times 16^{0}+8\times 16^{-1}\\
&=40960+256+11+0.5=41227.5
\end{aligned}
$$

实际上，任何非十进制数都可以通过按权展开法转为十进制形式。读者可自行尝试一下，以增加对进制及进制转换的理解。

2）十进制数转为二、八和十六进制数

十进制数分为整数部分和小数部分，两部分需要用不同的方法分别转换，然后再把结果求和即可。以十进制数转为二进制数为例，整数部分采用除 2 取余法，小数部分采用乘 2 取整法。

例如：将十进制数 98.125 转化为二进制数。

先进行整数转化：整数部分除以 2，直到商为 0，得到的余数倒序输出。

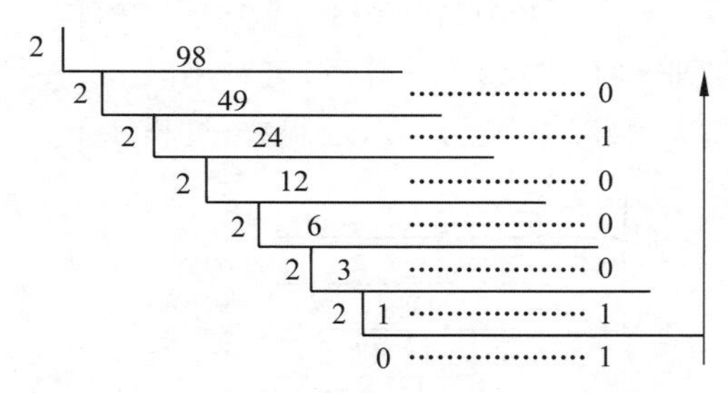

利用横式理解十进制数转化为二进制数的过程，如下所示。

$$
\begin{aligned}
98 &= 2\times 49+\underline{0}\\
&=2\times(2\times 24+\underline{1})+\underline{0}\\
&=2\times(2\times(2\times(2\times 6+\underline{0})+\underline{0})+\underline{1})+\underline{0}\\
&=2\times(2\times(2\times(2\times(2\times 3+\underline{0})+\underline{0})+\underline{0})+\underline{1})+\underline{0}\\
&=2\times(2\times(2\times(2\times(2\times(2\times 1+\underline{1})+\underline{0})+\underline{0})+\underline{0})+\underline{1})+\underline{0}\\
&=\underline{\underline{2\times(2\times(2\times(2\times(2\times(2\times}}(2\times 0+\underline{1})+\underline{1})+\underline{0})+\underline{0})+\underline{0})+\underline{1})+\underline{0}
\end{aligned}
$$

注意，上式中直到最内侧括号内的乘数变为 0 时运算结束；可得出 98＝1100010B。从以上运算过程也可以看出，最内侧括号内的二进制数 1 的权值为 2^{6}。

对于十进制小数转化为二进制小数，则用乘 2 取整，正序输出的方法。十进制小数 0.125 转化为二进制小数的转化过程为：小数部分乘以 2，取整数部分，正序排列输出，最后合并两部分即可。

0.125×2 = 0.25 …………0

0.25×2 = 0.5 …………0

0.5×2 = 1.0 …………1

则 0.125D＝0.001B。

于是 98.125＝1100010.001B。

需要说明的是，并不是所有的十进制小数都能精确转换为二进制小数，但是任何二进制小数都可以精确转换为十进制小数。例如，十进制小数 0.68125 就无法精确转化为二进制小数，如下所示：0.68125D ＝ 0.10101 1100 1100 …B(画线部分为循环部分)。

十进制数转为八进制数、十六进制数时，也可以采用同以上方法完全相同的方法。但是，由于运算量较大，计算过程容易出错，一般不建议直接转换，而是采用十进制数先转化为二进制数，然后再由二进制数转为八进制数或十六进制数。

将十进制数转为八进制数，先将其转为二进制数，再以小数点为左右起点，3 位一组，缺位补 0，按二进制数与八进制数对应关系转换。例如：将十进制数 98 转换为八进制数，过程如下：

98＝1100010B＝1 100 010B＝001 100 010 B＝142O

将十进制数转为八进制数，先将其转为二进制数，再以小数点为左右起点，4 位一组，缺位补 0，按二进制数与十六进制数对应关系转换。例如：将十进制数 98 转换为十六进制数，过程如下：

98＝1100010B＝0110 0010B＝62H

说明：如果十进制数非常大，为减少计算量，可利用除 16 取余法转换。

例如：将十进制数 76789473 转换为十六进制数，过程如下：

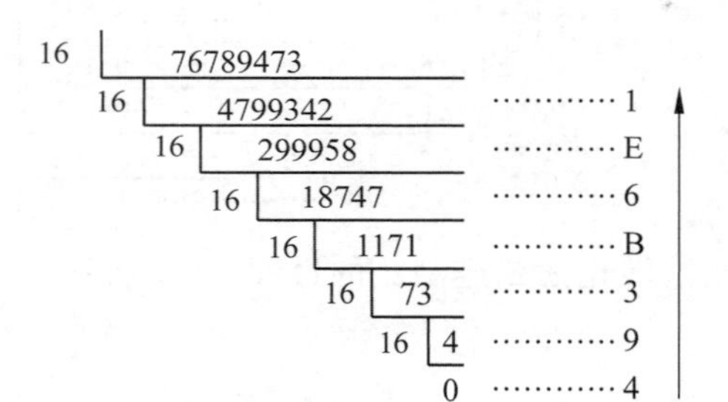

根据以上运算，我们可以得出 76789473＝493B6E1H。

表 1.2 和表 1.3 给出二进制数和八进制数、十六进制数之间的对应关系。

表 1.2　二进制数和八进制数的对应关系

三位二进制数	八进制数	三位二进制数	八进制数
000	0	100	4
001	1	101	5
010	2	110	6
011	3	111	7

表 1.3　二进制数和十六进制数对应关系

四位二进制数	十六进制数	四位二进制数	十六进制数
0000	0	1000	8
0001	1	1001	9
0010	2	1010	A
0011	3	1011	B
0000	4	1000	C
0101	5	1101	D
0110	6	1110	E
0111	7	1111	F

3. 二进制运算规则

二进制数可以非常方便地实现各类算术运算和逻辑运算。

1）算术运算（加、减、乘、除）

加法运算规则：0＋0＝0；0＋1＝1；1＋0＝1；1＋1＝10（向高 1 位进位）。

减法运算规则：0－0＝0；0－1＝1（向高位借位）；1－0＝1；1－1＝0。

乘法运算规则：0×i＝0（i 为一个二进制位，取值为 0 或 1，下同）；1×1＝1。

除法运算规则：0/1＝0；1/1＝1（0 不能作除数）。

2）逻辑运算（与、或、非、异或）

用“∧”表示逻辑与运算，用“∨”表示逻辑或运算，用“～”表示逻辑非运算，用“⊕”表示逻辑异或运算。有如下运算规则：

逻辑与运算规则（AND）：0∧i＝0（i＝0/1）；1∧1＝1。

逻辑或运算规则（OR）：1∨i＝1（i＝0/1）；0∨0＝0。

逻辑非运算规则（NOT）：～1＝0；～0＝1。

逻辑异或运算规则（XOR）：i⊕i＝0；i⊕～i＝1。

在以上逻辑异或运算中，两个二进制位执行异或运算时，相同为 0，不同为 1，也可以理解为忽略进位的加法运算。

1.3.2　数据的存储单位

在计算机中，存储任何数据都要占用不同位数的二进制位。就如同高校新生报到时需要分配宿舍一样，有四人间、六人间或八人间来保证学生住宿。

1. 位（bit）

位，也称为比特，简称为 b，是最小的存储单位，硬件上可由一组电路构成，电路的不同状态可以分别表示 0 或者 1。一组电路最多能表示两种状态，如 1 表示“灯开”，0 表示

“灯关”;两组电路最多能表示 4 种状态,如 00 表示“状态 0”,01 表示“状态 1”,10 表示“状态 2”,11 表示“状态 3”;三组电路最多有 8 种状态,分别是 000、001、010、011、100、101、110、111;n 个二进制位最多能表示 2^n 种状态。为了表示更多的状态,增加二进制的位数是必需的,这同我国某些城市电话号码由 7 位升到 8 位的道理是一样的。

当前需要表示 10 种状态,最少需要多少二进制位呢?设最少需要 n 位二进制位,则 $2^n \geqslant 10$,解得 $n \geqslant 4$,求得最小的 $n=4$(n 为整数)。实际上,该类问题也可以这样考虑:$8<10<16$,即有 $2^3<10<2^4$,所以应该用 4 位二进制数表示,这里注意采用“取大不取小”的原则。

2. 字节(Byte)

字节来自英文单词 Byte,简称为 B,是基本的存储单位,规定一个字节(Byte)由 8 位(b)组成,即 1Byte(B)=8bit(b)。存储数据时,计算机往往将一个存储器划分为若干个连续编号的存储单元,每个存储单元存储一定数量的位(b)。除了字节,我们还经常用到其他一些较大的度量单位,如 KB、MB、GB、TB、PB 等,其换算关系如下:

$$1KB=1024B;1MB=2^{10}KB=2^{20}B;1GB=2^{10}MB=2^{30}B;$$

$$1TB=2^{10}GB=2^{40}B;1PB=2^{10}TB=2^{50}B。$$

一个字节由 8b 组成,可以保存从 0000 0000~1111 1111B 共 256 种信息,表示 256 种状态。如果一个字节表示的是无符号的正整数,则表示范围是 0~255(注意不是 256,且最大的正整数一定是奇数),其中的对应关系利用进制转换即可得到。在计算机中,字节是信息保存的基本单位,说明一个存储器的容量或者一个文件的大小往往利用字节来表示。K 的英文为 Kilo,实际上是 1024,可表示为 2^{10}。请注意,K 仅是一个数量的概念,同字节没有实际关系,我们在计算存储器的存储容量时,关注的往往是存储单元的个数,而与每个存储单元的位数没有关系。当然,如果不做特殊说明,计算机中每个存储单元的位数是 8 位,亦即一个字节。

3. 字(Word)

CPU 一次存取、加工和传送的数据称为一个字。字的二进制位数称为字长。字长是衡量计算机性能的重要指标:字长越长,则计算速度越快,精度越高。常见的计算机字长有 8 位、16 位、32 位和 64 位等,一般是 8 的倍数。例如,英特尔公司出品的 PⅣ CPU 是 64 位,也就是说此类 CPU 一次可处理 8B 的数据。

1.3.3 数值数据的表示

在计算机中,所有的数据都以二进制形式表示。对带符号的数来说,数的正负用 0、1 表示。0 表示正,1 表示负,符号位放在左边最高位,一般占 1 位。这种采用二进制形式表示的连同符号一起都二进制化了的数据,在计算机科学中统称为机器数或机器码。

1. 机器数

将数据的符号数码化后得到的表示形式,分为原码、反码和补码等。例如十进制数

−8,用 8 位原码机器数表示为 10001000B。在科学计算时,数值往往非常巨大,我们称之为天文数字。这些天文数字在计算机中保存时,有可能超过计算机所能表示数值的最大范围,此时称为“溢出”。

2. 真值

机器数对应的、由正负号以及绝对值表示的数,称为真值。例如原码机器数 10001000B 表示负整数−8。

3. BCD 码

BCD 码是为在计算机的输入输出操作中能直观迅速地与常用十进制数相对应而产生的用二进制代码表示十进制数的编码,简称 BCD 码或 8421 码。例如,十进制整数 129,用 BCD 码表示,其形式为 0001 0010 1001。一定要注意 BCD 码和十六进制形式的不同,BCD 码的编码范围是 0000～1001,如表 1.4 所示。

表 1.4 BCD 码的编码范围

四位二进制数	BCD 码	四位二进制数	BCD 码
0000	0	0101	5
0001	1	0110	6
0010	2	0111	7
0011	3	1000	8
0000	4	1001	9

1.3.4 文字数据的表示

文字数据是最常用的非数值数据。对于文字、声音、图形等数据,并无数值大小和正负特征,因此称为非数值数据,两者在计算机内部都是以二进制形式表示和存储的。

1. 字符编码

目前,计算机中采用的字符编码主要是 ASCII(American Standard Code for Information Interchange)码,称为美国标准信息交换代码。ASCII 码是国际标准,是国际通用的信息交换标准代码,也称为西文机内码,分为标准 ASCII 码(7 位)和扩展 ASCII 码(8 位),它们都用一个字节(8 位)表示。但标准 ASCII 码只用右侧 7 位,扩展 ASCII 码的最高位为 0,也表示 128 个不同字符。ASCII 码包括数字字符 0～9、26 个大写字母、26 个小写字母、各种标点符号、运算符号、控制命令符号等。除了控制命令符号外,其余字符都是可打印字符。

例如,大写字母“A”的 ASCII 码编号是 41H(十进制数 65),而小写字母“a”的 ASCII 码编号是 61H(十进制数 97),两者相差 20H(十进制数 32);数字字符“0”的 ASCII 码编号是30H(十进制数48),“9”的ASCII码编号是39H(十进制数57)。一般来说,数字字符的ASCII码值＜大写字母的ASCII码值＜小写字母的ASCII码值。

可以发现,ASCII码虽然是国际标准,但是其编码能力较为有限。为了克服传统字符编码方案的局限性,Unicode(又称统一码、万国码、单一码)被提出。Unicode是计算机科学领域里的一项业界标准,包括字符集及编码方案等,它为每种语言的每个字符都设定了统一且唯一的二进制编码,从而满足跨语言、跨平台进行文本转换、处理的要求。该标准1990年开始研发,1994年正式公布。

2. 汉字编码

汉字要进入计算机,也需要进行二进制化。也就是说,每个汉字也要进行二进制数编码,无论是为了区分汉字、存储汉字,还是为了显示或打印汉字,甚至通过键盘输入汉字,都需要编码方法实现。

1) 汉字交换码

由于汉字数量较多,一般用连续的两个字节表示一个汉字(即16个二进制位)。1980年,我国颁布了第一个汉字编码字符集标准,即GB 2312-80(《信息交换用汉字编码字符集·基本集》),又称为国标码,其中收录了6763个汉字以及682个符号,共计7445个字符,该字符集奠定了中文信息处理的基础。后来又对GB 2312-80进行了扩展,发布了GBK 18030,其中收录了27484个汉字。

2) 汉字机内码

国标码GB 2312-80不能直接应用于计算机,因为它没有考虑同ASCII码的冲突。为了区分汉字编码和ASCII码,进行了如下修改:将表示汉字的交换码(国标码)的两个字节的最高位改为1,此时得到的编码称为汉字机内码。汉字机内码是计算机内部处理汉字信息时所用的汉字代码。

例如:某汉字的国标码是“3574H”,如果用国标码表示汉字,则操作系统从文件中读出该序列“3574H”时该如何解释呢?我们知道,“3574H”作为一个整体可表示一个汉字;但是把“3574H”拆开看,它是由“35H”和“74H”两部分组成的,“35H”可认为是字符“5”的ASCII码,“74H”可以认为是“t”的ASCII码。面对这种情况,系统无法解释“3574H”的含义,这就产生了二义性。

扩展ASCII码的最高位(第8位)始终为0,这就为区分单字节的字母符号和两字节汉字符号提供了基础条件。我们做如下规定:在计算机内部表示汉字时,将交换码(国标码)的两个字节的最高位全部变为1,变成机内码。这样,当某字节的最高位为1时,必须和下一个最高位也为1的字节结合起来表示一个汉字,而某字节最高位为0时就仍然表示一个ASCII码字符。

3) 汉字字形码

是用来将汉字显示到屏幕上或者打印到纸上所需要的图形数据。汉字字形码记录汉字的外形(即汉字轮廓),是汉字的输出形式,它有两种编码方法:点阵法和矢量法,又分别对应两种编码:点阵码和矢量码。点阵码是用点阵的形式表示汉字轮廓的编码,它把汉字的形状排列成点阵,例如一个16×16的点阵要占用32B的存储空间(16×16/8 B),

常用的汉字点阵有16×16、24×24、32×32等形式。点阵法中汉字字形的构成和输出都比较简单，但是信息量很大，占用的存储空间也非常大，而矢量法用一组数学矢量来记录汉字的外形轮廓，这种字体容易放大、缩小、且不易变形，同时还节省存储空间。

4）汉字输入码

是将汉字通过键盘输入到计算机中采用的代码，也称汉字外部码（外码），分为流水码、音码、形码、音形结合码等。如智能ABC、微软拼音为音码，它们的重码较多，输入较慢，但是学习简单，会汉语拼音就会输入；而五笔字型为形码，有重码但重码较少，输入速度较快，但不易掌握。流水码同电报码类似，编码同汉字之间没有意义上的相关性，仅是硬性地给一个汉字一个编码。它没有重码现象，但较难记忆，例如区位码。

需要说明的是，还有一种重要的编码称为区位码。区位码将GB 2312-80的全部字符集组成一个94×94的方阵，每一行称为一个“区”，编号为01～94；每一列称为一个“位”，编号为01～94，这样将会得到GB 2312-80的区位图，用区位图的位置来表示的汉字编码，就得到了区位码。在汉字区位码中，高两位为区号，低两位为位号，高位和低位均为十进制整数。

汉字机内码、国标码和区位码三者之间的关系为：区位码（十进制）的两个字节分别转换为十六进制后加20H得到对应的国标码；汉字交换码（国标码）的两个字节分别加80H得到对应的机内码；区位码（十进制）的两个字节分别转换为十六进制后加A0H得到对应的机内码。

1.3.5 图形、图像和视频数据的表示

1. 图形

图形一般是指通过绘图软件绘制的由线段（例如圆、圆弧、直线等）组成的画面，如图1.1所示。图形文件中存放的是生成这些线段的指令，包括线段的位置、形状以及尺寸等。图形也称为矢量图或向量图形，是由线条和图块组成的。放大缩小矢量图时，图形仍然能够保持原有的清晰度，而且颜色不会失真，这是矢量图的突出优点。从所占存储空间上看，矢量图的文件大小与图形尺寸无关，而与图形的复杂程度有关，因此复杂的图形所占的存储空间会更大一些。

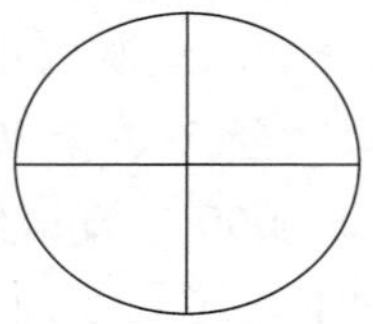

图1.1 图形示例

2. 图像

图像是通过一些计算机输入设备（例如数码相机、扫描仪等），从外界获得真实场景画面，然后对之进行数字化得到的，以位图格式存储，如图1.2所示。图像是多媒体系统中最重要的信息表现形式，其色彩的丰富度决定了该多媒体系统的效果。位图也称为栅格图像，由多个像素组成。当将位图等比例放大到一定倍数后，可以发现图像变成了一个一个的小方块（类似马赛克），整个图像也变得模糊起来，称为失真现象。不同于矢量图，位图图像具有明显的失真现象。当然，像素是有面积大小的，同等尺寸下的图像，如果单位

面积内像素数越多,则图像越清晰,反之就越模糊。当然,清晰度高的图像占用的存储空间也明显增大。

图 1.2 图像(济南园博园孔子像)示例

我们再讨论一下分辨率。以黑白计算机屏幕为例,这个屏幕上要么显示黑色(一个小黑点),要么显示白色(一个小白点),可以用"1"表示黑色,用"0"表示白色。用肉眼观测屏幕时,用户无法区分这一个一个的点。但是将屏幕放大后,这些点就变成小正方形了,小正方形之间的边界也就很清晰了,这些小正方形就是像素。所谓的屏幕分辨率,指的就是屏幕水平方向上像素的数量(水平分辨率)乘以垂直方向上像素的数量(垂直分辨率)。例如,某屏幕的分辨率为 1280×768,说明该屏幕水平方向上有 1280 个像素,垂直方向上有 768 个像素,整个屏幕有 1280×768 个像素,即 983040 个像素。从存储的角度看,保存整个屏幕的像素需要 983040b。

以上讨论的是黑白位图,但是日常应用中纯粹的黑白位图并不多见,更多的是带有灰度级的位图和彩色位图。人们用不同程度的灰色来表示位图,类似早期的黑白照片,虽然还是黑白的,但是其中的颜色已经带有了一些灰度的级别,其层次感更为丰富,图像看起来也更为真实。在计算机中,我们经常用 256 级的灰度来显示图像,图像中的每个像素可选择 256 级灰度中的一级,也就是每个像素的颜色有 256 种选择。显然,从存储的角度看,区分 256 个灰度级最少需要 8 个二进制位,如果给 256 种灰度级编号,可以从 00000000 一直编到 11111111。可以看出,保存一个像素的灰度级需要的不再是 1b,而是 8b 了。还是上面的例子,如果在 256 灰度级环境下要保存整个屏幕的像素,则需要 983040×8b,即 983040 B 的存储空间了。

再来说一说彩色图像。当前的大部分图像都是彩色的,例如有 16 色、256 色、24 位真彩色等,其像素的颜色选择分别为 16(2^4)种、256(2^8)种和 2^{24} 种,存储时每个像素分别需要 4b、8b 和 24b。很明显,同等尺寸下彩色图片所占空间要大于黑白图像,颜色越丰富,图像所占的存储空间也越大。在信息存储和传输过程中,为提高效率,就要考虑数据压缩的问题了。

3. 视频

视频也称为数字视频,是由一系列的帧组成的,每一帧都是静态的位图图像。当连续播放这些静态图像时,由于存在人的视觉暂留现象,眼睛看到的效果是动态连续的,这就是视频生成的原理。

1.3.6 声音数据的表示

现在，计算机已经进入了千家万户，人们不仅用它来办公、处理日常事务，还将它用于娱乐等。通过计算机听音乐、听歌曲、上网课已经称为现代人的日常行为了。实际上，处理声音的方式有两种，一种是模拟方式，另一种是数字方式。

1. 模拟音频

外界声音传递到话筒（麦克风）后，话筒就会将声音能量引起的振动转化为不同强度的电信号，并用不同的电压值表示声音的强度。也就是说，用电压来模拟声波。这种表示声音的电压信号称为模拟音频。模拟音频是连续的模拟量，所谓模拟音频的录制，就是将代表声音的音频信号存储到适当的媒体上，例如保存到磁带上，播放时再将其转换为声音信号。

2. 数字音频

音频信号是一种模拟量，如果将其保存到计算机中，就需要将模拟量转化为数字量，这就需要进行模数（A/D）转换，称为音频信号的数字化。转为数字量的音频称为数字音频。

数字音频和模拟音频的区别在于：数字音频在时间上是不连续的量，而模拟音频是连续的量。因此，所谓模数转换，实际上就是在时间轴上每隔一段极小的时间，在模拟音频的波形上采集一个幅度值（称为采样），并把采样得到的模拟值用二进制数字表示。其中，单位时间（1 秒）内从连续信号提取并组成离散信号的采样个数称为采样频率。显然，采样频率越高，采到的模拟量就越多，转换为二进制数据时所用的存储量就越大，但是经过数模转换再次播放声音时，声音的失真现象就越小。

1.3.7 数据压缩技术

前面已经提到，数据量大会给数据存储和传输带来压力，因此数据压缩技术是首先要考虑的。在计算机科学和信息论中，所谓数据压缩，是指按照指定的编码机制，用较少的数据量表示信息的过程。

1. 无损压缩和有损压缩

在执行压缩的过程中，有的压缩是可逆的，即基于压缩后的数据恢复出原始的数据而没有精度的损耗，称为无损压缩。如果为了实现更高的压缩率而允许损失一定比例的信息，就称为有损压缩。

2. 压缩比

现在的文件越来越大，尤其是多媒体文件，动辄几百 MB 甚至几个 GB。如此大的文件，既不便于存储，又不方便传输。实际上，多媒体文件中的有些信息是冗余的。例如，在动态图像中，有时候里面的景物好长时间才变化一下（想象一下晚上房间的监控画面），此时只需要存储画面的变化就可以，没有必要保存那么多静止不变的帧画面，这称为时间冗余。另外，有些静态图像的背景有大块颜色相同的区域，例如我们在晴天拍摄的蓝天，这时我们也没有必要逐点保存，因为逐点保存会浪费大量存储空间，这称为空间冗余。

不管是时间冗余还是空间冗余，都可以采取某些方法降低存储需求。当然，除了以上两种冗余类型外，还有结构冗余、视觉冗余、知识冗余、信息熵冗余等，这些冗余为数据压缩提供发挥作用的舞台。数据压缩后，文件变小的幅度称为压缩比。图像、声音、视频都可以压缩，但是不同的软件对同一个文件的压缩比可能不同。

3. 数据压缩类型

分为磁盘压缩和文件压缩。磁盘压缩是把文件压缩后放到磁盘的一个特定部分，当作一个独立的虚拟磁盘。从 Windows XP 开始，微软为 NTFS 文件系统上的文件提供本地的压缩支持，但不是以“压缩驱动器”为标准来实现的。文件压缩是把一个或多个文件压缩为一个单独的较小文件。文件被压缩后，一般需要解压才能使用。压缩时，可以根据用户需要选择是否添加解压缩密码。

1.4 计算机系统

计算机系统包括硬件系统和软件系统两部分。当前世界上运行的计算机都是按照冯·诺依曼提出的体系结构制造的。计算机硬件系统包括主机和外部设备，计算机软件系统包括系统软件和应用软件。主机是计算机硬件系统的主要部分，包括中央处理器和内存，而中央处理器主要包括运算器和控制器两部分。

系统软件主要指提供服务的软件，例如操作系统软件、语言处理程序、数据库管理系统以及工具软件等，系统软件也是由系统软件编制的。应用软件主要从应用的角度出发，由程序员根据实际需要，利用语言处理程序（例如 C 语言、Basic 语言等）编制的软件，从软件服务的对象来说，应用软件分为通用应用软件和专用应用软件。

计算机系统结构如图 1.3 所示。

1.4.1 计算机硬件系统

计算机硬件是指计算机系统中由电子、机械和各种光电部件等组成的看得见、摸得着的计算机部件和计算机设备。如果考虑这些部件和设备的完整性和系统性，则称这样的一个有机整体为计算机硬件系统。未配置任何软件的计算机叫裸机，它是计算机完成工作的物理基础。安装了操作系统的计算机称为虚拟机。

根据冯·诺依曼的设计，计算机硬件系统由五大部分组成：运算器、控制器、存储器、

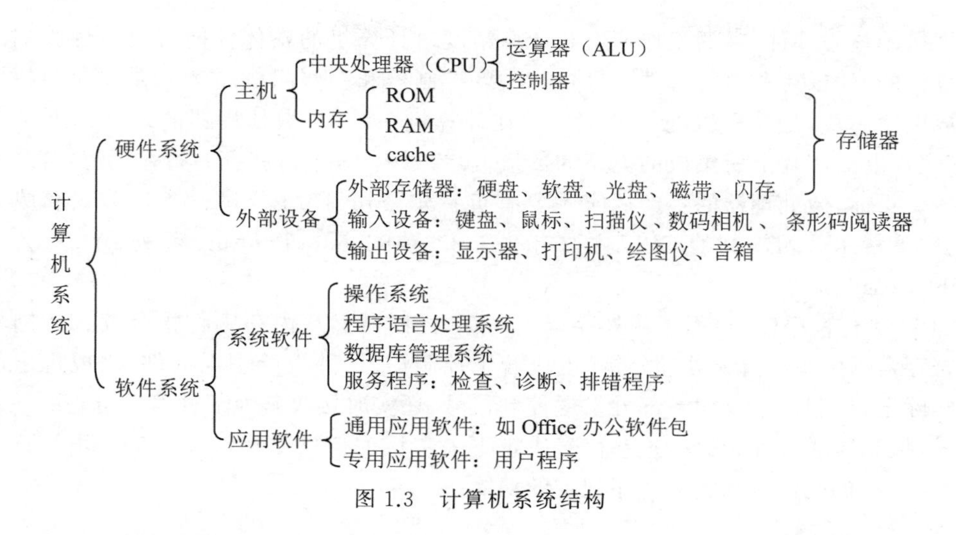

图 1.3　计算机系统结构

输入设备和输出设备。虽然计算机的性能、体积、功耗等发生了巨大变化，但是计算机的五大组成部分并没有变化。图 1.4 列出了计算机的各个部件及其连接关系。在该图中，实线箭头表示数据流，虚线箭头表示控制流。

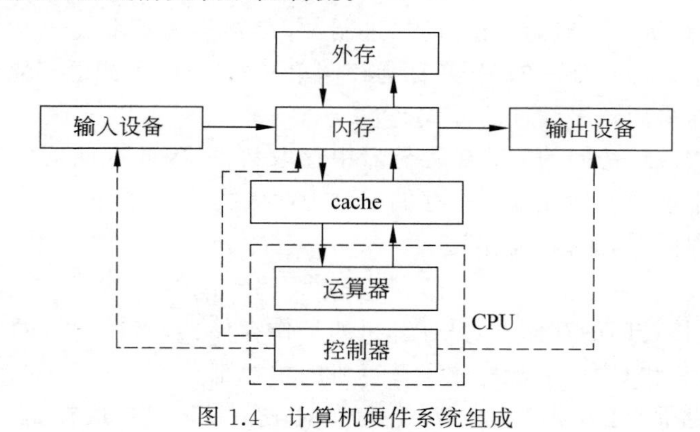

图 1.4　计算机硬件系统组成

1. 运算器

运算器是计算机处理数据和形成信息的加工厂，主要用于完成算术运算和逻辑运算。它由算术逻辑单元(Arithmetic Logic Unit，ALU)、寄存器及一些控制门组成。算术运算部件完成加、减、乘、除四则运算(定点运算或浮点运算)，逻辑运算部件完成与、或、非、移位等运算。所谓寄存器，指的是 CPU 内部设置的一些离散的存储单元。有的寄存器有特定功能，有的寄存器用于临时存放数据，包括中间结果或最终结果。

2. 控制器

控制器是计算机的神经中枢，用于控制和协调计算机的各部件自动、连续地执行各条指令。通常把控制器和运算器合称为中央处理器(Central Processing Unit，CPU)。CPU

是计算机的核心部件，它的工作速度和计算精度对计算机的整体性能有决定性影响。微型计算机的CPU也称微处理器，是将运算器、控制器和一些门电路集成在一起的超大规模集成电路芯片，是计算机的核心部件。在计算机系统中，微处理器的发展速度是最快的，其集成电路芯片上所集成的电路的数量，大约每隔18个月就翻一番，这就是著名的摩尔定律。目前，微处理器的生产厂家主要有英特尔公司、IBM公司、AMD公司和威盛公司，其中英特尔公司出品的CPU主要有286、386、486、586、Pentium系列；AMD公司主要有K5、Athlon等。

CPU执行程序时，将程序从外存调入内存，控制器又从内存中将指令读入控制器的指令寄存器IR，并对指令进行分析，生成若干控制信号，并发给不同部件，完成规定的操作。实际上，控制器不仅向各部件发送控制信号，还实时接收其他部件发送给它的一些状态信号，控制器通过综合分析这些信号决定下一步该如何操作。这样一步一步执行完所有指令，计算机就可自动完成程序规定的功能。

3. 存储器

存储器是计算机的“记忆”装置，主要用来保存数据和程序，具有存取数据和提取数据的功能。存储器采用二进制的形式存储数据，其基本存储单位是“存储单元”，每个存储单元存放一定位数（微机上一般为8位）的二进制数，存储器就是由成千上万个存储单元构成的。每个存储单元都有唯一的编号，称为存储单元的地址，不同的存储单元用不同的地址来区分。存储器采用顺序编址的方式。

计算机采用按地址访问的方式到存储器中存取数据，因此存储器的存取速度是计算机系统的一个非常重要的性能指标。存储器分为两大类：内存和外存，内存又称为主存，外存又称为辅助存储器，简称“辅存”。

1）内存

是CPU可直接访问的存储器，是计算机的工作存储器，当前运行的程序和数据都必须存放在内存中，它和CPU一起构成了计算机的主机部分。内存分为ROM（Read Only Memory，只读存储器）、RAM（Random Access Memory，随机存取存储器）和cache（高速缓冲存储器，简称高速缓存），其中cache是为了协调CPU与内存之间速度不匹配的矛盾而提出的，具有容量小、速度快、价格昂贵的特点。表1.5列出了内存的特点及速度。

表1.5　内存的特点及速度

<table>
<tr><th>名称</th><th>特　点</th><th>速　度</th></tr>
<tr><td>ROM</td><td>正常工作时只能读，不能写；常用于存放固定的程序和数据，断电后能长期保存；容量较小，存放系统的基本输入输出系统（ROM BIOS）等</td><td rowspan="3">快
CPU
cache
内存
硬盘
软盘
慢</td></tr>
<tr><td>RAM</td><td>可读可写；断电后信息全部丢失；容量较大</td></tr>
<tr><td>cache</td><td>容量小，价格昂贵，其大小对计算机性能影响很大</td></tr>
</table>

2）外存

是计算机的外部设备，存取速度比内存慢很多，主要用于存储大量的暂时不参加运算或处理的数据和程序。如果需要使用这些数据和程序,则可成批地与内存进行信息交换。外存是主存储器的补充,不能和 CPU 直接交换数据,但可以间接交换数据。硬盘、软盘、光盘、U 盘等都属于外存。

外存的特点是存储容量大、可靠性高、价格低,断电后可以永久地保存信息。微机中的外存储器,按存储介质不同可分为磁表面存储器、光盘存储器和半导体存储器(Flash 闪存)。磁表面存储器主要是磁盘和磁带,其中磁盘可分为硬盘和软盘。目前,光盘存储器和以 U 盘为代表的半导体存储器已成为移动存储的主要方式。

4. 输入设备

输入设备的主要作用是把准备好的数据、程序等信息转变为计算机能接受的电信号,再送入计算机。输入设备是计算机系统与外界进行信息交流的工具。常见的输入设备有键盘、鼠标、数码相机、数码摄像机、扫描仪、条形码阅读器等。

5. 输出设备

输出设备的主要作用是把运算结果或工作过程以人们要求的直观形式表现出来。常用的输出设备有显示器、打印机、绘图仪、音箱等。

1.4.2 计算机软件系统

计算机中的信息包括数据和程序,其中计算机就是通过执行程序来处理各类数据的。例如,字处理软件 Word 用于处理文档,Photoshop 用于处理图像,GoldWave 用于播放音乐。

所谓软件,指的是使计算机运行所需的程序、数据和有关文档的总和。用户为了完成某个特定功能,需要编制一个程序,也就是说,程序是为了解决某一具体问题而编制的多条指令组成的有序序列。数据是程序处理的对象,例如文档、图像、音频、视频等。文档是一个相对宽泛的概念,包括程序编制、运行过程中的有关资料,例如开发技术资料、用户手册、系统维护及升级资料等。

实际上,计算机的很多功能,用软件和硬件都能实现。之所以选择用软件实现,很大程度上是从降低成本的角度考虑的。另外,对计算机资源(包括硬件资源和软件资源)的有效管理,提高计算机资源的使用效率,协调计算机各部件之间的工作等,都需要通过运行计算机软件实现。计算机软件通常可分为系统软件和应用软件两大类。系统软件是靠近硬件的基础软件,主要起着管理、监控和维护计算机资源,以及开发其他软件的作用;应用软件则是为了解决某一具体问题而开发的软件。

1. 系统软件

系统软件主要包括操作系统、语言处理程序、系统支撑和服务软件、数据库管理系统等。

1) 操作系统

操作系统(Operating System,OS)是一组对计算机资源进行控制与管理的系统化程序集合，它是用户和计算机硬件的接口，为用户和其他软件提供管理计算机硬件的桥梁。操作系统是直接运行在裸机上的最基本的系统软件，任何其他软件都必须在操作系统的支持下才能运行，所以操作系统是计算机系统软件的核心，主要用于控制和管理计算机的软硬件资源。

2）语言处理程序

语言是计算机语言的简称，是进行程序设计的工具，又称为程序设计语言，分为机器语言、汇编语言和高级语言三类，其中机器语言和汇编语言合称低级语言。程序设计语言是用户编写应用程序使用的语言，是用户与计算机之间交换信息的工具，程序设计语言可以看作是给计算机下达命令的工具，是数学算法的语言描述，它包含一组用来定义计算机程序的语法规则，可以让程序设计员准确地定义计算机需要使用的数据，并精确地定义在不同情况下应当采取的操作。

（1）机器语言。

是计算机系统唯一能识别的、不需要翻译、直接供机器使用的程序设计语言。机器语言中的每个语句(指令)都是二进制形式的指令代码，包括操作码和地址码两部分。用机器语言编写程序难度大、直观性差、容易出错、修改调试不方便；但是机器语言能够被计算机直接识别和执行，程序运行速度最快。

用户用机器语言编写的程序不需要中间的翻译过程，CPU 可以直接执行，效率很高。但是机器语言非常不便于记忆，机器语言程序的可理解性、可维护性、可移植性都很差，由此导致编程效率很低。这里的“可移植性”指的是不同类型的 CPU 支持不同的指令系统，在 A 类 CPU 上编写的程序无法直接移植到 B 类 CPU 上直接执行。可以设想一下，如果有 100 个不同类型的 CPU，为了解决一个简单的 1＋2＋3＋…＋100 的连续加法问题，竟然要分别写 100 个不同的程序，这实在是令人非常崩溃。

（2）汇编语言。

为了解决以上问题，人们发明了汇编语言。汇编语言是用助记符来表示指令的低级语言，其指令称为汇编指令，同机器指令是一一对应的。汇编指令用一些有意义的英文缩写单词来表示，相对于二进制形式的机器指令，汇编指令变得容易记忆，但同时也带来了效率降低的负面影响，因为计算机的 CPU 无法直接识别汇编指令，必须由专门的汇编程序把汇编指令翻译成机器指令后方可运行。还有两点需要指明，汇编语言的出现仍然没有解决机器语言的“可移植性”问题，汇编语言仍属于面向机器的语言，它依赖于具体的机器，很难在系统间移植；程序编写比较困难，程序的可读性比较差。

用汇编语言编写的程序质量高，执行速度快，占用内存少，因此常用于编写系统软件、实时控制程序、经常使用的标准子程序和用于直接控制计算机的外部设备或端口数据输入输出程序等。

（3）高级语言。

为了更好、更方便地进行程序设计工作，必须屏蔽机器的细节，摆脱机器指令的束缚，使用接近人类思维逻辑习惯，容易读、写和理解的程序设计语言。从 20 世纪 50 年代中期开始，几百种程序设计语言先后问世，如 Fortran、Pascal、C、Basic 等，这些都属于高级语言。高级语言要用翻译的方法将其翻译成机器语言程序才能执行。翻译的方法有“解释”

和“编译”两种。一个高级语言源程序必须经过“编译”和“连接装配”才能成为可执行的机器语言。

- 解释程序：解释程序接受用某种高级程序设计语言编写的源程序，然后对源程序的每条语句逐句进行解释并执行，最后得出结果。也就是说，解释程序对源程序是一边翻译，一边执行，不产生目标程序。
- 编译程序：编译程序是翻译程序，它将高级语言的源程序翻译成与之等价的用机器语言表示的目标程序，其翻译过程称为编译。

编译程序和解释程序的区别在于，编译程序生成目标程序；而解释程序则是检查高级语言编写的源程序，然后直接执行源程序所指定的动作，不产生目标程序。

在大多数情况下，建立在编译基础上的系统在执行速度上都优于建立在解释基础上的系统，但是，编译系统比较复杂，这使得开发和维护费用较高，而解释程序则比较简单，可移植性也好，其缺点是执行速度稍慢。

3）系统支撑和服务软件

这些软件又称为实用工具软件，主要用于为用户提供一些让计算机用户控制、管理和使用计算机资源的方法。有些实用工具本身就包含在操作系统内部，例如磁盘格式化、磁盘分区、磁盘碎片整理、磁盘清理等工具；有的实用工具则独立于操作系统之外，如数据恢复工具 DiskRecovery、系统诊断工具、查毒杀毒软件等。

4）数据库管理系统

主要用来建立存储各种数据资料的数据库，并进行操作和维护。常用的数据库管理系统有 Access、SQL Server、Oracle、Sybase、DB2 等，它们都是关系型数据库管理系统。随着大数据时代的到来，非关系数据库（如 NoSQL）的应用也变得越来越活跃。NoSQL 即 Not Only SQL，是指主体符合非关系型、分布式、开放源码和具有横向扩展能力的下一代数据库，包括键值数据库、文档数据库、列族数据库和图数据库等。

2. 应用软件

应用软件是为解决实际问题而编写的，是用系统软件（语言处理程序）编写的软件，具有很强的实用性和针对性。当前世界上有难以计数的应用软件，它们的种类之复杂、功能之强大，已经超出了普通民众的想象。例如常用的办公类软件 Microsoft Office、WPS Office，以及图形图像处理软件 Photoshop、看图软件 ACDSee、三维设计软件 AutoCAD 和 3ds Max，以及 WeChat、QQ 等即时通信工具等。还有一些专用软件针对某一个行业或某一个具体企业，如某部门财务管理系统，某学校的教务系统、学籍管理系统等，都是典型的应用软件。

需要说明，应用软件和系统软件并没有非常严格的界限。对某一个软件来说，可能既有系统软件的特点，又有应用软件的特点，那么该如何确定它是系统软件还是应用软件呢？可以把握这样一个原则：该软件大部分功能（或主要功能）具有系统软件的特点，那就属于系统软件，否则就属于应用软件。

1.4.3 计算机工作原理

1. 指令和指令系统

指令是指示计算机执行某种操作的命令，包括操作码和地址码两部分。其中操作码规定了操作的类型，地址码规定了要操作的数据存放在什么地址。一台计算机支持哪些指令，完全由该计算机的 CPU 决定。某 CPU 可支持的所有指令的集合称为指令系统。计算机系统不同，指令系统也不相同，目前常见的指令系统有 CISC（复杂指令系统）和 RISC（精简指令系统）两种。相比而言，RISC 的指令格式较为单一，指令种类较少，寻址方式也比 CISC 少。一般高性能服务器大多采用 RISC 指令的 CPU，例如 SPARC 处理器等，而常见的微型机中的 CPU 一般采用 CISC 指令的 CPU。

2. 冯·诺依曼体系结构和存储程序工作原理

冯·诺依曼在 70 多年前提出了计算机的最初设计方案，他对计算机的各个部分及功能进行了明确的定义，并提出了三条思想：①计算机的基本结构，计算机硬件应具有运算器、控制器、存储器、输入设备和输出设备五大组成部分；②计算机采用二进制表示数据和指令；③采用存储程序和程序控制方式，即将数据和指令存入存储器中。冯·诺依曼的工作开辟了一个崭新的计算机时代，奠定了现代电子计算机的发展基础，因此称当前的计算机体系结构为冯·诺依曼体系结构。

计算机自动执行指令的理论基础是存储程序工作原理，其基本思想是存储程序和程序控制，该原理也称为冯·诺依曼原理。"存储程序"是指人们必须把事先编制好的程序及运行所需数据以一定的方式输入并存储到计算机的存储器中；"程序控制"是指计算机运行程序时能自动从内存中逐条取出程序中的一条条指令，进入 CPU 后进行分析并执行指令。具体地，存储程序工作原理可描述如下：为解决某个问题，用户需要事先编制好程序，程序可以用高级语言编写，也可以用低级语言编写，但是最终要转换为机器指令，即程序是由一系列机器指令组成的；将程序输入到计算机，并存储在外部存储器中；如果要执行程序，则控制器将程序读入内存储器，并运行程序，控制器按照地址顺序取出存放在内存中的指令，然后分析指令、执行指令的功能，遇到程序中的转移指令时，则转移到要转移的地址，再按照地址顺序访问指令。

计算机从第一代发展到现在的第四代，其基本工作原理一直没有改变，仍然沿用存储程序工作原理。在计算机运行过程中，实际上流动着两种信息：一种称为数据流，另一种称为控制流，也称控制信号。数据流包括数据和指令，它们在程序运行之前要先从外存调入内存，程序运行时数据送到运算器参与运算，指令送到控制器。控制信号由控制器对指令进行分析后发出，控制计算机的其他部件根据指令功能的要求进行各种操作，例如运算、存储、传输等，并对执行流程进行控制。需要说明的是，这里的指令指的是机器指令，必须能被 CPU 直接理解及执行。

1.5 微型计算机系统

1.5.1 微型计算机的分类

微型计算机简称微机，俗称电脑，按其功能、性能、结构及技术特点划分，有多种分类方法。如果按照机器组成来分，可将微型计算机分为单片机、单板机、个人计算机、便携式微机等；如果按照 CPU 字长来分，则可将微型计算机分为 4 位机、8 位机、16 位机、32 位机等。下面我们从机器组成上进行分类。

1. 单片机

将微处理器、一定容量的存储器以及 I/O 接口电路等集成在一个芯片上，就构成了单片机。也就是说，单片机是具有计算机功能的集成电路芯片。单片机体积小，功耗低，使用方便，但存储容量较小，一般用于专用机器或控制仪表、家用电器等。

2. 单板机

将微处理器、存储器、I/O 接口电路安装在一块印刷电路板上，就称为单板机。一般这块板上还有简易键盘、液晶或数码管显示器，以及外存储器接口等，只要再外加上电源便可使用。单板机价格低廉且易于扩展，广泛应用于工业控制、微机教学和实验，或作为计算机控制网络的前端执行机。

3. PC

即个人计算机，是供单个用户使用的微机，是目前使用最多的一种微机。PC 配置有显示器、键盘、硬磁盘、光盘驱动器、软磁盘驱动器，以及一个紧凑的机箱和一些可以插接各种接口板卡的扩展槽。目前最常见的是以英特尔 Pentium 系列 CPU 芯片、AMD Athlon 系列 CPU 芯片等作为 CPU 的各种 PC。

4. 便携式微机

便携式微机包括笔记本计算机和个人数字助理（PDA）等。便携式微机将主机和主要的外部设备集成为一个整体，可以用电池直接供电。

1.5.2 微型计算机的主要性能指标

微型计算机的主要性能指标包括主频、字长、内核数、内存容量和运算速度等。

1. 主频

即时钟频率，是指计算机 CPU 在单位时间内发出的脉冲数，它在很大程度决定了计算机的运算速度，主频的单位是赫兹（Hz）。计算机的主频已经从早期的4.77MHz发展到现在的4GHz，甚至更高。例如，PIV/1.8G CPU的主频是1.8GHz。

2. 字长

是指计算机的运算部件能同时处理的二进制数据的位数，它与计算机的功能及用途有很大的关系。计算机的字长越长，计算机处理信息的效率就越高，计算机内部存储的数值精度就越高，计算机能识别的指令个数就越多，功能也就越强。其次，字长决定了指令直接寻址的能力。一般机器的字长都是字节的1、2、4、8倍，如286机为16位机，386机、486机以及Pentium系列都是32位机，英特尔的630系列以后的产品以及AMD的Athlon64等均为64位机。

3. 内核数

随着信息技术的不断发展，各行业对CPU处理速度的要求越来越高，尤其是对多任务处理速度的要求也在不断提高，各大CPU制造商开始从CPU的结构上作出新的优化及调整。例如，英特尔和AMD分别推出了双核心处理器Pentium D和Athlon64 X2，这实际上就是简单的多核心处理器。所谓多核心处理器，就是在一块CPU基板上集成多个处理器核心，并通过并行总线将各处理器核心连接起来。多核心处理技术的推出大大提高了CPU的多任务处理性能。

多核技术的产生源于开发工程师认识到，仅仅依靠提高单核芯片的速度会产生过多的热量，且无法带来相应的性能改善。即便不考虑处理器的发热问题，高速处理器的价格也令人难以接受，速度稍快的处理器，价格要高出很多。

4. 内存容量

内存容量是指内存储器中能存储信息的总量。内存容量越大，计算机的处理速度一般就越快。早期，计算机可支持的内容容量较小，价格也较为昂贵。随着内存价格的不断降低，微机所配置的内存容量也在不断增大，从早期的640KB增加到目前的4GB、8GB、16GB甚至更大。平常所说的内存容量指的是RAM的容量，而不包括ROM的容量。

在微型计算机中，系统内存容量等于插在主板内存插槽中所有内存条容量的总和，内存容量的上限一般由主板芯片组和内存插槽共同决定。不同主板芯片组可以支持的内存容量不同，因此，选择内存时要考虑主板内存插槽数量，并且考虑未来的升级余地。

5. 运算速度

是一项综合性的性能指标，其单位是MIPS（Million Instructions Per Second，每秒10^6条指令）和BIPS（Billion Instructions Per Second，每秒10^9条指令），1BIPS = 1000MIPS。一般来说，主频越高，运算速度越快；字长越长，运算速度越快；内存容量越大，运算速度越快；存取周期越小，运算速度越快。衡量计算机运算速度的指标还有很多，例如FLOPS，指的是CPU每秒钟执行多少次浮点运算。

另外，衡量一个计算机系统性能的指标还有很多，除了以上各个指标外，计算机系统运行的可靠性、系统的可维护性以及计算机的兼容性、性价比等，也是重要的性能指标。

1.5.3 常见的微型计算机硬件设备

微型计算机是世界上最为普及和通用的计算机系统，其价格低廉，功能强大，性价比高，目前已经广泛应用于家庭、办公等领域。同一般的计算机硬件系统类似，微型计算机的硬件系统也由五大部件组成，但是因为有体积小的要求，很多部件都进行了集中和体积缩小的操作。从外观上看，微型计算机的主体部分就是一个箱子，称为主机箱，主机箱中装有主板、CPU、内存条、显卡、声卡、硬盘、光驱、网卡、电源等。早期的主机箱中还装有软驱，目前软驱已经被淘汰。除了主机箱，重要的外部设备一般包括显示器、键盘、鼠标、打印机、音箱等。

图 1.5 所示就是主机箱。左侧主机箱较为传统，右侧主机箱相对炫酷，增加了灯光效果。但不管外形如何变化，其本质是一样的，都是用于把计算机的关键部件装在一起，以方便管理和使用。

图 1.5　微型计算机的主机箱

1. 微处理器

微型计算机中的 CPU 也称微处理器，是一块超大规模集成电路，是微型计算机最为核心的部件。CPU 和内存共同构成了主机，两者通过主板与其他设备相连接。图 1.6(a)是英特尔公司的 CORE i9 CPU，图 1.6(b)是我国自主研发的龙芯 3 号 CPU。

(a) CORE i9 CPU

(b) 龙芯3号 CPU

图 1.6　CPU 示例

2. 存储器

1）内存

微型计算机的内存一般是指随机存储器（RAM），目前常用的内存有 SDRAM 和 DDR SDRAM 两种，SDRAM 的中文名称是“同步动态随机存储器”，DDR SDRAM 简称 DDR，是“双倍数据传输速率同步动态随机存储器”的简称，理论上具有 SDRAM 双倍的带宽。目前，DDR 是内存采用的主要技术标准，当前的流行版本是 DDR4 内存，其主频已经达到了 4000MHz，大大提高了计算机的运行速度。图 1.7 就是平常使用的内存，它实际上是将多个内存颗粒组装在一个插板上，俗称“内存条”。内存条插入主板的插槽中，同 CPU 一起共同组成了计算机的主机。

注意，“主机”和“主机箱”不是一回事。虽然我们平常不作严格区分，但是“主机”指的是 CPU 和内存的组合，“主机箱”指的是装有硬件部件的箱子，是一个“box”。

2）外存

外存是计算机的外部设备，存取速度比内存慢很多，主要用于存储大量暂时不参加运算或处理的数据和程序。如果需要使用这些数据和程序，则可成批地与内存进行信息交换。外存是主存储器的补充，不能和 CPU 直接交换数据，但可以间接交换数据。硬盘、软盘、光盘、U 盘等都属于外存。

（1）软盘：是一种涂有磁性物质的聚酯塑料薄膜圆盘。常用的软盘直径为 3.5 英寸，容量为 1.44MB。软盘上有写保护口，当写保护口处于保护状态（即写保护口打开）时，只能读取盘中的信息，不能写入信息，也不能擦除或重写数据，并能防止病毒侵入。软盘驱动器是读写软盘的装置，如图 1.8 所示。因为容量过小，当前软盘及软盘驱动器早已经被淘汰。

图 1.7　内存条

图 1.8　软盘和软盘驱动器

（2）硬盘：是微型计算机中最重要的外存储器，由多个质地较硬的涂有磁性材料的金属盘片组成，每个盘片的每一面都有一个读/写磁头，用于磁盘信息的读写，如图 1.9 所示。硬盘是目前存取速度最快的外存储器。需要说明，硬盘是一种外存储器，不是主机的必备部分。虽然随着操作系统及各种应用软件、系统软件规模的不断增大，硬盘在计算机中的地位越来越重要，但这并不说明硬盘是必不可少的。没有硬盘，计算机仍旧可以运行，例如，可以利用软盘、光盘或者 U 盘启动来使用计算机。在日常使用时，硬盘驱动器和硬盘是类似的概念，不作严格区分。

（3）闪存：是一种利用闪存作为存储介质的半导体集成电路制成的电子盘，已成为主流的可移动外存。闪存又称为优盘或U盘,如图1.10所示,它可反复存取数据,不需另外的硬件驱动设备,使用时只需要插入计算机中的USB插口即可。U盘容量较大,数据读取速度快,重量轻,存取时可靠性高。现在闪存在手机、PDA、MP3等系统中也有广泛的应用。

图1.9　硬盘

图1.10　U盘

(4) 光盘：是利用激光技术存储信息的装置。目前用于计算机系统的光盘可分为只读光盘(CD-ROM、DVD),追记型光盘(CD-R、WORM),可改写型光盘(CD-RW、MO)等。光盘存储介质具有价格低、保存时间长、存储量大等特点,已成为微机的标准配置。

读取光盘的部件称为光驱,即光盘驱动器,是一个结合光学、机械及电子技术的产品,其激光光源来自于一个激光二极管,它可以产生波长为0.54～0.68μm的光束,经过处理后光束更集中且能精确控制。光束首先打在光盘上,再由光盘反射回来,经过光检测器捕捉信号。光盘上有两种状态,即凹点和空白,它们的反射信号相反,很容易经过光检测器识别,经过光电转换装置,即可将光信号翻译为可以使用的二进制信号。

图1.11　光盘驱动器及光盘

光盘驱动器及光盘如图1.11所示。

3. 输入设备

常见的输入设备有键盘、鼠标、数码相机、数码摄像机、扫描仪、条形码阅读器等。

1) 键盘和鼠标

微型计算机中最基本的输入设备就是键盘和鼠标,如图1.12和图1.13所示。

通过键盘,用户可以将英文大小写字母、数字、标点符号等输入到计算机中,不仅可以输入英文字母,也可以通过编码技术输入中文;同时,通过按键向计算机发出命令,进行各类控制,也是键盘的常用功能。另外,键盘的上方会带有一组功能键,用户可以利用它们定义一些快捷键,从而加快某些命令的执行速度。一般来说,键盘的右侧设有数字键,方便用户大批量输入数字信息。

鼠标(Mouse)是计算机显示系统纵横坐标定位的指示器,因形似老鼠而得名,如图1.13所示。鼠标使得计算机的操作更加简便快捷,很多利用键盘才能执行的烦琐指令,通过鼠标操作得到简化。鼠标分为机械式鼠标、光电式鼠标、无线遥控式鼠标等。

图 1.12　键盘

图 1.13　鼠标

2）数码相机

数码相机是一种集光学、机械、电子技术于一体的电子产品，如图 1.14 所示，目前已经被广泛使用。数码相机内部集成了影像信息转换部件、存储部件、数据传输部件，可同计算机进行数据交互处理，具有实时拍摄的特点。数码相机的成像元件是 CCD 或 CMOS，光线通过时，该成像元件能根据光线的不同，将光信号转化为电子信号。数码相机最早出现在美国，美国曾利用它通过卫星向地面传送照片，后来数码相机转为民用，并不断拓展应用范围。按用途划分数码相机可分为单反相机、微单相机、卡片相机、长焦相机和家用相机等。相机的分辨率是最重要的性能指标，用图像的绝对像素数来表示。

3）扫描仪

作为一种光机电一体化的计算机外部设备，扫描仪（图 1.15）是继鼠标、键盘之后重要的输入设备，它可将影像转换为计算机可以显示、编辑、存储和输出的数字文件，是一种功能很强的输入设备。人们利用扫描仪，可以将自己的美术作品或老照片扫描为电子图片，也可以将书本中的文字扫描输入到文字处理软件中。扫描仪的性能指标主要包括分辨率、灰度级和色彩数，扫描速度、扫描幅面等也是重要的性能指标。

图 1.14　数码相机

图 1.15　扫描仪

4）条形码阅读器

条形码阅读器也称为条形码扫描枪、条形码扫描器，是用于读取条形码所包含信息的设备。它和键盘、鼠标一样，都属于输入设备。按光源不同，可以分为虹光条形码阅读器（也称为 CCD 扫描枪）和激光条形码阅读器。当前市场上流行的是激光条形码阅读器。

所谓条形码（Barcode），是将宽度不等的多个黑条和空白区域按照一定的编码规则排列，用以表达一组信息的图形标识符。常见的条形码是由反射率相差很大的黑条（简称条）和白条（简称空）排成的平行线图案。条形码的用途极其广泛，可以标识物品的生产国、制造厂家、商品名称、生产日期、图书分类号、邮件起止地点、日期等信息，在零售业、图书馆、仓储管理、物流跟踪、数据自动录入、银行系统等领域都有广泛的应用。图 1.16 就是条形码和条形码阅读器。

图 1.16　条形码和条形码阅读器

4. 输出设备

计算机的内部信息要以人们易于接受的形式显示出来，计算机的使用才更为方便。常用的输出设备有显示器、打印机、绘图仪、音箱等。

1）显示器

显示系统是微型机最基本的、必备的输出设备，它包括显示器和显示适配器（显卡），如图 1.17 所示。显示器也称为监视器，按所采用的显示器件分，可分为阴极射线管显示器（CRT 显示器）、液晶显示器（LCD 显示器）、LED 显示器、3D 显示器等。与 CRT 相比，液晶显示器具有无辐射、体积小、耗电量低、美观等优点，但也存在响应慢、表现力弱、价格高等缺点。LED 显示器是一种通过控制半导体发光二极管进行显示的显示器，其功耗很低，性能良好。3D 显示器一直被公认为显示技术发展的终极梦想，用户不用戴眼镜就可以观看立体影像，不闪式 3D 技术是如今显示器中最常使用的技术。

(a)　　(b)

图 1.17　显示器与显卡

显示适配器又称显示卡或显卡，是一个插到主板上的扩展卡。显卡把信息从计算机中取出，并将其显示到显示器上，显卡决定了能看到的颜色数目和出现在屏幕上的图形效果。显示系统的主要性能有显示分辨率、颜色质量、刷新速度等，其中最主要的性能是分辨率和颜色质量。简单地说，分辨率就是屏幕每行每列的像素数。例如 1024×768，其中 1024 表示屏幕上水平方向显示的像素点数，768 表示垂直方向显示的像素点数。分辨率的数值越大，图像越清晰。分辨率同显示器的尺寸、显像管的点距及视频带宽相关。一般来说，显示器的尺寸越大，分辨率可以越高。

2）打印机

打印机是计算机常用的输出设备之一，用于将计算机内部的处理结果打印出来，打印的内容包括文档、图片、表格等。打印机有很多种分类标准，根据打印机的工作原理，打印机可以分为针式打印机、喷墨打印机和激光打印机，如图 1.18 所示；根据打印元件对纸是否有击打动作，打印机可以分为击打式打印机与非击打式打印机。

在击打式打印机中，最常用的就是针式打印机，如图 1.18(a)所示。针式打印机最早是爱普生公司发明的，其主要组成部件包括打印头、走纸装置和色带，打印头由很多打印针组成，每根针都由一个电磁铁控制，当电磁铁通电时，就吸住打印针，使其通过导向孔打在色带上，从而在打印纸上打出一个色点来。因为这个打印色点的过程属于机械式，因此该类打印机的噪声较大。针式打印机的工作原理同激光打印机、喷墨打印机相差较大，而其他类型的打印机很难取代，这也使得针式打印机现在仍然有自己的应用领域。例如，超市打印小票的打印机、出租车上打印发票的打印机等，都是针式打印机的具体应用。针式打印机的特点是打印成本低、对纸张的要求不高，缺点是打印速度低、打印过程噪音大、打印图形效果差等。

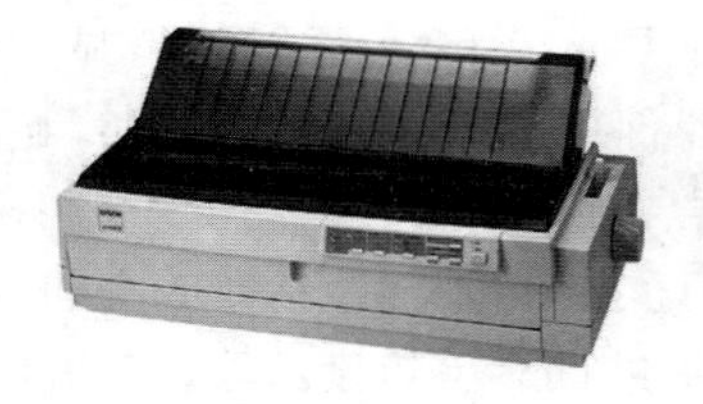

(a) 针式打印机

(b) 喷墨打印机

(c) 激光打印机

图 1.18　各类打印机

非击打式打印机可以分为喷墨打印机和激光打印机等。相比于击打式打印机，非击打式打印机都具有打印速度快、打印质量高、打印噪声低等优点。

喷墨打印机的关键部件是打印头，打印头由若干喷墨口组成，如图 1.18(b)所示。当打印头在控制装置的控制下横向移动时，喷墨口可以按照一定的方式向外喷射出墨水，墨水喷溅到纸上，就形成了字符或图形。如果喷墨口能喷射不同颜色的墨水，墨水叠加后即可显示不同的颜色。打印头上一般都有 48 个或 48 个以上的独立喷墨口，喷出各种不同颜色的墨水。例如，Epson Stylus photo 1270 的 48 个喷嘴分别能喷出 5 种不同的颜色：蓝绿色、红紫色、黄色、浅蓝绿色和淡红紫色，另外还有能喷出黑色墨水的 48 个喷嘴。一般来说，喷嘴越多，打印速度越快。喷墨打印机的优点是打印质量较高、打印速度相对针式打印机快，噪声也相对较小。其缺点是耗材(打印墨水)的费用较高，对打印纸张的要求也较高，同时喷墨口容易堵塞，不容易保养。

激光打印机起源于 20 世纪 80 年代末的激光照排技术，90 年代中期开始流行，如图 1.18(c)所示，是将激光扫描技术和电子照相技术相结合的打印输出设备。直到今天，激光打印机一直是办公打印的首选。激光打印机的打印耗材是硒鼓，里面装有碳粉。相对于其他打印设备，激光打印机有打印速度快、成像质量高等优点，但使用成本相对较高。

3）绘图仪

绘图仪是能按照人们要求自动绘制图形的输出设备，它可将计算机的输出信息以图形的形式输出，主要可绘制各种图表、统计图、大地测量图、建筑设计图、电路布线图、各种机械图等，如图 1.19 所示。

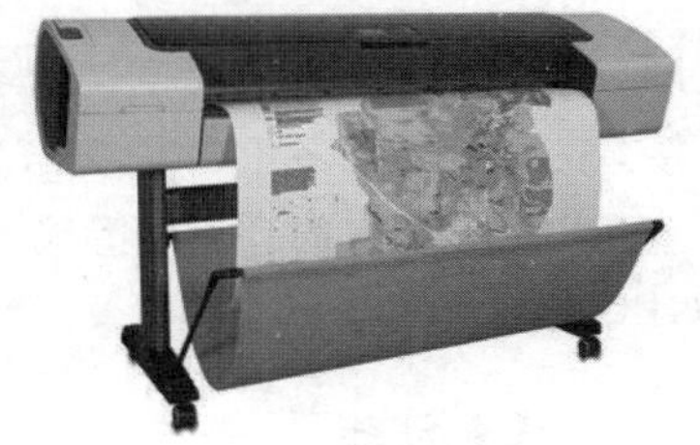

图 1.19　绘图仪

4）音箱

计算机刚刚发明出来时是沉默的，发不出任何声响。声卡的出现宣告了多媒体时代的到来，计算机才迎来有声世界。到如今，声卡已经成为计算机系统不可或缺的必备部件。自然界中的音频信号是模拟信号，要让计算机处理音频信号，必须要进行模数转换，详细内容参见 1.3.6 节。显然，好的声卡还需要好的音箱配合，才能播放出好的音效。音箱是典型的输出设备。

1.5.4　微型计算机常见总线标准与主板

在计算机系统中，各个部件之间传送信息的公共通路叫总线（Bus），微型计算机是以总线结构来连接各个功能部件的。按照计算机传输的信息种类划分，计算机的总线可以分为数据总线、地址总线和控制总线，分别用来传输数据、地址和控制信号。总线是一种内部结构，它是 CPU、内存、输入输出设备传递信息的公用通道，主机的各个部件通过总线相连接，外部设备通过相应的接口电路再与总线相连接，从而形成一个完整的计算机硬件系统。

主板是微型计算机系统中最大的一块电路板，又称为“母板”或“系统板”，是一块带有各种插口的大型印刷电路板（PCB），集成了电源接口、控制信号传输线路（控制总线）、数据传输线路（数据总线）以及相关控制芯片等，如图 1.20 所示。它将主机的 CPU 芯片、存储器芯片、控制芯片、ROM BIOS 芯片等各个部分有机组合起来。此外，主板还连接着软盘驱动器、硬盘、键盘、鼠标的 I/O 插座以及供插入接口卡的 I/O 扩展槽等组件。通过主板，CPU 可以控制诸如硬盘、软盘驱动器、键盘、鼠标、闪存等各种设备。主板中最主要的部件之一是芯片组，它是主板的灵魂，决定了主板能够支持的功能。目前，市面上常见的芯片组有英特尔、威隆、技嘉、AMD 等几家公司的产品。

图 1.20　主板

总线和主板是什么关系呢？如果把主板看作是一座城市，总线就像是城市里的公共汽车（Bus），它们能按照固定行车路线传输来回不停运作的二进制位。一条线路在同一时间内仅能传输一个二进制位，如果要提高传输速度，必须同时采用多条线路才可以。所谓总线宽度，指的是总线可同时传输的数据位数。总线宽度以位为单位，总线宽度愈大，传输性能就愈好。

在微型计算机中，地址总线是由 CPU 发出的单向总线，只能传输地址信息；数据总线是双向的，只能传输数据信息；控制总线中的每条线路往往是独立的，可以是 CPU 发出的控制信号，也可以是其他部件回传给 CPU 的状态信息或请求信息。按信息传输的形式，总线可分为并行总线和串行总线两种。并行总线用 n 条传输线路同时传送 n 位二进制信息，特点是传输速度快，但系统结构较复杂，主要用于计算机系统内各部件之间的连接；串行总线对多位二进制信息共用一条传输线，这些二进制信息按时间先后顺序通过总线，特点是结构简单，但传输速度较慢。现代微型计算机中常用的总线标准有 PCI、AGP、USB、PCI-Express 等。

1. PCI 总线

PCI（Peripheral Component Interconnect）总线是由英特尔、IBM 和 DEC 公司联合推出的一种局部总线标准，中文含义是“外围器件互联”。PCI 总线是由早期的工业标准体系结构 ISA（Industry Standard Architecture）总线发展而来的，支持 32 位或 64 位数据总线。从 1992 年创立规范至今，PCI 总线已成为了计算机的一种标准总线，是迄今为止最为成功的总线规范之一。需要说明的是，PCI 总线同 CPU 没有直接连接，而是通过 Bridge 桥接芯片电路连接。

2. AGP 总线

AGP（Accelerated Graphics Port），中文含义是“加速图像接口”，是英特尔公司推出的一种 3D 标准图像接口，能够提供四倍于 PCI 的效率。多媒体计算机的普及使得处理三维数据的需求越来越多，原有的 PCI 总线成为传输瓶颈。为了解决此问题，英特尔公司于 1996 年 7 月推出了 AGP 总线标准，这是显卡专用的局部总线，基于 PCI 2.1 版扩充修订而来。

3. USB 总线

USB 总线就是通用串行总线，是一种目前被广泛使用的接口标准。它允许外设在开机状态下热插拔，最多可串接 127 个外部设备。同时，USB 接口还可以向低压设备提供 5 伏电源。

4. PCI-Express 总线

PCI Express（PCI-E）是一种高速串行计算机总线，用于取代原有的 PCI 标准。PCI-E 采用了点对点串行连接，每个设备都有自己的专用连接线路，不需要向整个总线请求带宽，达到 PCI 所不能提供的高带宽。其主要优点就是数据的传输率非常高。

1.6 本章小结

本章详细讲解了理解信息与数据的异同点，阐述了计算机的起源、应用及多极化发展趋势。讲解了进制、数值型数据及非数值型数据的表示等知识，使读者对“一切数据在计算机内部均用二进制形式表示”的论断有深刻的理解。详细阐述了计算机硬件系统、软件系统及计算机工作原理，使读者建立清晰而完整的计算机“整机”的概念，并对微型计算机的主要性能指标、常见硬件设备、总线标准及主板有清晰的认识。

习 题 1

1. 单选题

(1) 字符串“我爱你 China!”保存在计算机内存中，占________个字节。

A. 9　　B. 12　　C. 13　　D. 18

(2) 一个字节有________。

A. 2b　　B. 8b　　C. 4b　　D. 32b

(3) CPU 一次能处理的二进制信息，称为________。

A. 二进制数　　B. 十六进制数　　C. 字节　　D. 字

(4) 某 CPU 一次能处理 4 个字节的二进制信息，则________。

A. 该 CPU 的字长为 4b　　B. 该 CPU 的字长为 32b

C. 该 CPU 不能处理超过 32b 的数据　　D. 该 CPU 的字长为 8b

(5) 汉字字形码主要用于汉字的显示和打印，以下说法错误的是________。

A. 包括点阵法和矢量法两种方法

B. 点阵法利用二进制位来表示汉字笔画的有无

C. 一个汉字字形码占两个字节

D. 用点阵法表示汉字时容易产生失真现象

(6) 有关计算机存储系统的说法，错误的是________。

A. 外存的特点是容量大、断电后信息可长期保存

B. 外存的存储速度低，内存的存储速度较高，cache 的速度最高

C. CPU 与内存之间的速度不匹配问题，由 cache 解决

D. 主机与外设之间的速度不匹配问题，由 cache 解决

(7) 计算机的指令系统由若干条指令组成，任何指令均包括的那部分称为________。

A. 操作码　　B. 地址码

C. 源地址码　　D. 目标地址码

(8) 微型计算机系统中的中央处理器通常是指________。

A. 控制器和运算器　　B. 内存储器和运算器

C. 内存储器和控制器　　D. 内存储器、控制器和运算器

(9) 计算机向使用者传递计算、处理结果的设备统称为________。

A. 输入设备　　B. 输出设备　　C. 存储器　　D. 磁盘

(10) 世界上公认的第一台计算机是在________年诞生的。

A. 1846　　B. 1864　　C. 1946　　D. 1964

2. 多选题

(1) 7 位标准 ASCII 码,用一个字节表示一个字符,以下说法正确的是________。

A. 最高位为 1　　B. 最高位为 0

C. 取值范围为 00H～7FH　　D. 存储时占 8 位

(2) 下列属于微型计算机主要性能指标的是________。

A. 字长　　B. 内存容量　　C. 运算速度　　D. 字节

(3) 下列四组数依次为二进制、八进制和十六进制,不符合要求的是________。

A. 11、78、19　　B. 10、77、1A　　C. 12、80、FF　　D. 11、77、1B

(4) 对计算机主要性能指标描述的是________。

A. 一个字节由 8 位二进制数组成　　B. CPU 的运算速度是 10BIPS

C. 电脑的内存容量为 16GB　　D. 某 CPU 一次可以处理 32 位数据

(5) 以下关于 ASCII 码的论述,不正确的是________。

A. 是美国信息交换标准代码的简称

B. 标准 ASCII 码是一种 16 位编码

C. ASCII 码基本字符集包括 128 个字符

D. 所有 ASCII 码字符都可以打印显示

(6) 用高级语言编写的源程序要转换成等价的机器指令,必须经过________。

A. 汇编　　B. 编辑　　C. 编译　　D. 解释

(7) 当前计算机正在向________、________、________以及智能化方向发展。

A. 巨型化　　B. 网络化　　C. 微型化　　D. 软件化

(8) 冯·诺依曼提出的计算机体系结构决定了计算机硬件系统由输入设备、输出设备、________、________和________五个基本部分组成。

A. 运算器　　B. 控制器　　C. 外部设备　　D. 存储器

(9) 指令是指示计算机执行某种操作的命令,它包括________两部分。

A. 指令地址　　B. 操作码　　C. 地址码　　D. 寄存器地址

(10) 微处理器是将________和高速缓存集成在一起的超大规模集成电路芯片,是计算机中最重要的核心部件。

A. 系统总线　　B. 控制器　　C. 对外接口　　D. 运算器

3. 判断题

(1) 所有的十进制小数都能完全准确地转换为二进制小数。　　(　　)

(2) 一个字节占 8 个二进制位。　　(　　)

(3) ASCII 码在计算机中存储时占用 1 个字节。　　(　　)

(4) 有的十进制小数不能精确转化为二进制小数。　　(　　)

(5) 信息是自然界、人类社会和人类思维活动中普遍存在的一切物质和事物的属性。　　(　　)

(6) 汉字在计算机内部存储时,用的是国标码。　　(　　)

(7) 计算机只能直接执行二进制代码,其他代码需要翻译成二进制代码方可执行。
( )

(8) 我们只能用十进制、二进制、八进制和十六进制,没有其他进制。 ( )

(9) 二进制位1和任何其他二进制位执行或运算,结果一定为1。 ( )

(10) 在计算机中,存储单元地址和存储单元内容都是用二进制信息来表示的。
( )

4. 填空题

(1) 某微型计算机标明PIV /1.8GHz,其中1.8GHz指的是________。

(2) 地址范围为1000H~4FFFH的存储空间为________KB。

(3) 用24×24点阵的汉字字模存放汉字,100个汉字需要的存储容量为________B。

(4) 某汉字区位码为2643,则它对应的国标码为________H,对应的机内码是________H。

(5) 若要用二进制数表示十进制数的0~999,则至少需要________位。

5. 简答题

(1) 什么是信息?什么是数据?二者有什么不同?

(2) 电子计算机的发展经历了几个阶段?每个阶段各具备什么特征?

(3) 计算机主要有哪些应用领域?

(4) 请解释计算机存储程序工作原理。

(5) 简述计算机的发展趋势。

(6) 计算机的硬件系统包括哪几部分?各有什么特点?

(7) 程序设计语言经历了哪三个阶段?各有什么特点?

(8) 请描述计算机的工作过程。

第2章 计算思维与计算机基础理论

学习目标：

理解计算思维的基本概念、本质及特征、应用领域；理解计算机求解问题的基本方法；掌握计算机算法的基本知识，理解典型问题求解策略，会对算法的复杂度进行时间优化和空间优化；掌握算法的表示方法，掌握结构化程序设计的三种基本控制结构(顺序结构、选择结构和循环结构)；了解面向对象技术。

2.1 计算思维概述

2.1.1 计算思维的基本概念

1. 科学、计算及计算科学

科学是反映现实世界中各种现象的本质和规律的知识体系。它既能改变人的主观世界，又能改造客观世界，其发展对人类社会产生了广泛而深远的影响。广义的**计算**是对信息进行加工和处理的过程，而计算机是可以计算的机器。**计算科学**又称科学计算，从计算的角度讲，计算科学是一个与数学模型构建、定量分析方法以及利用计算机来分析和解决科学问题相关的研究领域。如果从计算机的角度来讲，计算科学则是应用高性能计算能力预测和了解客观世界物质运动和复杂现象演化规律的科学，包括数值模拟、工程仿真、高效计算机系统和应用软件等。

我们知道，数学来源于哲学，而计算机学科则是从数学学科中分离出来的，所以计算机科学同数学密不可分，它们之间有着千丝万缕的联系。我们学习计算机，也需要对某些数学知识有清晰的认识。

2. 科学思维与计算思维

思维是人类大脑能动地反映客观现实的过程，是人类在认识世界的过程中进行比较、分析、综合的能力，是人类大脑的一种机能。思维具有如下三个特点：①概括性；②间接性；③思维是对经验的改组。

科学思维也叫科学逻辑，是形成并运用于科学认识活动，对感性认识材料进行加工处理的方式与途径的理论体系。在科学认识活动中，科学思维必须遵守三个基本原则：逻辑性原则、方法论原则和历史性原则。自然科学领域有公认的三大科学方法：即理论方法、实验方法和计算方法，每种方法都可分为思想方法和操作方法两个层面。如果把思想方法对应到思维方法层面，便有了三大科学思维，我们称之为理论思维、实验思维和计算思维。

计算思维(Computational Thinking)是2006年3月由美国卡内基·梅隆大学计算机科学系主任周以真(Jeannette M. Wing)教授在美国计算机权威期刊 *Communications of the ACM* 上提出的。她认为，计算思维是运用计算机科学的基础概念进行问题求解、系统设计、人类行为理解等涵盖计算机科学领域的一系列思维活动。周教授指出，计算思维是每个人的基本技能，不仅属于计算科学家，要把计算机这一从工具到思维的发展提炼到与3R(读、写、算)同等的高度和重要性，成为适合每一个人的"一种普遍的认识和一类普适的技能"。这里的3R，是英文单词read、write和arithmetic中3个R的缩写。

2.1.2 计算思维的本质及特征

1. 计算思维的本质：抽象和自动化

1) 抽象(Abstract)

抽象层次是计算思维的重要概念，它使人们可以根据不同的抽象层次选择忽视某些细节，最终控制系统的复杂性。在分析问题时，计算思维要求将注意力集中在感兴趣的抽象层次或其上下层，还应当了解各抽象层次之间的关系。通俗地说，具有计算思维能力的人可以把复杂的问题抽象化，忽略那些不重要的细节，利用严谨的数学符号或式子来构建问题对应的数学模型。

2) 自动化(Automation)

计算思维中的抽象，最终是要能够机械地一步一步自动执行。为确保自动化，在抽象过程中，不仅要进行精确而严格的符号标记和建模，也要求计算机系统或软件系统生产厂家能够向公众提供各种不同抽象层次之间的翻译工具。也就是说，利用计算机的高速性和精确性，去真实地解决实际问题。

计算思维的本质是抽象和自动化，它反映了计算的根本问题，即什么能被有效地自动执行。计算是抽象的自动执行，自动化需要利用计算机去解释抽象。从操作层面上看，计算就是如何寻找一台计算机去求解问题，即要确定合适的抽象，并实现问题的可计算化；自动化是最终目标，就是选择合适的计算机去解释执行该抽象，让机器去做计算的工作，从而把人脑解放出来。

2. 计算思维的特征

(1) 是概念化，不是程序化。像计算机科学家那样去思维，意味着远不止能为计算机编程，还能在抽象的多个层次上思维。它实际上在告诉我们，利用计算机不仅仅是编程，而是要求有更高层次的思维。

(2) 是根本的，不是刻板的技能。计算思维是一种根本技能，是每个人为了在现代社会中发挥职能所必须掌握的。在信息时代，计算思维无处不在，它通过影响每个人来影响世界。

(3) 是人的，不是计算机的思维。计算机之所以能求解问题，是因为人将计算思维的思想赋予了计算机。这一点要理解清楚，计算思维说到底还是人的智慧，是人的一种新的思维模式，不是计算机的思维。让计算机具有赶上或超过人的思维能力，还有很长的一段路要走。

(4) 是数学和工程思维的互补与融合。计算机本身起源于数学，发明计算机的初衷也是为了解决复杂的数学问题，所以计算机离不开数学。另一方面，程序员或计算机科学家需要根据行业需要，利用计算机实现问题的解决方案。一个有用的解决方案，其规模不会太小，为了编制高效稳定的计算机软件，系统分析员及程序员应该具备一定的工程思想，从工程的角度进行软件开发。

(5) 是思想，不是人造物。人们使用计算机时，会接触到计算机硬件、计算机软件，这些人造物以各种方式影响着人类的生活。除此之外，解决问题时，一些计算的概念及思想也会展现出来，例如日常生活管理、系统流程管理等，而这可能是更为重要的。

(6) 面向所有人，所有地方。如果计算思维真正被所有人接受，并融入人类生活，它将成为人们的一种普遍能力。就像人类具有读、写、算的能力一样，当人类需要的时候，自然就会运用计算思维去解决问题。

2.1.3 计算思维的应用领域

自从计算机诞生至今，信息技术已经在几乎所有领域产生了广泛而深远的影响。信息技术的发展促进了各学科的快速发展，各学科各领域中具有计算思维能力的科学家、工程师越来越多，深刻影响了各学科的发展，甚至产生了新的学科。

1. 计算生物学

计算生物学是生物学的一个分支，它是通过数据分析的理论及方法，结合数学建模技术、计算机仿真技术等，对生物学、行为学及社会群体系统进行研究的一门学科。由于生物学领域的数据量、计算量及复杂性不断增加，单纯依靠观察和实验已经难以快速推动生物学的发展，必须依靠大规模的计算技术，才能从海量信息中提取有用的信息。计算生物学的最终目的是运用计算机的思维解决生物问题，用计算机的语言和数学逻辑构建、描述并模拟生物世界。

2. 计算化学

计算化学是理论化学的一个分支，指那些可以用计算机程序实现化学计算的数学方法。计算化学不追求精确计算，而是采用近似的算法来表述。计算化学在研究原子和分子性质、化学反应途径等问题时，常侧重于解决以下两个方面的问题：为合成实验预测起始条件；研究化学反应机理，解释反应现象。值得一提的是，2013 年因“为复杂化学系统创造多尺度模型”，马丁·卡普拉斯、迈可·列维特和阿里耶·瓦舍尔一同获得诺贝尔化学奖，其中的“多尺度模型”恰恰是计算化学的研究内容。

3. 计算神经学

计算神经学是使用数学分析和计算机模拟的方法，在不同水平上对神经系统进行模拟和研究。例如，对神经元的真实生物物理模型研究，神经元的动态交互关系以及神经网络学习、脑组织、神经类型计算的量化理论等，都是从计算的角度理解大脑，研究非程序的、适应性的、大脑风格的信息处理的本质和能力，探索新型的信息处理机理和途径，从而创造脑。计算神经学的发展将对智能科学、信息科学、认知科学、神经科学等产生重要影响。大卫·马尔是计算神经学的创始人。

4. 计算物理学

计算物理学是研究使用数值方法分析可以量化的物理学问题的学科。计算物理学有时也被视为理论物理学的分支学科或子问题，但也有人认为计算物理学同理论物理学、实验物理学密切联系又相对独立，是物理学的第三大分支。

5. 计算经济学

计算经济学是经济学的一个分支，它是以计算机为工具，研究人和社会经济行为的一门社会科学。当前主流的研究方法是ACE(Agent-based Computational Economics)，即基于Agent的计算经济学，是将复杂适应系统理论、基于Agent的计算机仿真技术应用到经济学的一种研究方法。所谓Agent，指的是具有自主特征行为的软件或硬件。

6. 计算机艺术

所谓计算机艺术，就是利用计算机，以定性和定量的方法对艺术作品进行分析研究，以及利用计算机辅助艺术创作。从计算机信息处理的角度看，艺术创作可被看作是对视、听、触觉等模式信息的一种艺术性加工处理工作，其中用计算机完成有规律、重复、相称、和谐等性质的大量烦琐的技巧性体力劳动和一些非创造性脑力劳动，可使创作者更集中精力于艺术本身，从而更好地发挥其创作才能。计算机绘画、计算机动画、计算机音乐以及计算机舞蹈等都属于计算机艺术范畴。

7. 计算社会学

计算社会学指的是将计算机及算法工具应用于关于人类行为的大规模数据分析。在大数据时代，越来越多的人类活动在各种数据库中留下痕迹，产生了关于人类行为的大规模数据。这些数据为社会研究提供了新的可能，通过对这些数据的分析，可以获得人类行为和社会过程的模式。计算社会学是一种多学科综合的方法，通过先进的信息技术观察社会，特别是对信息的处理，可以分析社会网络、社会地理系统、社群媒体等。

8. 计算数学

计算数学是研究用计算机解决各种数学问题的科学，它的核心是提出和研究求解各种数学问题的高效而稳定的算法。高效的计算方法与高速的计算机是同等重要的，作为认识世界、改造世界的一种重要手段，计算已与理论分析、科学实验共同成为当代科学研究的三大支柱。计算数学主要研究与各类科学计算与工程计算相关的计算方法，对各种算法及其应用进行理论和数值分析，设计与研究用数值模拟方法代替某些耗资巨大甚至是难于实现的实验，研究专用或通用科学工程应用软件和数值软件等。近年来，计算数学与其他领域交叉渗透，形成了诸如计算力学、计算物理、计算化学、计算生物等一批交叉科学，在自然科学、社会科学、工程技术及其国民经济的各个领域得到了日益广泛的应用。

9. 计算中药学

计算中药学是一门综合应用计算方法来研究中药问题的交叉学科。计算中药学是在中医药理论指导下，以中药为研究对象，以中药学、中药化学、中药药理学、化学信息学、生物信息学、化学生物学、药物生物信息学等知识链为基础，综合应用计算机技术、信息技术、人工智能技术、分子模拟技术、数据库技术、计算机药物辅助设计、系统生物学、复杂网络系统等现代科学、技术和方法，通过收集、整理、学习、分析、挖掘中药蕴藏的丰富的信息资源，进而预测、揭示、诠释中药独具的深刻科学内涵和防病治病的科学原理。同时，该学科可以指导临床进一步合理用药，也可以为发现新的中药提供线索，进而丰富中医学和世界药学宝库。计算中药学的研究领域包括计算中药药性学、计算中药药效学、计算中药方剂学、计算中药药代学、计算中药毒理学、计算中药新药学等。计算中药学是一门新兴的学科，是中药现代化研究的一个重要组成部分，也是中药学的一个重要分支学科。

10. 其他领域

除了以上领域外，计算思维还可应用于电子、土木、机械、航空航天、地质、天文、医学、法律、娱乐、体育等领域。

2.2 算法表示及算法复杂性分析

读者需要掌握算法的基本概念及算法复杂性分析，包括算法的定义、算法的分类及特征、算法的表示方法、算法复杂度分析以及解决问题的常用算法。

2.2.1 算法

1. 算法的定义

算法是解决问题的方法和步骤。如果问题较为复杂，则可考虑把复杂问题分解为较为简单的问题后再予以解决。算法设计的过程涉及程序功能设计和数据结构设计,同一个问题可能有若干种不同的算法来解决。当然,不同算法的效率也各有不同。所谓算法效率,指的是对解决同一问题的多种算法的质量及速度等的评价。如何评价算法的效率是需要慎重考虑的。一般来说,算法评价的标准有两个:一是时间标准,即时间复杂度;二是空间标准,即空间复杂度。算法的评价将在后文介绍。

2. 算法的分类

从算法的操作对象方面看,算法可以分为数值运算算法和非数值运算算法。数值运算算法的目的是求数值解,如求某方程的根、求某函数的定积分等。非数值运算算法的范围更大一些,最常见的是事务管理领域,例如资料检索、人事管理、智能车辆调度等。需要说明的是,计算机在非数值运算算法领域的应用远远超过在数值运算领域的应用。

3. 算法的特性

一个算法具有以下特性。

(1) 可以有0个或多个输入。

(2) 有一个或多个输出。

(3) 有穷性:算法在执行有穷个计算机步骤后必须终止。

(4) 确定性:算法的每个步骤都有确定含义,不会出现二义性。

(5) 可行性:算法的每一步都必须是可行的,都能通过执行有限次数完成。

2.2.2 算法的表示方法

表示一个算法的流程,可以用不同的方法。常用的方法有自然语言、程序流程图、N-S图(盒图)、伪代码、PAD图等,下面进行简要介绍。

1. 自然语言

自然语言就是人们日常使用的语言,可以是汉语、英语或其他语言。用自然语言表示算法通俗易懂,但是文字冗长且不严谨,容易出现二义性。因此,除了很简单的问题,算法表示一般不用自然语言。

2. 程序流程图

程序流程图用一些图框来表示算法的各种操作,其中起止框用圆角矩形表示,输入输出框用平行四边形表示,判定框用菱形表示,处理框用矩形表示,流程线用箭头表示,连接点用小圆圈表示,如图2.1所示。程序流程图能清晰表示各个框之间的逻辑关系,直观形象,但是绘制程序流程图所花费时间较多,尤其是当算法过于复杂时。

3. N-S图

N-S图是美国学者I.Nassi和B.Shneiderman提出的流程图绘制方式。N-S完全去

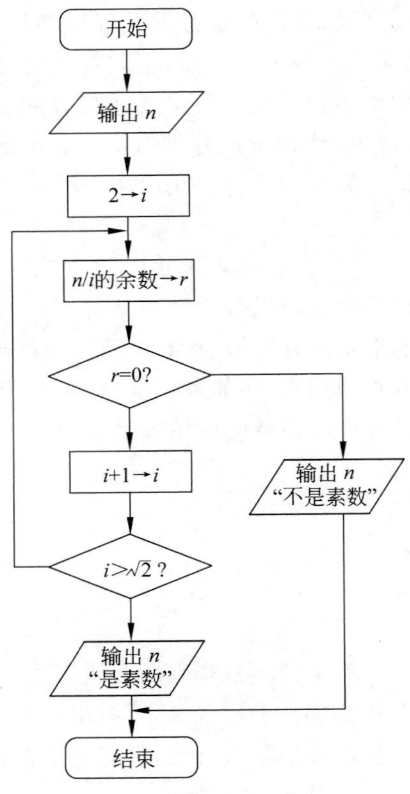

图 2.1 程序流程图

掉了带箭头的流程线，全部算法写在一个矩形框中，因此 N-S 图也称为盒图，如图 2.2 所示。其中，图 2.2(a)表示顺序结构，图 2.2(b)、(c)表示分支结构，图 2.2(d)、(e)表示循环

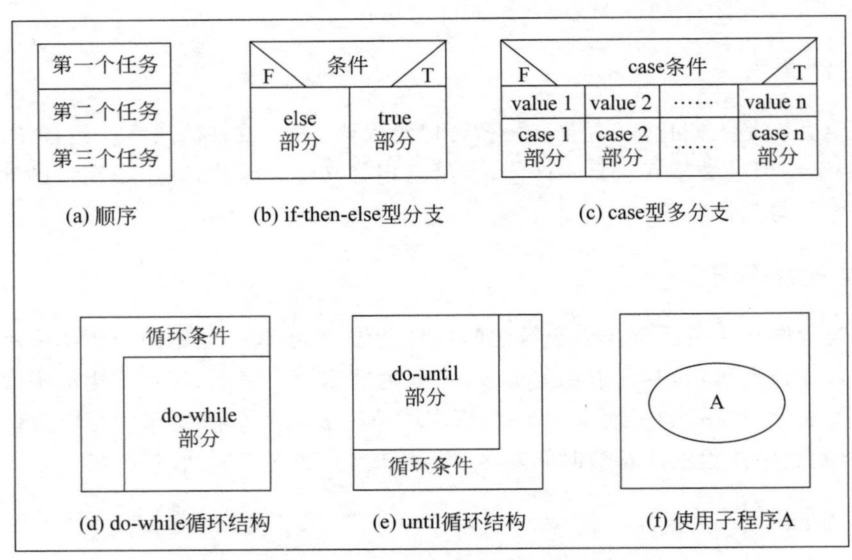

图 2.2 N-S 图(盒图)

结构，图 2.2(f)表示子程序的调用结构。用盒图方法时，不可能出现任意转移控制，容易表现嵌套关系及模块的层次关系。

4. 伪代码

用介于自然语言和计算机语言之间的文字和符号来描述算法，称为伪代码。伪代码中没有图形符号，书写方便，格式紧凑，容易读懂，便于向计算机程序过渡，是当前被广泛使用的算法表示方法。以下就是一个典型的用伪代码表示算法流程的例子，其中有中文、英文，也有类似某种计算机语言的程序代码。程序员之间通过伪代码可以顺畅沟通，提高编程效率。

```
#开始
建立读书(念书)队列 q
输入 n,m
if n < m
   then 输出 error 程序结束
else
  for i = 0 to n
给每个人编号
while 队列不空 do…
  …
#结束
```

5. PAD 图

PAD 是问题分析图(Problem Analysis Diagram)的缩写，由日本日立公司发明，用二维树形结构来表示程序的控制流，这种图容易翻译成程序代码。PAD 图被发明出来后，得到了一定程度的推广，如图 2.3 所示。

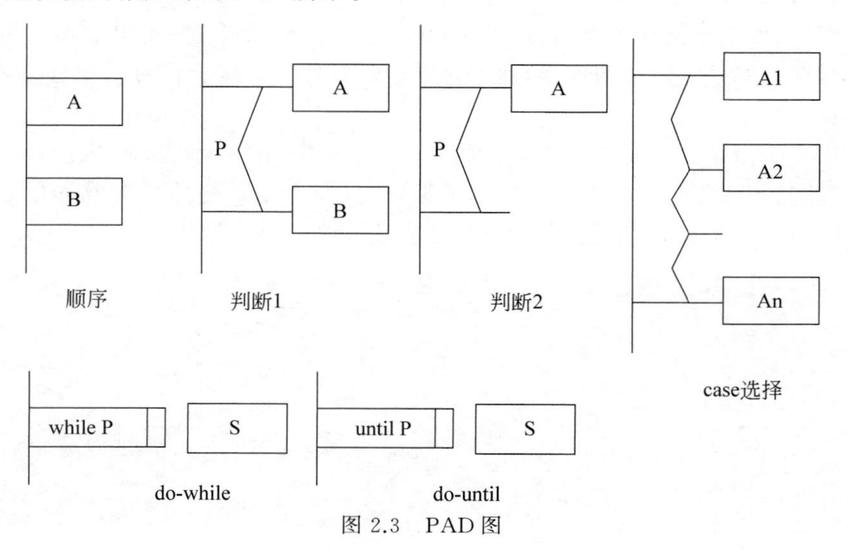

图 2.3　PAD 图

需要说明的是，也有人习惯直接用计算机语言表示算法。用计算机语言表示算法必须严格遵循所用语言的语法规则，这和伪代码不同，伪代码无须考虑语法是否准确。

2.2.3 算法设计要求及复杂度分析

1. 算法设计要求

一个好的算法应该达到以下目标。

(1) 正确性。算法应当满足具体问题的需求，保证运行后得到正确的结果。

(2) 可读性。算法应当方便人们阅读和交流，晦涩难懂的算法降低了算法的可理解性。

(3) 健壮性。当输入非法数据时，算法也能适当做出反应或进行处理，而不会产生莫名其妙的输出结果。

(4) 效率与低存储量要求。效率指的是算法的执行时间，执行时间短的算法效率高。存储量指算法执行过程中需要的最大的存储空间。效率与存储量都与问题规模有关。

2. 算法复杂度分析

衡量一个算法的效率一般从两个方面展开，即时间复杂度和空间复杂度。

1) 时间复杂度

度量一个程序的执行时间通常有两种方法，即事后统计法和事前分析估算法。

(1) 事后统计法：利用计算机内部的计时功能，精确统计程序执行所需时间，以判断算法的优劣。该方法较为直接，但缺陷也非常明显：一是必须运行基于算法编制的程序方可得到所需时间，二是所得时间的统计量依赖于计算机的软硬件配置等环境因素，有时容易掩盖算法本身的优劣。该方法可以使用，但是意义不是特别大。

(2) 事前分析估算法：一个算法由控制结构(顺序、分支、循环)和元操作(指固有数据类型的操作)构成，则算法运行所需时间取决于两者的综合效果。为了便于比较同一问题的不同算法，通常的做法是从算法中选取一种对于所研究问题(或算法)来说是基本操作的**元操作**，以该基本操作重复执行的次数作为算法的时间度量。这里需要注意的是，该方法以执行次数间接进行时间度量，而不是通过运行代码直接进行时间度量，所以称为事前分析估算法。

下面用一个例子来说明该方法。在两个 $n \times n$ 矩阵相乘的算法中，乘法运算是“矩阵相乘运算”的基本操作。算法有三个嵌套的循环，且每个循环的循环次数都是 n 次，算法的执行时间与该基本操作(乘法)重复执行的次数 n^3 成正比，记作 $T(n)=O(n^3)$。

```
for (i = 1; i<=n ; ++i)
    for (j = 1; j<=n ; ++j)
        {
            C[i][j] = 0;
            for (k = 1; k<=n; ++k)
                c[]i][j] += a[i][k] * b[k][j] ;
        }
```

为深入理解事前分析估算法，下面再介绍几个术语。

(1) 语句频度：也称时间频度，指的是一个算法中语句执行的次数。

(2) 问题规模 n：用于刻画某个问题所要操作的数据的多少，n 越大，则问题规模越大。例如，对 100 个数排序和对 1000 个数排序，问题规模分别是 100 和 1000，显然 1000 的规模要比 100 大。

(3) 渐进时间复杂度：一般情况下，某算法的基本语句重复操作执行的次数是问题规模 n 的某个函数 $f(n)$，则算法的时间复杂度记为：$T(n)=O(f(n))$。它表示随着问题规模的增大，算法执行时间的增长率 $T(n)$ 和 $f(n)$ 相同，这称作算法的渐进时间复杂度，简称时间复杂度。

(4) 时间复杂度排序：$O(1)<O(\log n)<O(n)<O(n\log n)<O(n^2)<O(n^3)\cdots<O(2^n)$。其中 $O(1)$ 称为常数阶，$O(\log n)$ 称为对数阶，$O(n)$ 称为线性阶，$O(n^2)$ 称为平方阶，$O(2^n)$ 称为指数阶。

需要说明，应该尽可能选择多项式 $O(n^k)$ 算法，而不选择指数阶算法。所谓多项式算法，是对解某类问题的一个算法的复杂性的描述。当该算法解决问题规模为 n 的问题时，其计算步数在最坏的情形下不超过 n 的一个多项式 $f(n)$，则称这一算法为多项式算法。多项式算法是性能较好的算法，在实践中具有多项式算法的问题可用计算机进行有效计算，而且当问题规模增大时，所需计算时间增大的速度不是很大。因此，对某类问题的各种已知算法，研究它是否是多项式算法具有重要的理论意义和实际价值。指数阶算法则不同，该类算法的问题规模增大时，所需计算时间增大的速度太快，因此其很难用于解决实际问题，这就是人们不希望选择指数阶算法的原因。

2) 空间复杂度

一个程序执行时，除了需要保存本身的代码、常数、变量和输入数据，运行时也需要一定的额外存储空间，这就是空间复杂度，记为 $S(n)=O(f(n))$。如果不需额外存储空间，则称此类算法为**原地工作**。

2.2.4 解决问题的常用算法

计算机解决问题的常用算法包括穷举法(枚举法)、递归法、回溯法、模拟法、贪心法、分治法、动态规划法等。

1. 穷举法

穷举法是指在一个有穷的可能的解的集合中枚举出集合中的每一个元素，用题目给定的约束条件去判断其是否符合条件，若满足条件，则该元素就是整个问题的解。这是一种最容易想到的解题策略，从本质上说是一种搜索算法，但仅适合于如下情况：①问题规模不大；②每个解的分量的取值范围必须是一个连续的值域。如填数游戏(整数)、旅游路线确定问题、最短路径问题等。举一个具体的例子：假设 X、Y 都是正整数变量，有 $X+Y=100$，$X-Y=20$，则 X、Y 有几种可能的满足条件的组合形式？我们可以从 $X=1$ 开始逐个尝试，一直到 $X=100$，只要满足条件，就是问题的解。

2. 递归法

一个函数、概念或者数学结构，如果在其定义或说明内部直接或间接地出现对其本身的引用，或者为了描述问题的某一状态，必须用到它的上一个状态，而为了描述上一个状态，又必须用到它的上上一个状态……这种用自己来定义自己的方法，称为递归或递归定义。在程序设计中，如果某个过程或函数直接或间接调用自己，则称为递归调用。例如，求阶乘 $n!$、斐波那契数列、汉诺塔问题。我们知道，$n!=n\times(n-1)!$，只要计算出$(n-1)!$，则 $n!$ 就能算出来，而计算$(n-1)!$，则需要继续计算$(n-2)!$ ……这样以此类推，直到 $1!=1$，然后再往回推，就可以逐个计算出 2!、3! ……，最后计算出 $n!$。

3. 回溯法

通过对问题的分析，找出一个解决问题的线索，然后沿着这个线索往前试探；如果试探成功，就得到解，如果探索失败，就逐步往回退，换别的路再往前试探。这实际上是一种广度搜索与深度搜索结合的搜索策略。在深度搜索过程中，碰到条件不满足的情况，则退回上一层次，在每一层也进行全面搜索(广度搜索)。该方法实际上是针对穷举法的改进，因为彻底全面搜索的计算量太大，有时计算机都无法承受，使用回溯法可大大减少实际搜索次数。例如迷宫问题、八皇后问题等经典问题都可以用回溯法解决。

从实现技术上看，回溯法会用到堆栈数据结构，因为该数据类型具有“后进先出”的特点，非常适合回退。

4. 模拟法

自然界中的很多现象具有不确定性的特点，有些问题甚至很难建立数学模型，或者很难用枚举、递归、回溯等算法实现，此时一般可采用模拟策略。利用计算机，根据问题特征生成一系列随机数，可在一定程度上在计算机内部再现现实世界。模拟策略一般是通过改变问题中的某些数学参数，进而观察变更这些参数会引起哪些变化。所以，模拟策略的关键是如何按照一定的概率确定随机值的范围，随机值设计得好，模拟效果就好。例如，猜数游戏、自然灾害影响模拟、应急救援模拟等，都可以用模拟法实现。

5. 贪心法

从问题的一个初始解出发，向给定的优化目标推进，推进的每一步不是依据一个固定的递推式，而是做一个当时看来是最佳的贪心选择，不断地将问题实例归纳为更小的相似子问题，并期望通过所做的局部优化选择最终产生一个全局最优解。例如背包问题就可以用贪心法解决。

6. 分治法

指的是“分而治之”的方法。处理大规模问题时，求解可能比较困难，对于这类问题，可以将原问题分解为规模较小而结构与原问题相似的子问题，然后递归地解决这些小问题，最后再由这些小问题的解组合出原问题的解。因此，解决一个问题能否用分治法，关键是看该问题算法能否将原问题分成 n 个规模较小而结构与原问题类似的子问题。例如，二分查找法的算法思想就是分治法。

7. 动态规划法

有的问题具有以下特点：该问题的活动过程可以分为若干个阶段，而且在任意阶段 x，活动过程在阶段 x 以后的行为仅仅依赖于 x 阶段的过程活动，而与 x 之前的过程如何达到这种状态的方式无关，这样的过程就构成了一个多阶段决策过程。动态规划就是求解该类问题的有效算法，一般步骤如下：①划分阶段，按照问题的时间或空间特征将问题分为若干个阶段，划分阶段时注意有序或可排序；②确定状态和状态变量，将问题发展到各阶段时所处的情况用不同状态表示出来；③确定决策并写出状态转移方程，一般是根据相邻两个阶段各状态之间的关系来确定决策；④寻找终止条件，给出的状态转移方程是一个递推式，必须有一个递推的终止条件；⑤编写程序。例如，最短路径求解问题和算法思想就是动态规划法。

2.3 数据结构

2.3.1 数据结构的基本概念

1. 数据结构的定义

数据结构是一门研究非数值计算的程序设计问题中计算机的操作对象以及它们之间关系和操作等的学科。数据结构主要研究数据、数据之间的关系、对数据及其关系的操作等。

数据结构是一个二元组 Data_Structure=(D,S)，其中 D 是数据元素的有限集合，S 是 D 上关系的有限集合。例如，在家族族谱中，人是数据元素，人与人之间的辈分关系是人之间的关系；在社交网络中，人是数据元素，人与人之间的朋友关系也是人之间的关系。

2. 数据结构的逻辑结构及存储结构

研究数据结构，不仅要研究其逻辑结构，还要研究其存储结构。所谓逻辑结构，指的是描述数据元素之间的逻辑关系的结构；所谓存储结构，是指数据结构在计算机中的表示，又称为物理结构。对存储结构再进行细分，则又有两种存储结构：顺序存储结构和链式存储结构。顺序存储结构借助元素在存储器中的相对位置来表示数据元素之间的逻辑关系，而链式存储结构借助指示元素存储地址的指针表示数据元素之间的逻辑关系。

2.3.2 基本数据结构

根据数据元素之间的关系，可将数据结构分为如下 4 种类型。

1. 集合结构

元素之间无密切关系，即没有明显的逻辑关系。

2. 线性结构

元素之间有一个对一个的关系(1∶1)，如图 2.3 所示。

线性结构的特点是：第一个元素 $a1$ 没有直接前驱结点，最后一个元素 $a4$ 没有直接后继结点；除第一个和最后一个结点外，所有其他结点既有一个直接前驱结点，又有一个直接后继结点。

线性表的长度是线性表的重要特征，指的是线性表中结点的个数，用 Len()表示。假设图 2.3 中线性表的名字为 L，则有 Len(L)= 4。如果有 Len(L)=0，则说明 L 是空表。

线性结构包括普通的线性表以及某些特殊的线性表。特殊线性表之所以“特殊”，是因为这些线性表的操作具有特殊性。例如，堆栈是一种具有“后进先出”特点的特殊线性表，而队列是一种具有“先进先出”特点的特殊线性表。当向子弹夹中压子弹时，后压进去的子弹先通过枪膛射出来，这就是典型的“后进先出”堆栈案例，其中对数据元素(这里是子弹)的插入操作和删除操作都在堆栈顶部进行。在餐厅排队打饭时，排在队首的学生先打饭并且先离开队伍，排在队尾的学生后打饭并且后离开队伍，这就是“先进先出”的队列的典型案例，有时也称为“先来先服务”。

3. 树形结构

元素之间有一个对多个(1∶n)的关系。例如，家族族谱就是一个典型的树形结构，它只有一个根结点(家族最早的祖先)，同一层之间的元素之间没有线相连，是一种层次结构，如图 2.4 所示。在树形结构中，除根结点外，其余所有结点都有且仅有一个父结点。使用计算机时，经常会发现树形结构，例如，Windows 操作系统的目录就是一种树形结构；在局域网中，树形结构也是非常重要的网络拓扑结构，常用于对上下层要求较为严格的场合。

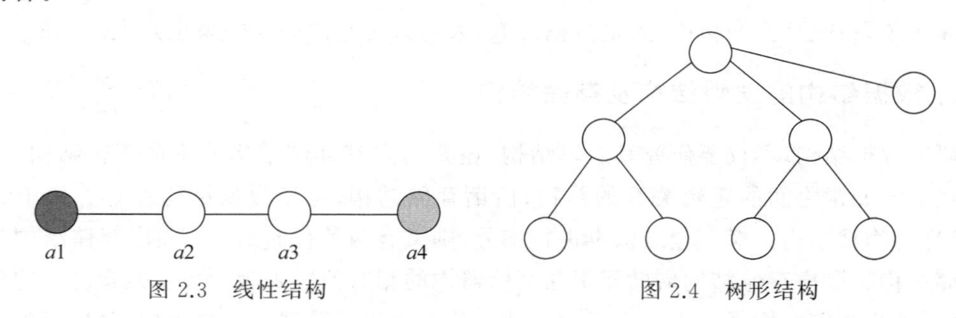

图 2.3　线性结构　　　　图 2.4　树形结构

4. 图结构

也称为网状结构，元素之间有多个对多个(n∶m)的关系。图结构是当前应用极为广泛的数据结构，包括无向图、有向图、带权图等，一般用于刻画结点之间的复杂关系。图 2.5

就是一个无向图，结点之间通过边相互连接。可以看出，有的结点之间有边相连，有的结点之间没有边相连，是否有边相连就是结点之间是否有“关系”的标志。

同树形结构不同，图结构中没有“根结点”的概念，各个结点的位置是平等的，相互之间没有层次关系。如果两个结点有边相连，则说明结点之间存在“邻居”关系。如果两个结点通过中间的多个点结点相连，则称这两个结点是“相通”的。如果连接结点的边是有方向的，这样的边称为“弧”，即有向边，无向图也就变成了有向图。如果连接结点的边或弧上面还有数值数据，这样的图称为带权图。

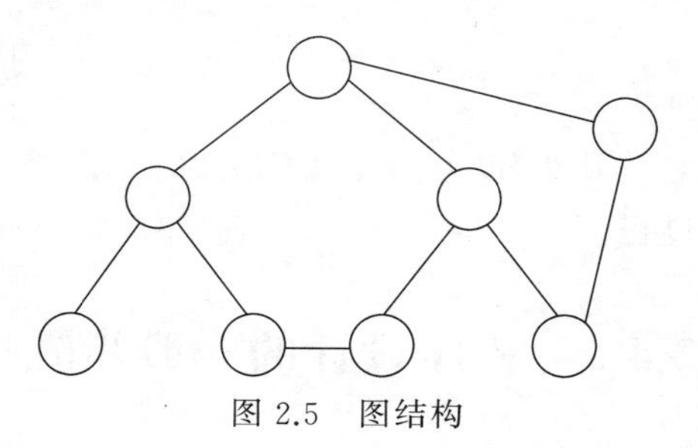
图 2.5　图结构

在现实生活中，很多应用的底层支持都是图结构，如高德地图、智能物流、社交网络、推荐系统等。甚至，随着大数据、移动物联网、物联网技术的飞速发展，一种专门用于存储和应用图结构的 NoSQL 数据库——图数据库，也已经被广泛使用，这也充分说明了图结构的重要性。

2.4　程序设计及基本控制结构

2.4.1　程序及模型构建

1. 程序

程序是由多条指令组成的有序序列，用于完成某些具体功能。著名计算机科学家沃斯(Niklaus Wirth)曾经提出一个公式：程序＝数据结构＋算法。程序设计语言也称为计算机语言，是人和计算机之间传递信息的媒介。为了驱使计算机完成某些工作，必须将人的意图用计算机语言告诉计算机。计算机语言的发展分为三个阶段：机器语言、汇编语言和高级语言，而高级语言也经历了从早期语言到结构化程序设计语言、从面向过程到面向对象程序设计语言的过程。高级语言的下一个发展目标是面向应用，即只需要告诉程序要做什么，程序就能自动生成算法并自动运行处理，这就是智能化的程序设计语言。

2. 模型

编写程序之前，程序员需要深刻理解所要实现系统的具体功能，并以模型的形式呈现。所谓模型，是对现实系统的一种描述，用于对现实世界进行抽象和简化。模型由现实系统的有关元素组成，且能够反映这些元素之间的关系，从而反映现实系统的本质。模型分为物理模型和数学模型。物理模型由物理元素组成，又称为形象模型，用于对客观存在的事物进行形象描述，列出已知的所有物理元素及其关系，明确需要解决的问题，因此也是现实系统的一个简化。例如，大家熟知的“鸡兔同笼”问题：鸡兔同笼，共计 36 只，又共计 96 脚，问鸡、兔各几何？数学模型是在物理模型基础上忽略不重要的细节，抓住本质性元素，并对其进行符号化，再用数学方法描述出来。还是以“鸡兔同笼”问题为例，我们设鸡为 x 只，兔为 y 只，则有：

$$\begin{cases} x+y=36 \\ 2x+4y=96 \end{cases}$$

显然，以上问题就转换为一个二元一次方程组的求解问题，这就是数学模型的建立过程。

2.4.2 程序设计的一般步骤

（1）分析问题。首先要弄清楚需求解的问题的求解目标、已知条件和数据。该过程通过对问题进行详细分析，从而确定问题对应的物理模型。

（2）确定数学模型。从实际问题出发，将问题直接或间接转化为数学问题，用形式化的方法描述问题。注意确定数学模型是一项非常严谨的工作，务求描述精确。

（3）算法设计。给出解决问题的方法和步骤，也就是设计出从给定输入到期望输出的问题处理步骤；选择一种或多种算法表达工具，对算法进行清晰表达。

（4）编写程序。选择编程语言，将算法翻译成对应的程序并进行编译、连接等操作。

（5）程序运行和测试。对程序进行测试，以修改程序中的错误。

（6）程序文档编写与程序维护。整理和编写程序文档，以便更好地维护程序。

2.4.3 结构化程序设计及三种基本控制结构

1. 结构化程序设计

结构化程序设计的概念最早由荷兰科学家 E.W.Dijkstra 于 1965 年提出，他认为可以从高级语言中取消 GOTO 语句，以保证程序的质量，任何程序只需要基于顺序、选择、循环三种控制结构即可编制出来。后来人们认识到，不是简单地取消 GOTO 语句就能解决问题，而是需要创建一种新的程序设计思想、方法及风格，以显著提高软件生产率，降低软件维护成本。

计算机科学家之所以对 GOTO 语句对程序质量的影响产生质疑，原因在于该语句的随意跳转破坏了程序的流程，导致程序的逻辑结构不清晰，产生大量逻辑隐患，由此产生了严重的软件危机问题。计算机科学家提出了一种更为先进的编程思想，即结构化程序设计思想，它并不是完全取消 GOTO 语句，而是采用一种尽可能少用该语句的程序设计方法，因为有时候 GOTO 语句的使用可以显著提高编程效率。结构化程序设计思想具有如下特点：①自顶向下；②逐步细化；③模块化设计；④结构化编程。

2. 三种基本控制结构

在结构化程序设计中，所谓程序具有良好的结构性，指的是程序仅利用三种基本控制结构就可以编制出来,这三种结构是顺序结构、选择结构和循环结构。

1）顺序结构

顺序结构是最简单的一种控制结构,程序中的指令(语句)是顺序执行的。也就是说,程序是按照其中指令的物理存储顺序执行的。以C语言为例,我们给出顺序结构的一个简单程序示例。

程序1：从键盘中输入一个大写字母,要求改写为小写字母输出。

程序代码如下。

```
#include <stdio.h>
void main()
{
char c1, c2;
    c1 =getchar();
    printf("%c,%d\n",c1,c1);
    c2 = c1+32;
    printf("%c,%d\n",c2,c2);
}
```

2）选择结构

选择结构也称为分支结构,指的是计算机根据所列条件是否满足而确定执行哪条路径。该种结构中有一个判断指令(语句),如果条件满足,则执行A指令,否则就执行B指令。如果一个选择语句有多个分支,则称为多分支选择结构。选择结构允许嵌套使用,如下例所示。

程序2：有一个函数

$$y=f(x)=\begin{cases}-1, & x<0\\ 0, & x=0\\ 1, & x>0\end{cases}$$

要求编写一个程序,输入一个 x 值,输出 y 值。

程序代码如下。

```
#include <stdio.h>
void main()
{
    int x , y;
    scanf("%d",&x);
    if (x<0)
        y = -1;
    else
        if (x==0) y = 0;
        else y = 1;
    printf("x=d%,y=%d\n",x,y);
}
```

3）循环结构

循环结构也称为重复控制结构，可以重复执行一条指令或多条指令（称为一个循环体），直到满足条件退出该循环语句。根据是先执行循环体，还是先判断条件，循环结构分为两种类型：当型循环结构、直到型循环结构。

（1）当型（while-do 型）：先判断条件 P 是否满足，如果满足，则反复执行循环体 A，直到条件不满足后才退出。该类型循环体 A 的最小执行次数为 0 次，因为可能一开始条件 P 就不满足。

（2）直到型（until 型）：先执行一次循环体 A，然后再判断条件 P 是否满足，满足则退出，不满足则继续执行。该类循环体 A 的最小执行次数为 1 次。

循环结构的举例如下。

程序 3：求 $\sum_{n=1}^{100} n$。（当型循环结构）

```
#include <stdio.h>
    void main()
    {   //技术学院编写
        int i, sum = 0;
        i = 1;
    while (i <=100)
    {
        sum = sum + i;
        i ++;
    }
printf("%d\n",sum);}
```

2.5 面向对象技术

2.5.1 程序设计方法概述

高质量的程序不仅要保证正确性，还要具有易于阅读、健壮、易于维护等特征。要实现以上目标，需要用科学的程序设计方法。目前最为常用的程序设计方法包括两类：结构化程序设计方法和面向对象程序设计方法。

1. 结构化程序设计方法

结构化程序的特点是结构简单清晰、可读性好、模块化强，描述方式符合人们解决复杂问题的普遍规律。该设计方法在软件重用性、软件可维护性等方面有较大进步，可以显著提高软件开发的效率。可以说，结构化程序设计方法在软件开发历史上功不可没，直到目前还在发挥着重要作用。

但是，结构化程序设计方法也存在着较为明显的以下问题：①难以适应大型软件的设计和开发。结构化程序设计注重程序功能的模块化设计，但是程序中被操作的数据处于从属地位。因为在结构化程序设计中，程序和数据是分开存储的，即数据和对数据的操作过程是分离的，其后果就是在大型软件系统开发过程中容易出现错误，且不容易维护。②程序的可重用性不强。结构化程序设计不具备“软件部件”的工具，即使面对原有问题，数据类型的变化或处理方法的改变都将导致程序的重新设计，导致开发效率不高。

2. 面向对象程序设计方法

结构化程序设计获得有限成功的重要原因是：这种技术要么面向数据操作，要么面向数据，缺乏既面向数据又面向操作的结构化技术。我们知道，软件系统的本质是信息处理系统，离开了操作便无法更改数据，而脱离了数据的操作也毫无意义，“数据”和“对数据的操作”本来就是密不可分的。但是在结构化程序设计中，数据和操作被人为分成两个独立的部分，显然会增加软件开发难度。

面向对象程序设计方法则不同，它把数据和操作看成同等重要，不分主次，是一种以数据为主线，把数据和对数据的操作紧密结合起来的方法。

2.5.2 面向对象程序设计方法

面向对象方法学的出发点和基本原则是：尽量模拟人类习惯的思维方法，使得软件开发的方法和过程尽可能接近人类认识世界、解决问题的方法和过程，从而使得描述问题的问题空间（也称问题域）和解决问题的解空间（也称求解域）在结构上尽量保持一致。

1. 面向对象技术的基本概念

面向对象程序设计方法包括很多术语，其核心术语包括类、对象、消息、事件、封装、继承、多态和重载等，下面进行简要描述。

（1）类（class）：是对具有相同属性和操作的一组相似对象的定义，是对这一组相似对象的抽象。

（2）对象（object）：是由描述该对象属性的数据以及可以对这些数据施加的所有操作封装在一起的统一体，该封装体有唯一的名字，向外界提供一组共有的服务。对象是类的具体化，本身具备数据以及对数据的操作。

（3）消息：是要求某个对象执行某个操作的规格说明，用于对象和对象之间彼此联系。

（4）事件：是一些能够激活对象功能的活动。例如：单击鼠标左键是一个瞬时动作，这个瞬时动作称为事件。

（5）封装：将对象的数据和实现操作封装在对象内部，外界无法看到，也不能操作，实现了信息的隐藏。

（6）继承：子类可自动共享基类中定义的数据及操作。所谓子类，指的是从一个基础类继承所有属性和操作，同时还可以增加自己特有的数据和操作的类。

(7) 多态：在类的不同层次可以共享(公用)一个行为(方法)的名字，但是不同层次的每个类可以按各自的需求来实现这个行为。

(8) 重载：包括函数重载和运算符重载，函数重载是指同一个作用域内的参数不同的函数可以使用同一个函数名，运算符重载是指同一个运算符可以应用于不同数据类型的操作数上。

2. 对面向对象技术的理解

相对于结构化程序设计思想，面向对象程序设计在以下几个方面有重大变化。

1) 把对象看成是融合了数据以及对数据操作的软件构件

面向对象的程序由对象组成，程序中的任何元素都是对象，复杂对象由简单对象组成。可以这样理解，结构化程序设计中进行的是功能分解，分解出来的是功能模块；面向对象程序设计中进行的是对象分解，分解出来的是各个类型的对象。

2) 把所有对象都划分成类

类是对具有相同数据和相同操作的一组相似对象的定义。数据用于表示对象的静态属性，是对象的状态信息，而施加于数据之上的操作则是用于实现对象的动态行为。也就是说，类是对对象的抽象，例如 Person 类，包括姓名、性别，以及对姓名、性别的读写操作等；对象则对应现实世界中某个或某些具体的事物，例如张三、李四、王五等就是真实的“人”，他们都有各自的具体姓名、性别等。

3) 类之间具有继承关系

按照父类和子类的关系，可以把若干相关类组成一个层次结构的系统。下层类自动继承上层类中定义的数据及操作。父类也称基类，子类也称派生类。例如：

类 Person，指的是所有的人，不具体指某个人。

类 Police-Person 继承自类 Person，指的是“人”类中的“警察”类；而张警官、李警官等是具体的警察对象。

类 Teacher-Person 继承自类 Person，指的是“人”类中的“老师”类；而方老师、韩老师、邵老师等是具体的老师对象。

类 Student-Person 继承自类 Person，指的是“人”类中的“学生”类；而张小花、李小松等是具体的学生对象。

类 UniversityStudent-Person 继承自类 Student-Person，指的是“学生”类中的“大学生”类；而张三、李四则是具体的大学生对象。

4) 对象之间仅能通过发送消息相互联系，具备封装性特点

对象和传统数据的本质区别是：它不是被动地等待外界对它操作，相反，它是自身数据处理的主体，外界必须向它发送消息，请求它执行某个操作以处理它自身的数据；外界是不能直接对其内部数据进行处理的，也就是说，对象的所有私有数据都封装在对象内部，不能从外界直接访问，这就是通常说的封装性。

在面向对象程序设计中，对象有如下特点：①对象以数据为中心；②对象是主动的；③对象实现了数据封装；④对象本质上具有并行性；⑤模块独立性好。

2.5.3 面向对象程序设计的三类模型

利用面向对象程序设计思想进行软件开发，需要构建三类模型，它们分别是对象模型、动态模型和功能模型。对象模型用于描述系统的数据结构，它是静态的，也是最基本、最重要的模型。我们通常利用统一建模语言(Unified Modeling Language，UML)定义类图以及类之间的关系等。动态模型用于描述系统的控制结构，具有动态特点，表示瞬时的、行为化的系统的"控制"性质，它规定了对象模型中对象的合法的变化序列，例如，用UML语言可以绘制对象的状态图(也称状态转换图)。功能模型用于描述系统的具体功能，表示系统的功能性质，指明了系统应该做什么，直接反映了用户对目标系统的需求，一般由数据流图、UML用例图等组成。下面使用Java语法定义一个Dog类。

程序代码如下。

```
public class Dog
{
    String name;
    int age;
        void bark()
        {   // 汪汪叫
            System.out.println("汪汪,不要过来");
        }
        void hungry()
        {   // 饥饿
            System.out.println("主人,我饿了");
        }
}
```

以上例子中，public是类的修饰符，表明该类是公共类，可以被其他类访问；class是定义类的关键字；Dog是类名称；name、age是类的成员变量，也称为属性；bark()、hungry()是类中的函数，也称为方法或操作。

2.6 本章小结

本章详细阐述了计算思维的基本概念、本质及特征，讲解了算法及算法复杂性、数据结构的基本概念、程序设计步骤以及面向对象技术等。同时讲解了一些典型问题求解策略，使读者会对计算思维、数据结构、算法等有更为深刻的认识。本章还讲解了一些基本的算法表示及分析方法，如程序流程图、伪代码等，加强读者计算思维能力的培养，提高其处理行业难题的能力。

习　题　2

1. 单选题

(1) 有关计算思维的描述,错误的是________。

A. 是从具体算法设计规范入手,通过算法过程的构造和实施来解决给定问题的一种思维方法

B. 以设计和构造为特征,代表学科是计算机科学

C. 研究目的是提供适当的方法,使人们能够借助计算机逐步达到人工智能的目标

D. 其本质是抽象和机械化

(2) 计算思维是数学和________的互补与融合。

A. 工程思维　　B. 计算机　　C. 物理学　　D. 实践科学

(3) 著名计算机科学家沃斯(Niklaus Wirth)曾经提出一个公式:程序=数据结构+________。

A. 数据模型　　B. 算法　　C. 数据　　D. 对象

(4) 有关算法特征的说法中,错误的是________。

A. 至少有一个输入,至少有一个输出

B. 任何一个算法必须执行有穷个计算步骤后终止

C. 算法的每一个步骤都必须有确切的含义

D. 算法的每一个步骤都必须能通过有限次数完成

(5) "当型"循环结构在算法执行时,其循环体部分________。

A. 至少执行 1 次　　B. 至少执行 0 次

C. 至少执行 2 次　　D. 不确定

(6) "直到型"循环结构在算法执行时,其循环体部分________。

A. 至少执行 1 次　　B. 至少执行 0 次

C. 至少执行 2 次　　D. 不确定

(7) 以下有关面向对象程序设计的术语的描述中,错误的是________。

A. 对象是构成系统的基本单位,具有属性和行为两个要素

B. 类用于对一类共享相同属性和行为的对象进行抽象

C. 抽象性、封装性是面向对象程序设计的突出特点

D. 继承是对象之间的关系,一个对象可以继承其他对象的结构和行为

(8) 有关面向对象程序设计中,对象和类的关系是________。

A. 类是支持继承的抽象数据类型,对象是类的实例

B. 对象是支持继承的抽象数据类型,类是对象的实例

C. 类是对象的另一种说法

D. 对象是类的继承,类是对象的抽象

(9) 利用面向对象方法开发软件时,最重要的模型是________。

A. 对象模型　　B. 动态模型　　C. 功能模型　　D. 状态模型

2. 多选题

(1) 自然科学领域中公认的三大科学方法包括________。

A. 理论方法　　B. 实验方法　　C. 计算方法　　D. 推理方法

(2) 周以真认为,计算思维涉及的思维活动主要包括________。

A. 问题求解　　B. 计算机设计

C. 系统设计　　D. 人类行为理解

(3) 广泛地认为,计算思维是________。

A. 一种思想,一种计算的概念

B. 一类物理形式呈现的人造物

C. 一种所有人应该掌握解决问题的有效工具

D. 是一种简单的重复

(4) 计算思维的应用领域包括________。

A. 计算生物学　　B. 计算经济学

C. 计算神经学　　D. 传统考古学

(5) 公认的三大科学思维包括________。

A. 理论思维　　B. 综合思维　　C. 实验思维　　D. 计算思维

(6) 从参与运算的数据特征上看,计算机算法分为两大类,它们是________。

A. 数值计算算法　　B. 非数值计算算法　　C. 模拟算法　　D. 贪心算法

(7) 常用的表示算法的方法有________。

A. 自然语言　　B. 程序流程图　　C. 伪代码　　D. N-S 图

(8) 结构化程序设计的三种基本结构包括________。

A. 顺序结构　　B. 分支结构　　C. 循环结构　　D. 跳转结构

(9) 有关结构化程序设计的特点,以下说法正确的是________。

A. 结构简单清晰,可读性好

B. 采用自顶向下、逐步细化的设计原则

C. 数据和对数据的操作是合在一起的,方便操作

D. 相比于面向对象程序设计方法,用结构化程序设计方法编写的程序可重用性差

(10) 有关面向对象程序设计的描述中,正确的是________。

A. 同传统方法不同,面向对象程序设计方法是以数据或信息为主线,把数据和处理相结合的方法

B. 不把程序看作是工作在数据上的一系列过程和函数,而是看作相互协作又彼此独立的对象集合

C. 复杂的对象可由较为简单的对象组合而成

D. 类中定义的方法，是允许施加于该类对象上的操作，需要用户为每个对象复制操作代码

(11) 用面向对象方法开发软件时，通常需要建立三种模型，它们是________。

A. 对象模型　　B. 功能模型　　C. 状态模型　　D. 动态模型

(12) 算法质量的高低，主要从________两方面评价。

A. 时间复杂度　　B. 空间复杂度　　C. 可靠性　　D. 可行性

(13) 以下属于计算机常用算法的是________。

A. 枚举法　　B. 动态规划法　　C. 递归法　　D. 模拟法

(14) 选择结构也称为分支结构，分为________。

A. 单分支选择结构　　B. 多分支选择结构

C. 前向跳转分支结构　　D. 后向跳转分支结构

(15) 当前广泛使用的程序设计方法包括________。

A. 结构化程序设计方法　　C. 半结构化程序设计方法

C. 面向对象程序设计方法　　D. 无结构化程序设计方法

3. 判断题

(1) 计算思维既指人的思维，又指计算机的思维。　(　　)

(2) 计算思维的本质是抽象和自动化。　(　　)

(3) 计算机在数值计算方面的应用远远超过其在非数值计算方面的应用。　(　　)

(4) 算法是解决某一问题的方法和步骤，需要用具体的程序实现才可以在计算机中运行。　(　　)

(5) 一个算法至少要有一个输入。　(　　)

(6) 一个算法至少要有一个输出。　(　　)

4. 填空题

(1) 2006 年，美国计算机科学家________提出并定义了计算思维。

(2) 一个算法应该包含有限的操作步骤，不能无限循环永不停止，这称为算法的________性。

(3) 在面向对象程序设计中，一个基类被派生类继承后，其中定义的属性或方法可能表现出不同的数据类型或者表现出不同的行为，这称为________性。

(4) 在面向对象程序设计中，对象之间是通过发送________互相联系的。

(5) 在面向对象程序设计中，有关数据和操作代码被封装在一个对象中，形成一个基本单位，这称为________。

(6) 在面向对象程序设计中，________是一些能够激活对象功能的动作。

5. 简答题

(1) 计算思维的本质是什么？

(2) 计算思维的特征有哪些？

(3) 算法有哪些特性?

(4) 请简述面向对象技术中的几个术语：封装、继承、多态、重载。

(5) 请简述面向对象技术中的几个术语：类、对象、消息、事件。

(6) 在面向对象程序设计中，对象有什么特点?

(7) 程序设计的一般步骤是什么?

第3章 新一代信息技术

学习目标：

掌握物联网、大数据、云计算、人工智能、区块链以及移动互联网、虚拟现实的概念；理解新一代信息技术在各行业中的应用；了解数字经济、智能制造、智慧城市等基本概念。

3.1 物 联 网

3.1.1 物联网的基本概念

1. 物联网的提出及发展

1995年，微软公司创始人比尔·盖茨在《未来之路》一书中首次提及物联网的概念。1998年，美国麻省理工学院创造性地提出了当时被称作EPC系统的“物联网”的构想。1999年，美国麻省理工学院Auto-ID研究人员提出“物联网”的概念，该系统建构于物品编码、RFID技术和互联网的基础之上。2005年11月，国际电信联盟发布了《ITU互联网报告2005：物联网》，正式提出了“物联网”的概念，并预言世界上所有的物体都可以通过Internet主动进行交换。

2009年1月，奥巴马就任美国总统后，与美国工商业领袖举行了一次“圆桌会议”。IBM首席执行官彭明盛提出了“智慧地球”的概念，建议美国政府投资新一代的智慧型基础设施。IBM认为，IT产业下一阶段的任务是把新一代IT技术充分运用到各行业中，也就是要把感应器嵌入和装备到电网、铁路、桥梁隧道、建筑、供水系统甚至油气管道等各种物体中，并且普遍连接后形成物联网。日本和韩国也实现了类似的发展，例如，日本的u-Japan战略希望实现从有线到无线、从网络到终端的无缝连接泛在网络环境；韩国推出的u-Home是其u-IT839八大创新服务之一，希望最终让韩国民众通过有线或无线方式远程控制家电设备，并能在家享受高质量的双向与互动多媒体服务。

在中国，2009年8月，时任国务院总理的温家宝同志在无锡视察中科院无锡物联网产业研究所时提出了“感知中国”的概念，无锡市率先建立了“感知中国”研究中心。2010年9月，国务院审议通过了《国务院关于加快培育和发展战略性新兴产业的决定》，物联网作为战略性新兴产业被提到国家战略的高度。2012年2月，《物联网产业“十二五”发展规划》正式发布，该规划重点确定了包括智能物流、智能农业、智能工业、智能交通、智能电网、智能医疗、智能家居、智能环保、智能安防9个示范应用领域。可以说，物联网在中国受到了全社会的极大关注，国家也从各方面进行政策倾斜和推动。2016年12月，国家工信部依据《中华人民共和国国民经济和社会发展第十三个五年规划纲要》，编制了《信息通信行业发展规划物联网分册(2016—2020年)》。

2. 物联网的概念

物联网是新一代信息技术的重要组成部分，英文是 The Internet of Things，简称 IOT，指的是"物物相连的互联网"，其核心和基础是互联网，它是在互联网基础上延伸和扩展起来的网络。物联网中的"物"，指的是平常不能连接到网络上的普通物理对象，例如土地、窗帘、汽车等。本来这些"物"及其信息是独立的，无法同 Internet 连接，但是基于物联网技术，人、窗帘、汽车等也可以成为 Internet 中的组成部分，并且不间断地生产数据。智慧农业、智能家居、车联网等就是物联网技术的典型应用。

物联网系统的通信模式包括物人通信、物物通信以及机机通信。所谓机机通信，就是 Machine-to-Machine，指的是物联网系统中机器设备之间的通信，其强调的是无线业务流程的自动化和集成化，用户无须过多干扰，且能给用户创造更多价值。

3. 物联网的三个基本特征

(1) 全面感知。物联网系统利用 RFID、传感器、二维码等随时获取物体信息，实现物理系统对世界的全面感知。

(2) 可靠传递。物联网的网络层实现了无线网络同 Internet 的全方位融合，通过这种融合，物体的信息可准确、实时地传递给中间设备，并最终传递给用户。

(3) 智能处理。海量数据上传到系统上位机及服务器后，利用大数据、云计算以及数据挖掘等人工智能技术，对数据进行综合处理和分析，可对系统内的物体进行智能化的管理和控制。

4. 物联网的意义

物联网实际上是一个综合性平台，它把人们在生产、生活中对数据、资源的需求进行组织，对不同平台、不同组织、不同设备上的资源进行统一整合，并为上层的不同应用提供统一的标准化接口，从而实现分布式资源的集成和有效使用。如果结合大数据分析技术、人工智能技术等，物联网技术还可以提供数据分析、智能计算、辅助决策及预测等工作。

物联网基于互联网、传统电信网等载体，让所有能被独立寻址的普通物理对象实现互联互通，具有智能、先进、互联三个重要特征，是继计算机、互联网之后的世界信息产业发展的第三次浪潮。

3.1.2 物联网的关键技术

1. RFID 技术

RFID 是 Radio Frequency Identification 的缩写，即无线射频技术，是一种非接触式

的自动识别技术。它通过射频信号自动识别目标并获取相关数据，识别工作无需用户干预，可工作于各种恶劣环境，如高速公路电子不停车收费系统（ETC）等，如图3.1所示。在物联网应用中，RFID技术主要用于数据加工与传递。

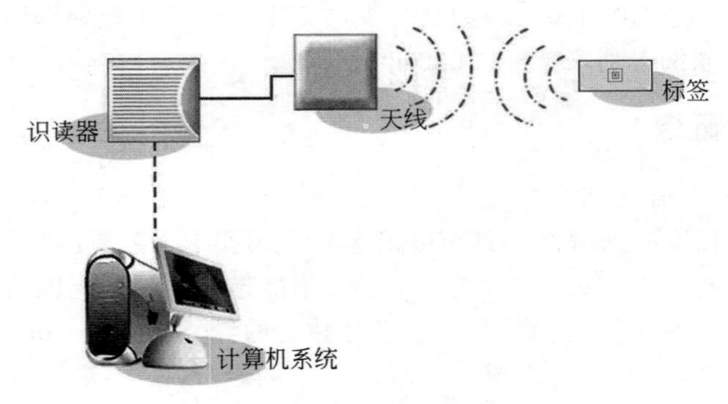

图3.1　物联网的应用

2. 无线传感技术

无线传感器主要用于获取物理状态变动的信息，包括光传感器、温度传感器、湿度传感器、力学传感器等，是物联网系统的信息收集前端，如图3.2所示。

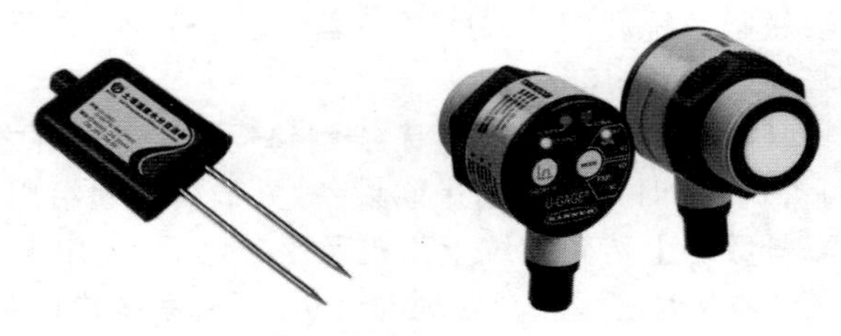

图3.2　无线传感器

3. 嵌入式智能技术

嵌入式智能技术是嵌入式系统和人工智能技术的结合。嵌入式技术以应用为中心，以计算机技术为基础，其软硬件可以根据需要裁剪，适用于对功能、可靠性、成本、体积、功耗等有严格要求的专用计算机系统。嵌入式系统一般由嵌入式微处理器、外围硬件设备、嵌入式操作系统以及用户的应用程序等部分组成，用于实现对其他设备的控制、监视或管理等功能。如果结合人工智能技术，使得嵌入式设备具备自动感知、智能识别甚至自动优化功能，则嵌入式系统就升级为智能嵌入式系统。从物联网系统的角度看，嵌入式智能技术使得物体具备被智能感知或者智能识别的能力。

4. 纳米技术

所谓纳米技术，就是用单个原子或分子制造物质的科学技术，重点研究结构尺寸在1～100nm范围内材料的性质和应用。纳米技术是动态力学，现代科学（包括混沌物理、智能量子、量子力学、介观物理、分子生物学)和现代技术(计算机技术、微电子和扫描隧道显微镜技术、核分析技术)结合的产物。纳米技术引发了一系列新的科学技术,如纳米物理学、纳米生物学、纳米化学、纳米电子学、纳米加工技术和纳米计量学等。

在物联网系统中,利用纳米技术可以使得微小的物体也能连接到网络中,这对物联网的应用发展具有极其重要的促进作用。

3.1.3 物联网的体系结构

从体系结构上看,一个完整的物联网应用系统可分为4层:感知层、网络层、服务管理层、应用层。

(1) 感知层:感知层实现对外界的感知、识别或定位物体、采集外界信息等。

(2) 网络层:网络层负责信息的传输。

(3) 服务管理层:该层主要用于对网络中的信息进行汇集、存储、分析和挖掘等。

(4) 应用层:用于实现各种具体应用,并提供相应服务。

有时服务管理层也可以并入应用层,统称应用层。

3.1.4 物联网的应用及未来发展

物联网的应用极为广泛,几乎涵盖了当前的所有领域,例如智能工业、智能农业、智能物流、智能医疗、智能交通、智能电网、智能环保、智能安防、智能家居等。实际上,智能教育、智能消防、智能军事、智能遥感、智能商业等领域也存在大量物联网的应用。

未来物联网将向着智能、快速、安全的方向发展。物联网和人工智能的深度融合必然推动物联网的快速发展,人工智能可以看作是物联网发展的关键推动力。从物联网的网络传输角度看,5G甚至未来6G技术的发展,使得物联网系统将成为一个高速运行、高速反应的系统。另外,当物联网已经深入人类生活的各个角落时,安全性将成为未来物联网的发展方向,尤其是路由器将会变得更加安全,可以智能化地阻止外界的网络攻击。

3.2 大 数 据

3.2.1 大数据的基本概念

随着Internet的不断发展,人们逐渐从简单的信息接受者变成了信息制造者。通过Internet,人们可以收发电子邮件,可以将视频信息上传到视频网站上,可以在QQ或WeChat上发布消息,可以通过天猫或京东产生订单。有公司做过一个统计,全球1分钟发送1.5亿封电子邮件,有超过40万人登录微信,有超过400万的百度搜索请求;每天有超过2.88万个小时的视频上传到Youtube上。英特尔公司的研究表明,2020年全球数据量达到44ZB(1ZB=2^{30}TB= 2^{40}GB),中国产生的数量达到8ZB,这个数量是非常惊人的。可以说，人类在信息时代产生的数据超过了以往任何一个时代。面对浩如烟海的数据，传统的数据处理和分析技术已经完全没有招架之功，必须寻找更为有效的技术来收集、存储和分析利用这些数据。

实际上，早在2008年，美国期刊(*Nature*)的专刊 *The Next Google* 第一次提出了“大数据”的概念。对于“大数据”(Big data)，研究机构Gartner给出了这样的定义：大数据是需要新处理模式才能具有更强的决策力、洞察发现力和流程优化能力，来适应海量、高增长率和多样化的信息资产。麦肯锡全球研究所给出的定义是：一种规模大到在获取、存储、管理、分析方面大大超出了传统数据库软件工具能力范围的数据集合。

现在人们已经意识到，大数据技术的重要之处不在于其庞大的数据信息，而在于对这些含有意义的数据进行专业化处理。换言之，如果把大数据比作一种产业，那么这种产业实现盈利的关键在于提高对数据的“加工能力”，通过“加工”实现数据的“增值”。

在中国，2015年9月，国务院印发了《促进大数据发展行动纲要》(以下简称《纲要》)，系统部署大数据发展工作。《纲要》在加快政府数据开放共享、推动产业创新发展、健全大数据安全保障体系等方面进行了部署。同时，中国贵州省启动了我国首个大数据综合试验区的建设工作，力争通过3～5年的努力，将贵州大数据综合试验区建设成为全国数据汇聚应用新高地、综合治理示范区、产业发展聚集区、创业创新首选地、政策创新先行区。2016年3月，《中华人民共和国国民经济和社会发展第十三个五年规划纲要》发布，其中第二十七章“实施国家大数据战略”提出：把大数据作为基础性战略资源，全面实施促进大数据发展行动，加快推动数据资源共享开放和开发应用，助力产业转型升级和社会治理创新。

3.2.2 大数据的基本特征

Gartner市场研究公司副总裁道格·莱尼在一次有关数据增长的演讲中指出，数据增长有三个方向的挑战和机遇：体量，即数据规模超大；速度，即信息的输入输出速度超级快；多样性，即数据类型多种多样。维克托迈尔·舍恩伯格和肯尼斯克耶在编写的《大数据时代》一书中提出，大数据具有4V特征：即规模性、高速性、多样性和价值性。虽然不同学者对大数据的定义及特征有不同的看法，但是都认可大数据的这四个特征。

1. 数据体量巨大

在大数据时代，每个人都是数据的生产者，数据被源源不断地制造出来。并且，随着移动互联网、物联网技术的不断发展，人类制造数据的速度呈现越来越快的趋势。这些海量数据来自人们收发的电子邮件、微博、照片、视频、日志、网站浏览页，来自传感器、自动记录设备、各类生产线监控设备、交通监控系统等。这些数据究竟有多大，没有人有精确的数字。

大数据通常指100 TB(1TB＝1024 GB)规模以上的数据量。根据国际数据资讯公司监测，全球数据量大约每两年就翻一番，且85％以上的数据以非结构化或半结构化的形式存在。

2. 数据处理速度快

所谓处理速度，指的是数据被创建、传播和分析处理的速度。在数据处理速度方面有一个“1秒定律”，即要在秒级时间范围内给出分析结果，否则数据就失去其原有价值。有人认为，速度快是大数据处理技术和传统数据挖掘技术最大的区别。

3. 数据类型多样

在大数据时代，数据类型繁多且多变是其重要特性。随着传感器种类的增多及智能设备、社交网络等的流行，数据类型也变得更加复杂，其中包括结构化数据、半结构化数据和非结构化数据。这些数据中，大约有10%是结构化数据，90%是非结构化数据。从应用的角度看，正是因为数据类型的复杂多变，才使得大数据的应用具有强大的吸引力。

4. 价值密度低

价值密度低是大数据同传统关系数据库中的数据最大的区别，也是大数据的核心特征。Internet世界中产生了大量数据，这些数据的生成非常容易，但是收集、存储、分析却并不容易，而且往往成本比较高。究其原因，就是这些数据的价值密度太低了。相对于关系数据库中的数据，我们能明显感觉到大数据中的数据类似贫矿，很难用传统的方法去快速提纯。实际上，这也是大数据时代需要尽快解决的关键问题。

3.2.3 产生大数据的基础

产生大数据有两个基础：计算机技术的发展是大数据时代出现的技术基础，互联网和物联网的发展是大数据时代出现的数据基础。

1. 技术基础

1）数据产生技术

计算机技术的飞速发展是产生大数据的技术基础。可以说，任何计算机技术的发展都对大数据时代的到来产生深远影响。例如，无线技术推动了移动互联网技术的发展，用户通过移动互联网可以随时访问互联网，并可随时生产数据。再例如，物联网技术特别是传感器网络的发展，使得原本无法连入互联网的物体也一并进入互联网，并产生大量数据。

2）数据采集和存储技术

从数据采集及数据存储的角度看，数据采集技术的发展提高了数据的采集速度和质量，数据存储技术使得存储海量数据变得高速可靠。尤其是云计算技术出现后，数据存储的成本大大降低。因为成本的降低，人们更愿意把两年甚至三年之前的数据保留下来。有了数据之后，后面就可以通过各种数据挖掘方法发现数据的价值。

3）数据处理技术

并行技术的发展，大大提高了数据处理的速度和效率；人工智能技术的发展使得人们能够充分挖掘数据中隐藏的知识。

需要说明，对数据处理的各个环节，包括采集分类存储、清洗挖掘、展示等环节，如果某个环节效率不高或者速度不快，将会影响整个数据处理过程。因此，在大数据的发展过程中，数据的计算速度是非常关键的。

2. 数据基础

物联网和互联网的发展是大数据时代出现的数据基础。从早期的互联网到现在的移动互联网，技术的发展让网络无处不在，人类在生产、生活中产生的数据会非常便利地传输到互联网并存储起来。这些数据分若干类型，如文本、图片、音频、视频、浏览日志、点击量、点赞量等大都属于非结构化数据。

物联网的使用使得物物相连成为可能。互联网中的传感器又会自动、不间断地产生大量数据，这些数据使进入互联网的数据更加丰富，结构更为复杂。

3.2.4 大数据技术应用

大数据价值创造的关键在于大数据的应用。随着大数据技术的飞速发展，大数据应用已经融入各行各业，大数据产业正快速发展成为新一代信息技术和服务业态。

从政府层面看，大数据技术可以帮助政府实现市场监管、公共卫生控制、舆情监控；从城市管理的角度看，大数据技术可以预防犯罪，提高智慧交通的水平，提高城市管理者的应急水平；从企业的角度看，大数据可以帮助企业分析竞争对手，分析行业未来发展趋势，提高企业在未来竞争中的竞争能力；从教育行业看，大数据可以在智慧教育、智慧教学、智慧学习等方面发挥作用；从医疗角度看，大数据可以帮助医生诊断病情，帮助医药企业提高药品的临床使用效果，降低或减少药品副作用；从电商运营角度看，大数据可以帮助电商企业向用户推荐商品及服务，帮助用户选择所需要的商品；在娱乐行业，大数据可以预测歌手的受欢迎程度，预测电影的票房，为投资者进行下一轮投资提供数据支持；在招聘领域，大数据可以给应聘者推荐更为合适的岗位，也可以给用人单位推荐更合适的人才。可以说，大数据的应用无处不在，它占据了几乎所有领域和行业，几乎没有人能够完全离开大数据而生存。

3.2.5 大数据带来的社会问题

我们需要清醒地认识到，大数据给社会带来的不仅仅是便利性和智能性，很多社会问题也随之出现。用户在享受大数据便利的同时，个人隐私也被完全暴露。同时，新技术的发展使得人们越来越依赖网络和电子产品。从社交的角度看，很多人成为了熟悉的陌生人，大家在一起聚会的时候，一种经常见到的场景就是每个人都在玩自己的手机，朋友之间缺乏应有的交流。

下面探讨一下个人隐私的问题。无处不在的网络让人们生活在监控之下，电子商务网站、搜索引擎、微博、各种 APP 都在对用户数据进行收集和应用，高水平大数据应用人员在不断地分析用户数据,得到连用户都不知道的规则,然后将这些规则应用于商业,以获取更大的利益。很多人认为网络是匿名的,个人的信息是安全的,但事实完全不是这样。在大数据时代,数据的交叉检验会使得匿名化完全失败。所谓数据交叉检验,简单来说就是用户在第1个平台输入的数据和在第2个平台输入的数据可能不一样,但是密切相关,简单的算法就可以获得用户的所有数据。还有一个就是大数据的预测问题。可能用户对自己下一步的行动都不知道,但是某些平台已经预测到了,这有时候是比较可怕的,甚至会造成对人类自由、尊严等人性价值的践踏。

还有一个值得考虑的问题,就是数据的垄断问题。很多大型公司拥有超强的技术实力和资金实力,同时又拥有超级的流量,数据积累能力超强,用户和超级企业之间就产生了严重的信息不对称问题。一些企业为了私利,禁止信息对外发布,从而阻止了创新的步伐。所有这一切都值得我们深思,数据的掌握者是否平等使用数据,不仅与数据的制造者和使用者密切相关,也涉及社会的未来。

3.3 云 计 算

3.3.1 云计算的基本概念

1. 云计算的产生背景

近几年来,云计算正在成为信息技术产业发展的战略重点,全球信息技术企业都纷纷向云计算方向发展。对一家企业来说,如果一台计算机的运算能力无法满足数据运算需求,公司需要购置一台运算能力更强的计算机。但是对规模更大的企业来说,如果一台服务器的运算能力仍然不够,就需要购置多台服务器,甚至需要打造数据中心。高性能服务器或数据中心的初期建设成本是非常高的,同时运营支出也是一笔很大的开支。对中小企业或个人来说,这笔开支是难以承受的,于是"云计算"的概念被提出来了。

2. 云计算的提出及发展

1956年,克里斯托弗·斯特拉切发表了一篇有关虚拟化的论文,可以看作是云计算的最初思想。虚拟化是云计算基础架构的核心,是云计算发展的基础,后期随着网络技术的发展,逐渐孕育了云计算的萌芽。2004年,计算机网络的发展进入了一个新的阶段,让更多用户更方便快捷地使用网络服务成为互联网发展亟待解决的问题,一些大型公司开始思考如何为用户提供了更加强大的计算服务。

2006年8月,谷歌首席执行官埃里克·施密特在搜索引擎大会上首次提出云计算(Cloud Computing)的概念。这是云计算发展史上第一次正式地提出这一概念,有着重要的历史意义。2007年以来,"云计算"成为了计算机领域最令人关注的话题之一,同样也是大型企业、互联网建设着力研究的重要方向。云计算的提出使得互联网技术和IT服务出现了新的模式,从而引发了一场变革。2008年,微软发布其公共云计算平台

Windows Azure Platform，由此拉开了微软的云计算大幕。

云计算在国内也掀起了新一轮的技术竞争，许多大型科技公司纷纷加入云计算研发阵营。2009 年 1 月，阿里软件在江苏南京建立首个电子商务云计算中心。同年 11 月，中国移动云计算平台“大云”计划启动。当前谷歌、微软、IBM、亚马逊，以及中国的阿里巴巴、华为浪潮等 IT 商业巨头都推出了自己的云计算平台，并且都把云计算作为其未来发展的主要战略之一。

3. 云计算的概念

云计算是分布式处理（Distributed Computing）、并行处理（Parallel Computing）和网格计算（Grid Computing）的发展，或者说是这些计算机科学概念的商业化实现。对于云计算的定义，开发者和信息技术人员与最终用户可能存在一些分歧。对开发和管理计算机系统的人来说，云计算意味着服务器能力在水平方向上的可扩展性；而技术人员面临的挑战是开发操作系统和应用程序来管理运行过程中的规模变化，同时保持相应的机制对最终用户不可见。

云计算是指基于互联网的超级计算模式，也就是把存储于个人 PC、移动终端或其他设备上的海量信息及处理器资源集中在一起协同工作，是在极大规模上可扩展的信息技术能力作为服务提供给外部客户的一种计算模式。

现阶段对云计算的定义有很多种，被广泛使用的是美国国家标准与技术研究院的定义：云计算是一种按使用量付费的模式，这种模式提供可用的、便捷的、按需的网络访问，进入可配置的计算资源共享池（资源包括网络、服务器、存储、应用软件及服务），这些资源能够被快速提供，只需要投入很少的管理工作，或者与服务供应商进行很少的交易。

云是一种形象的说法，提供资源的网络都被称为云。从用户的角度来看，云中的资源是无限的，而且可以按需随时获取，按使用情况付费，这种特性经常被称为像水电一样使用 IT 基础设施。云计算实际上是一种新型的计算模式，它通过 Internet，以服务的方式提供动态可伸缩的虚拟化资源的计算模式。同时，云计算也是一种服务模式，终端用户通过 Internet 访问其中的资源，只需要按照需要租赁云计算中的资源即可而无须关注内部技术。

4. 云计算的服务类型

在云计算中，服务类型包括基础设施即服务（Infrastructure as a Service，IaaS）、平台即服务（Platformas a Service，PaaS）和软件即服务（Software as a Service，SaaS）三类。

IaaS：所谓基础设施即服务，是指存储、网络、应用环境所需的一些工具、计算能力等，作为服务提供给用户，用户按需交费，获取相应的 IT 基础设施服务。IaaS 主要由计算机硬件设备、网络部件、存储设备、平台虚拟化环境、效用计算方法、服务级别协议等组成。用户注册后，可以根据需要选择需要的服务类型及配置，付费用后即可享受相应的服务。相对于自己购买硬件搭建环境，IaaS 显然能够大大降低成本。常见的产品有 Amazon EC2、阿里云等。

PaaS：实际上就是云计算操作系统，主要为用户提供基于互联网的用户开发及应用环境，包括应用编程接口和运行平台等。PaaS 是一种分布式平台，可以为用户提供一整套从系统设计、系统开发、系统测试到系统运行的服务，主要用户是开发人员。PaaS 平台类型比较少，比较著名的包括 Windows Azure、Cloud Foundry、Google APP Engine 以及 Force.com 等。

SaaS：软件服务提供商为了满足用户的需求，为用户提供相应的软件服务。云服务提供商负责维护和管理群中的软件以及支撑环境，包括软件的维护、升级、防病毒等，云服务购买者只需要支付费用即可使用其中的服务，初期的软硬件支出都将免去。Salesforce.com 是迄今为止提供该类服务最为出名的公司。

5. 云计算的五个基本特征

(1) 超大规模。大多数云计算数据中心都具有超级规模，这样才能为用户提供强大的计算服务。例如，谷歌云计算平台拥有超过 100 万台服务器，亚马逊、IBM、微软、雅虎等的云平台也拥有几十万台服务器。

(2) 虚拟化。云计算支持用户在任意位置，使用各种终端获取应用服务。所请求的资源来自云，而不是固定的有形的实体。所有应用在云中的某处运行，用户无须了解，也不用担心应用运行的具体位置。只需要一台笔记本或一部手机，用户就可以通过网络实现需要的一切服务。

(3) 高可靠性。云使用了数据多副本容错、计算结点同构可互换等措施来保障服务的高可靠性，这使得使用云计算比使用本地计算机更为可靠。

(4) 通用性强。云计算不针对特定的应用，在云的支撑下可以构造出千变万化的应用，同一个云可以同时支撑不同的应用运行。

(5) 高可扩展性。云的规模可以动态伸缩，满足应用和用户规模增长的需要。

(6) 按需服务。云是一个庞大的资源池，用户按需购买即可获得服务，而无须了解云计算的具体规则。

(7) 极其廉价。由于云具有特殊容错措施，因此可以采用极其廉价的结点来构成云，云的自动化、集中式管理使大量企业无须负担日益高昂的数据中心管理成本，云的通用性使资源的利用率比传统系统大幅提升，因此用户可以充分享受“云”的低成本优势，经常只要花费几千元、几天时间就能完成以前需要数十万元、数月时间才能完成的任务。

3.3.2 云计算的优势及关键技术

1. 云计算的优势

(1) 可提升自身的资源整合能力。云计算本身是一种服务方式，可针对不同用户提供不同服务，而用户可以借助云计算的服务能力整合大量资源，提高工作效率。实际上，未来行业领域基于云计算技术组织产业链是一个非常重要的发展方向，所以未来的云计算资源整合能力会进一步提升。

(2) 可提升自身创新能力。云计算正在向行业领域垂直发展，掌握云计算技术能够找到很多行业创新点，可基于云计算技术实现行业创新。在当前产业结构升级的大背景下，传统行业在结合云计算的过程中会释放出大量的创新创业机会。

(3) 可扩展自身能力边界。云计算本身能够集成大量服务，这不仅可以提高工作效率，还可以拓展个人的能力边界。

2. 云计算的关键技术

1) 虚拟化技术

实现云计算的重要技术支持就是虚拟化技术。虚拟化技术实现了物理资源的逻辑抽象和统一表示，各种不同的软硬件资源形成虚拟资源池，用户通过虚拟化技术即可使用这些资源。虚拟化技术具有资源分享、资源定制以及细粒度资源管理等特点。

2) 海量数据存储与处理技术

海量数据的存储与处理技术是云计算关键能力的体现，分布式存储方式是云存储的最佳选择，而高传输率也是云计算数据存储技术的一大特色。还有一点需要注意，因为云计算需要处理的数据庞杂，结构不相同，同时还具备很大的不确定性，所以如何适应数据的变化，最大限度地利用已有资源实现存储的优化，是值得研究的关键问题。

3) 大规模数据管理及调度技术

云技术能对海量的数据进行处理、利用的前提是数据管理技术必须具备高效的管理大量数据的能力，研究有效的资源管理和调度技术是系统能否正常运转的关键所在。

4) 数据中心相关技术

数据中心是云计算的核心，在整个系统中处于核心地位，它的正常运转对整个系统来说意义重大。数据中心具有自治性、规模经济和可扩展等特点。如何以更低的成本、更可靠的方式实现更大规模的计算机结点的连接，是当前研究的重点。

5) 服务质量保证机制

云计算之所以能被广大用户快速接受，就在于它提供的高服务质量，而高的服务质量系统是靠服务质量保证机制来保障的。

6) 安全与隐私保护技术

云计算中安全和隐私保护的重要性不言而喻。当前还存在很多安全隐患，需要不断研究新的方法和技术，在系统的每一层、每一部分都进行高级别的安全防护。这样用户使用云计算提供的服务时才更放心，云计算的发展才会更快。

3.3.3 云计算的应用及面临的挑战

1. 云计算的具体应用举例

(1) 在线办公。购买一台云服务器并安装操作系统后，就相当于拥有了一台随时随地能使用的计算机。更为关键的是，计算机的性能可以根据需求而定，这就是所谓的“云计算机”。由于云计算机只是一个账号，可以根据需要随时随地登录使用，因此对于经常在不同办公场所办公的人来说非常方便，可以大大提升工作的协同度。

(2) 个人网盘。通过向云计算服务商购买个人网盘服务，用户的数据就可以随身携带，而且数据具有极强的私密性和安全性。个人网盘的安全性比较高，即使是云服务商也不允许查看。

(3) 物联网。物联网的快速发展得益于云计算技术的发展。物联网需要对各种智能设备记录、产生的数据进行分析判断，这需要超强的算力才能完成，而云计算正好具备这种能力。

(4) 金融云。利用云计算原理，金融产品的信息和服务分散到一个由多个分支机构所构成的云网络当中，用以提高金融机构迅速发现并解决问题的能力，提升整体工作效率，改善流程，降低运营成本，这就是金融云。

(5) 教育云。教育云是云计算技术在教育领域中的应用，包括教育信息化必需的一切硬件计算资源，这些资源经虚拟化之后，向教育机构、从业人员和学习者提供一个良好的云服务平台。

(6) 云会议。云会议是基于云计算技术的一种高效、便捷、低成本的会议形式。使用者只需要通过互联网界面进行简单易用的操作，便可快速高效地与全球各地的团队及客户同步分享语音、数据文件及视频。

除了以上应用，云计算还有很多应用，如制造云、医疗云、云游戏、云社交、云安全、云交通等。

2. 云计算面临的挑战

可以说，现代信息社会云计算的应用无处不在，在面临巨大机遇的同时也存在着巨大的挑战，主要包括以下几个方面。

(1) 云计算技术和移动互联网技术的结合问题。云计算技术和移动互联网技术的发展都非常快，但是通过移动互联网终端直接访问云端还存在很多问题，运算能力也需要提高。

(2) 云计算与科学计算的密切结合问题。当前很多研究机构缺乏大规模的运算设备，而科学研究中涉及非常多的海量计算。将两者结合在一起，并解决当前网络存在的网络带宽不足等问题，是当务之急。

(3) 终端到云端的海量数据传输问题。云计算具有快速处理海量数据的能力，但是海量数据的传输需要很多时间，这显然是一个瓶颈问题。研究下一代高速网络体系，提高网络吞吐量，支持海量数据的高速传输，也是非常重要的挑战。

3.4 人 工 智 能

3.4.1 人工智能的基本概念

人工智能(Artificial Intelligence，AI)是计算机学科的一个分支，也被认为是 21 世纪三大尖端技术(基因工程、纳米科学、人工智能)之一。近三十年来，人工智能迅速发展，在很多学科领域都获得了广泛应用，并取得了丰硕成果。目前，人工智能已逐步成为一个独立的学科分支，是研究开发用于模拟、延伸和扩展人的智能的理论、方法、技术及应用系统的一门新的技术科学，可以认为人工智能是通过计算机程序呈现人类智能的技术。

美国斯坦福大学人工智能研究中心尼尔逊教授对人工智能的定义为：人工智能是关于知识的学科——怎样表示知识以及怎样获得知识并使用知识的科学。美国麻省理工学院的温斯顿教授则认为，人工智能就是研究如何使计算机去做过去只有人才能做的智能工作。这些说法都反映了人工智能的基本思想和基本内容，即人工智能是研究人类智能活动的规律，构造具有一定智能的人工系统，研究如何让计算机去完成以往需要人的智力才能胜任的工作。

3.4.2 人工智能的发展

人工智能的发展充满曲折起伏。自20世纪50年代开始，人工智能的概念就被提出，并相继取得了一批令人瞩目的研究成果，如机器定理证明、跳棋程序等，由此掀起了人工智能发展的第一个高潮。在发展初期，人工智能的卓越表现燃起了大家的热情，20世纪60年代中期，人们开始尝试更具挑战性的任务，并提出了一些不切实际的研发目标。随着不断的失败和目标的落空，人工智能的发展暂时走入低谷。

20世纪60年代末期，专家系统出现了。专家系统模拟人类专家的知识和经验，可以解决某些特定领域的疑难问题，实现了人工智能从理论研究走向实际应用的重大突破，尤其是在医疗、化学、地质等领域都取得较大成功。专家系统的提出和应用推动了人工智能进入了应用发展的新高潮。但是，随着人工智能应用规模的不断扩大，专家系统本身存在的问题逐渐暴露出来，某些专家系统缺乏专业性、常识性知识，专业知识获取困难等问题也逐渐暴露出来。人工智能又陷入低迷发展期。

互联网技术的发展成为人工智能加速发展的推进剂，人工智能技术开始进一步向实用化、专业化方向发展。1997年，IBM公司的“深蓝”超级计算机战胜了国际象棋世界冠军卡斯帕罗夫；2008年，IBM提出“智慧地球”的概念，这些都是该时期的标志性事件。近年来，随着大数据、云计算、互联网、物联网等信息技术的发展，以深度神经网络为代表的人工智能技术开始飞速发展，这一发展跨越了科学与应用之间的技术鸿沟，很多应用都实现了实质性的技术突破。人工智能技术实现了从“不能用、不好用”到“可以用”的技术突破，迎来爆发式增长的新高潮。图像分类、语音识别、知识问答、人机对弈、无人驾驶技术的推出和应用，都是人工智能蓬勃发展的见证。

3.4.3 人工智能的应用领域

从理论及技术上看，人工智能涉及计算机科学、心理学、哲学和语言学，以及自然科学和社会科学等学科，其研究及影响范围已远远超出了计算机科学的范畴。而从应用层面看，人工智能的应用已经渗透到几乎所有领域和专业，举例说明如下。

1. 自然语言处理

自然语言处理并不是简单地研究人类自然语言并进行处理，而是研制能有效地实现利用人类自然语言交互的计算机系统。自然语言处理包括自然语言理解和自然语言生成两部分。用自然语言同计算机通话是人类长久以来的愿望，人们希望用自己最为习惯的语言使用计算机，无须再花时间和精力学习人类很不习惯的各种计算机语言。当前，一些具备一定自然语言处理能力的系统已经出现，有的甚至已经商业化甚至产业化，典型的例子有专家系统的自然语言接口、机器翻译系统、文本分类和聚类、信息检索和过滤、信息抽取等。

2. 自动定理证明

自动定理证明是指把人类证明定理的过程变成能在计算机上自动实现符号演算的过程，自然演绎法和判定法是常用的自动定理证明方法。自然演绎法是依据推理规则，从前提和公理中推出许多定理，如果待证定理恰在其中，则定理得证；判定法则是对一类问题找出统一的计算机上可实现的算法解。计算机辅助证明是以计算机为辅助工具，利用机器的高速度和大容量帮助人完成手工证明中难以完成的大量计算、推理和穷举。很多非数学领域的任务，如医疗诊断、信息检索、规划制定和问题求解，都可以转换成一个定理证明问题。

3. 机器人

机器人是一种自动化的机器，它具备一些与人或生物相似的智能能力，如感知能力、规划能力、动作能力和协同能力，是一种具有高度灵活性的自动化机器。随着人工智能技术的不断发展，机器人技术开始快速向人类活动的各个领域渗透，人们发明了各种类型的智能机器人。现在虽然还没有一个严格而准确的定义，但是我们希望对机器人的本质进行把握：机器人是自动执行工作的机器装置，它既可以接受人类指挥，也可以运行预先编排的程序，又可以根据以人工智能技术制定的原则纲领行动。机器人的任务是协助或取代人类的工作，是整合控制论、机械电子、计算机、材料和仿生学的产物，在工业、医学、农业、服务业、建筑业甚至军事等领域中均有重要用途。

4. 模式识别

模式识别实际上是人类的一项基本智能。在日常应用中，人们经常进行模式识别，如从人群中辨识自己的亲人，利用指纹破案以及车牌号的识别等。计算机的出现以及人工智能技术的兴起，使得人们希望能用计算机来代替或扩展人类的部分脑力劳动，模式识别在20世纪60年代初开始发展并逐渐成为一门新的学科。

所谓模式识别，就是用计算的方法，根据样本特征将样本划分到一定的类别中去。随着计算机技术的发展，人类有可能研究复杂的信息处理过程，其过程的一个重要形式是生命体对环境及客体的识别。模式识别以图像处理与计算机视觉、语音语言信息处理、脑网络、类脑智能等为主要研究方向，研究人类模式识别的机理以及有效的计算方法，是信息科学和人工智能科学的重要组成部分。

3.5 区 块 链

3.5.1 区块链的基本概念

区块链(Chain of Blocks,Block Chains)是一种去中心化的分布式账本数据库系统。从数据的角度看,区块链是一种几乎不可能被更改的分布式数据库;从科技层面看,区块链涉及数学、密码学、互联网和计算机编程等很多科学技术问题;从应用视角看,区块链是一个分布式的共享账本和数据库,具有去中心化、信息不可篡改、可追溯性、去信任、匿名性、开放共识等特点。这些特点保证了区块链的"诚实"与"透明",为区块链创造信任奠定基础。区块链具有丰富的应用场景,而这些场景基本上都基于区块链能够解决信息不对称问题,实现多个主体之间的协作信任与一致行动。区块链是分布式数据存储、点对点传输、共识机制、加密算法等计算机技术的新型应用模式,是比特币的底层技术。

3.5.2 区块链的起源与发展

区块链的概念来源于比特币。2008 年,中本聪发表论文《比特币:一种点对点电子现金系统》,标志着区块链技术的诞生。这可以看作是区块链 1.0 时代。区块链 1.0 时代可以理解为可编程货币,具有电子货币、去中心化交易的特点。2014 年,以太坊出现了。以太坊是一个开源的有智能合约功能的公共区块链平台,使得区块链的应用从货币发展到股票、债券、期货、贷款、智能资产和智能合约等更广泛的非货币应用,这可以看作是区块链 2.0 时代。区块链 2.0 时代可以理解为可编程金融。2017 年,以太坊智能合约系统逐渐完善,区块链技术开始落地使用。这可以看作是区块链 3.0 时代。区块链 3.0 可以理解为可编程社会,主要应用于社会治理领域,包括身份认证、公证、仲裁、审计、域名、物流、医疗、邮件、签证、投票等领域,应用范围扩大到整个社会。

近年来,世界对比特币的态度起起落落,但作为比特币底层技术之一的区块链技术日益受到重视。在比特币形成过程中,区块是一个一个的存储单元,记录了一定时间内各个区块结点全部的交流信息。各个区块之间通过随机散列(也称哈希算法)实现链接,后一个区块包含前一个区块的哈希值,随着信息交流的扩大,一个区块与一个区块相继接续,形成的结果就叫区块链。

3.5.3 区块链的分类及特点

1. 区块链的分类

(1) 公有链。公有链无官方组织,无中心服务器,参与结点自由接入网络而不受控制，结点之间通过共识机制开展工作。

(2) 私有链。私有链建立在某企业内部，系统运行由企业制定，其修改甚至读取权限仅限于少数结点，同时保留区块链的真实性和部分去中心化的特性。

(3) 联盟链。联盟链由若干机构联合发起，介于公有链和私有链之间，兼具部分去中心化的特性。

2. 区块链的特点

(1) 去中心化。众多结点共同组成一个端到端网络，无中心设备和管理机构，所有数据主体都通过预先设定好的程序自动运行。

(2) 不可篡改性。单个甚至多个结点对数据库的修改无法影响其他结点的数据库，除非能控制整个网络中超过51%的结点。

(3) 可追溯性。每一笔交易都通过密码学方法(非对称加密机制)与相邻的两个区块串联，可追溯到任意一笔交易。

(4) 去信任。结点之间的数据交换通过数字签名技术验证，无须相互信任。只要按照既定规则运行，结点之间就无法欺骗其他结点。

(5) 匿名性。区块链的运行规则是透明的，所有数据信息也是公开的，因此每一笔交易都对所有结点可见。由于结点之间都是去信任的，因此结点之间无须公开身份。

(6) 开放共识。区块链是一种底层开源的技术，所有人都可以在区块链的基础上实现各种扩展应用，称为区块链的可扩展性。任何人都可以参与区块链网络，每一台设备都可以作为一个结点，每个结点都允许获得一份完整的数据库拷贝。

3.5.4 区块链的关键技术

1. 分布式存储技术

区块链账本采用的是分布式存储记账方式，这是一种从分布在不同物理地址或不同组织内的多个网络结点构成的网络中进行数据分享与同步的去中心化数据存储技术，每个参与的结点都将独立完整地存储写入区块的数据信息。

不同于传统的分布式存储，区块链网络中各参与结点拥有完整的数据存储，并且各结点是独立、对等的，每个结点上都备份数据信息，从而避免了由于单点故障导致的数据丢失。它依靠共识机制保证存储的最终一致性，也通过这些方式来保证分布式存储数据的可信度与安全性，即只有能够影响分布式网络中大多数结点时才能实现对已有数据的篡改，每个结点上的数据都独立存储，有效规避了恶意篡改历史数据。当然，参与系统的结点增多，会提升数据的可信度与安全性。

2. 密码学技术

密码学是区块链的基石，是区块链的核心技术之一。密码学属于数学和计算机科学的分支，主要研究信息保密、信息完整性验证、分布式计算中的信息安全问题等。区块链中使用了哈希算法、加解密算法、数字证书与签名、零知识证明等现代密码学的多项技术。区块链采用哈希算法和非对称加密技术来保证账本的完整性和网络传输安全。

3. 共识机制

共识机制用于解决分布式系统的一致性问题，其核心为在某个共识算法的保障下，在有限的时间里使得制定操作在分布式网络中是一致的、被承认的、不可篡改的，所有的数据交互都要按照严格的规则和共识进行。在区块链中，特定的共识算法用于解决去中心化多方互信的问题。

4. 智能合约

智能合约是一种旨在以信息化方式传播、验证或执行合同的谈判或履行的计算机协议，它允许在不依赖第三方的情况下进行可信、可追踪且不可逆的合约交易。智能合约是以数字形式定义的一组承诺，包括各方履行这些承诺的协议。区块链技术的发展为智能合约的运行提供了可信的执行环境。区块链智能合约是一段写在区块链上的代码，一旦某个事件触发合约中的条款，代码即自动执行。

3.5.5 区块链的应用及未来发展

区块链具有去中心化的特点，同时具有不可篡改、链式存储等安全特性，加上智能合约功能，使其在各行各业得到了广泛的应用。近年来，区块链技术在文件存储、物联网、供应链管理以及教育领域中都得到了很好的应用。可以想象，区块链技术必将随着大数据技术、云计算技术、物联网和人工智能技术的兴起而快速崛起。同时也要认识到，区块链并不是包治百病的灵丹妙药，还有很多问题需要解决，例如它的安全性问题、可扩展性问题、应急及责任机制问题等。

3.6 移动互联网

3.6.1 移动互联网的概念

移动互联网是指移动通信终端与互联网相结合成为一体，用户通过手机、掌上电脑或其他无线终端设备，通过高速的移动网络，在移动状态下(如在地铁、公交车等)随时、随地访问 Internet 获取信息，使用商务、娱乐等各种网络服务的一种技术。

通过移动互联网，人们可以使用手机、平板电脑等移动终端设备浏览新闻，还可以使用在线搜索、在线聊天、移动网游、在线阅读、下载音乐等移动互联网应用，其中移动环境下的网页浏览、文件下载、位置服务、在线游戏、视频浏览和下载等是主流应用。专家认为，移动互联网是未来十年内最有创新活力和最具市场潜力的新领域。目前，移动互联网正逐渐渗透到人们生活工作的各个领域，微信、支付宝、位置服务等丰富多彩的移动互联网应用迅猛发展，正在深刻改变信息时代的社会生活。

3.6.2 移动互联网的关键技术

1. 移动终端技术

移动终端技术主要包括终端制造技术、终端硬件和终端软件技术 3 类。终端制造技术是集成了机械工程、自动化、信息、电子技术等所形成的技术、设备和系统的统称；终端硬件技术是实现移动互联网信息输入、信息输出、信息存储与处理等技术的统称，一般分为处理器芯片技术、人机交互、移动终端节能、移动定位等技术；终端软件技术是通过用户与硬件间的接口界面与移动终端进行数据或信息交换的技术统称，一般分为移动操作系统、移动中间件及移动应用程序等技术。

2. 接入网络技术

接入网络技术一般是指将两台或多台移动终端接入到互联网的技术统称，主要包括网络接入技术、移动组网技术和网络终端管理技术三类。

3. 移动应用服务技术

移动应用服务技术是指利用多种协议或规则向移动终端提供应用服务的技术统称，分为前端技术、后端技术和应用层网络协议三部分。

3.6.3 移动互联网的应用领域

1. 通信行业

通信行业为移动互联网的发展提供了必要的硬件支撑。同传统的通信行业不同，移动互联网实现了人与人之间的紧密连接，而且成本极低，同时实现了随时、随地相互联系。

2. 医疗行业

移动互联网对医疗行业的影响显而易见，目前已经有很多医疗业务因为移动互联网的出现而做出改革。当前已经广泛使用的应用有在线就医、在线预约、远程医疗合作及在线支付等。

3. 移动电子商务

移动电子商务可以为用户随时随地提供所需的应用、信息及各类服务，用户通过手机终端就可以便捷地选择及购买商品和服务。同时，移动电子商务提供了多种方便的支付手段，不仅支持各种银行卡，还支持手机支付、电话支付等。

4. 增强现实

增强现实也称为混合现实,它通过电脑技术将虚拟的信息应用到真实世界,真实的环境和虚拟的物体实时地叠加到了同一个画面或空间,两者同时存在。增强现实提供了一般情况下不同于人类可以感知的信息,它不但展现了真实世界的信息,而且同时显示虚拟的信息,两种信息相互补充叠加。而移动互联网是增强现实的底层技术之一。

5. 移动电子政务

在信息技术快速发展的今天,国家政府机构也开始广泛使用移动电子政务。移动互联网的使用使政府部门和民众的距离变短,各种方针政策可以快速发布并落实。这加快了各类消息政策的传输速度,减少了中央、地方和群众之间的隔阂,让政务信息更加公开化、快捷化、透明化,也让人民群众直接感受到政府就在身边。这种充分利用移动互联网技术的电子政务模式称为移动电子政务。

实际上,移动互联网的应用遍及各个领域,如教育、体育、娱乐、会议、交通等领域。

3.6.4 移动互联网的未来发展趋势

移动互联网时代以信息技术作为主要推动力,推动着社会生产力不断向宽度和深度方向发展。它正逐渐渗透到人们生活、工作的各个领域,驱动着各产业不断向前发展。它未来的发展趋势如下。

1. 与物联网技术融合发展

现阶段,物联网在各行业中都得到了广泛应用。在对物联网功能进行丰富提升,不断提高网络传输速度、安全性及稳定性的过程中,将移动互联网技术与物联网技术充分融合,促进两者共同发展,是移动互联网不断发展的主要趋势之一。

2. 智能化发展

智能化是各行业在信息化时代的追求目标。为了实现该目标,应将移动互联网技术与智能技术进行充分融合,因此智能化移动互联网技术已经成为科研人员的主要研究方向。

3.7 虚拟现实

3.7.1 虚拟现实的概念

虚拟现实(Virtual Reality,VR),也称为虚拟灵境,是人们通过计算机技术对复杂数据进行可视化操作与交互的一种全新方式。同传统的人机界面及窗口式操作相比,虚拟现实在思想上有了质的飞跃。

“虚拟”和“现实”两个词是相互对立又相互统一的。所谓“现实”,是指在物理或功能意义上存在于世界上的任何事物或环境,它可以是实际可存在或实现的,也可以是实际不存在且难以实现或根本无法实现的;所谓“虚拟”,则是指“用计算机生成”的不真实的事物或环境。因此,虚拟现实是用计算机技术生成的一种特殊环境,人们可以通过使用各种特殊装置将自己投射到这个环境中,并操作、控制这个环境,以实现某些特殊目的。显然,人是这种环境的主宰。

3.7.2 虚拟现实技术的特点

虚拟现实技术具有如下特点。

1. 多感知性

所谓感知,就是人类所具备的感觉世界的能力。人类具备听觉、触觉、运动、味觉、嗅觉等感知能力。虚拟现实就是通过计算机技术,让人类在虚拟环境中也能有类似的感知。由于受到相关技术的限制,特别是传感技术的限制,目前虚拟现实技术具有的感知功能仅限于视觉、听觉、力觉、触觉、运动等几种。

2. 沉浸性

沉浸性又称为临场感觉,指的是用户在虚拟环境中作为主角感受模拟环境时感受到的真实程度。最佳的模拟环境能让用户真假难辨,用户就可以全身心地投入到计算机营造的虚拟环境中。这个环境中的一切,看上去、听上去、闻上去、摸上去都像是真的,用户即可沉浸其中。

3. 交互性

在虚拟环境中,用户需要同其所感知到的物体进行交互,用户可以发出指令,也可以从虚拟环境中得到相应的反馈。交互的便利性和反馈的自然程度是虚拟现实系统很重要的技术指标。

4. 构想性

虚拟现实技术中的环境毕竟不是真实的环境,它可以是真实环境的再现,也可以是客观世界中根本不存在的环境。通过技术手段构想这些环境,不仅可以拓展人类的想象空间,还可以拓展人类的认知范围。

5. 自主性

自主性是指虚拟环境中物体依据物理定律动作的程度。如当受到力的推动时,物体会向力的方向移动、翻倒,或从桌面落到地面等。

3.7.3 虚拟现实系统的分类

按照不同的标准，虚拟现实系统有不同的分类方式，通常分为以下四类。

1. 桌面式虚拟现实系统

桌面式虚拟现实系统是一种基于普通计算机的小型虚拟现实系统。其中的硬件设备性能相对低端，如它可以使用中低端的图形图像工作站及显示器产生虚拟场景。在这个虚拟系统中，参与者可以使用位置跟踪器、数据手套、力反馈器、三维鼠标或其他手控输入设备控制系统。

2. 沉浸式虚拟现实系统

相对于桌面式虚拟现实系统，沉浸式虚拟现实系统的头盔显示器是一大特色。利用头盔显示器，用户的视觉、听觉等感觉被封闭起来，用户产生了一种身在虚拟环境中的错觉，沉浸性更强。该类系统的环境可以是再现的，也可以是任意虚构的，用户的任何操作都不会对外在环境产生任何影响。沉浸式虚拟现实系统主要用于娱乐训练、模拟演练等。

3. 分布式虚拟现实系统

如果引入网络技术，异地的多个用户可以同时操作虚拟显示系统，这就是分布式虚拟现实系统。在这个虚拟环境中，位于不同物理位置的多个用户通过虚拟环境及网络相互连接，用户之间可以交互并共享信息。

4. 增强式虚拟现实系统

增强式虚拟现实系统是通过计算机仿真技术，将虚拟的信息应用到真实世界，两种信息相互补充叠加，并同时存在于同一个画面或空间中，通过计算机把生成的虚拟对象与真实环境融为一体，以增强用户对真实环境的理解。增强式虚拟现实系统已经同传统的虚拟现实系统有所不同：虚拟现实系统的环境都是虚拟生成的，而增强式虚拟现实系统中的环境，既有真实环境又有虚拟生成的环境。

3.7.4 虚拟现实系统

1. 虚拟现实系统的组成

用户通过头盔、手套和话筒等输入设备提供输入信号，虚拟现实软件收到信号后加以解释，然后对虚拟环境数据库进行必要更新，调整当前的虚拟环境视图，并将这一新视图及其他信息（如声音）立即传送给输出设备，以便用户及时看到效果。

系统由输入部分、输出部分、虚拟环境数据库、虚拟现实软件组成。

2. 虚拟现实系统的主要研究方向

虚拟环境处理器是VR系统的心脏，完成虚拟世界的产生和处理功能。输入设备给VR系统提供来自用户的输入，并允许用户在虚拟环境中改变自己的位置、视线方向和视野，也可以改变虚拟环境中虚拟物体的位置和方向。而输出设备是由VR系统把虚拟环境综合产生的各种感官信息输出给用户，使用户产生一种身临其境的逼真感。其主要研究内容包括以下几方面。

1）动态环境建模

虚拟环境的建立是VR系统的核心内容，动态环境建模技术的目的就是获取实际环境的三维数据，并根据应用的需要建立相应的虚拟环境模型。三维数据的获取可以采用CAD技术，更多则采用非接触式的视觉技术，两者的有机结合可以有效地提高数据获取效率。

2）实时三维图形生成技术

三维图形的生成技术已经较为成熟，关键是如何实现“实时”生成。为了达到实时生成图形的目的，至少要保证图形的刷新频率不低于15帧/s，最好高于30帧/s。在不降低图形质量和复杂程度的前提下，提高刷新频率是该技术的主要研究内容。

3）立体显示和传感器技术

虚拟现实的交互能力依赖于立体显示和传感器技术的发展，现有的设备远远不能满足需要，比如头盔式三维立体显示器有以下缺点：过重（1.5～2kg）、图像质量差（分辨率低）、延迟大（刷新频率低）、行动不便（有线）、跟踪精度低、视场不够宽、眼睛容易疲劳等，因此有必要开发新的三维显示技术。

4）应用系统开发工具

虚拟现实应用的关键是寻找合适的场合和对象，即如何发挥想象力和创造性。选择适当的应用对象可以大幅度提高生产效率，减轻劳动强度，提高产品质量。为了达到这一目的，必须研究虚拟现实的开发工具，如VR系统开发平台、分布式虚拟现实技术等。

5）系统集成技术

由于VR系统包括大量的感知信息和模型，因此系统集成技术起着至关重要的作用。集成技术包括信息的同步技术、模型的标定技术、数据转换技术、数据管理模型、识别与合成技术等。

3.7.5 虚拟现实的应用领域

虚拟现实的本质是人与计算机的通信技术，它几乎可以支持任何人类活动，适用于任何领域。早期的虚拟现实产品是图形仿真器，其概念于20世纪60年代被提出，80年代逐步兴起，90年代开始有产品问世。虚拟现实技术发展到今天，其应用领域非常广泛，已经涉及航天、军事、通信、医疗、教育、娱乐、图形、建筑和商业等各个领域。下面简单描述虚拟现实在几个重点领域的应用。

1. 医学领域

虚拟现实技术在医疗领域的应用非常广泛，特别是在解剖教学、复杂手术过程规划、手术过程操作辅助甚至预测手术结果等方面，应用前景非常值得期待。

2. 航天领域

虚拟现实技术在航天领域中的应用尤为重要。在航天领域，科学家需要解决的一大问题就是失重问题，以及在失重环境下物体的运行模拟。宇航员进入太空前，也需要在失重环境下进行长时间的训练。真实的失重环境造价昂贵，如果能利用虚拟现实技术模拟太空失重环境，则可大幅度降低训练费用。

3. 对象可视化领域

很多科学实验需要对难以看到的环境进行可视化展示，从而提高实验效果，加快实验进程，这就会用到虚拟现实技术。例如风洞实验，虚拟风洞的目的就是让工程师分析多漩涡的复杂三维效果，以及空气循环区域、涡流被破坏的乱流等效果。

4. 军事领域

有些演练和操作是非常危险的，而且费时费力，利用虚拟现实技术可以解决这个问题。例如，在军事演练领域，虚拟环境中将会布置与实际的车辆及指挥中心位置相同的物体，同时战场也被布置得和实际战场相同。

3.8 智能制造与智慧城市

3.8.1 数字经济的基本概念

人类通过大数据的“识别-选择-过滤-存储-使用”过程引导、实现资源的快速优化配置与再生，实现经济高质量发展的经济形态，这就是数字经济，也称为智能经济。数字经济是一个内涵比较宽泛的概念，凡是直接或间接利用数据来引导资源发挥作用，推动生产力发展的经济形态，都可以纳入其范畴。

现阶段，数字化的技术、商品与服务不仅在向传统产业进行多方向、多层面与多链条的加速渗透，即产业数字化；而且推动了诸如互联网数据中心建设与服务等数字产业链和产业集群的不断发展壮大，即数字产业化。我国重点推进建设的 5G 网络、数据中心、工业互联网等新型基础设施，本质上就是围绕科技创新产业的数字经济基础设施。数字经济已成为驱动我国经济实现又好又快增长的新引擎，数字经济所催生出的各种新业态，也将成为我国经济新的重要增长点。数字经济的本质在于信息化。信息化是由计算机与互联网等生产工具的革命所引起的工业经济转向信息经济的一种社会经济过程。

3.8.2 智能制造

智能制造系统(Intelligent Manufacturing System,IMS)是一种由智能机器和人类专家共同组成的人机一体化系统。它突出了在制造诸环节中,以一种高度柔性与集成的方式,借助计算机模拟的人类专家的智能活动,进行分析、判断、推理、构思和决策,取代或延伸制造环境中人的部分脑力劳动,同时收集、存储、完善、共享、继承和发展人类专家的制造智能。由于这种制造模式突出了知识在制造活动中的价值地位,而知识经济又是继工业经济后的主体经济形式,所以智能制造就成为影响未来经济发展过程的制造业的重要生产模式。智能制造系统是智能技术集成应用的环境,也是智能制造模式展现的载体。

3.8.3 智慧城市

智慧城市是数字城市的升级。从技术发展的视角看,智慧城市的建设要求通过以移动技术为代表的物联网、云计算等新一代信息技术应用实现全面感知、泛在互联、普适计算与融合应用。从社会发展的视角看,智慧城市还要求通过维基、社交网络等工具和方法的应用,实现以用户创新、开放创新、大众创新、协同创新为特征的知识社会环境下的可持续创新,强调通过价值创造、以人为本实现经济、社会、环境的全面可持续发展。

2010年,IBM正式提出"智慧城市"愿景,希望为世界和中国的城市发展贡献自己的力量。经过研究,IBM认为城市由关系到城市主要功能的不同类型的网络、基础设施和环境等六个核心系统组成:组织(人)、业务/政务、交通、通信、水和能源。这些系统不是零散的,而是以一种协作的方式相互衔接,而城市本身则是由这些系统所组成的宏观系统。

3.9 本章小结

本章详细讲解了物联网、大数据、云计算、人工智能、区块链以及移动互联网、虚拟现实等概念,使读者对"信息化"的理解和应用更深刻。物联网是物理世界信息化的信息链接,大数据是信息社会的重要原材料,移动互联网使得基于位置的服务成为信息社会的标准配置,区块链技术重构了信息社会的生产关系,人工智能则大大提高了信息社会的生产力,虚拟现实技术实现了现实世界和信息世界的高度融合。这些技术的飞速发展,又催生了数字经济,加快了智能制造技术的发展,促进了新一代智慧城市的诞生。

习 题 3

1. 单选题

(1) ________不是现代信息处理技术的主导技术。

A. 计算机技术　　B. 操作技术　　C. 传感器技术　　D. 现代通信技术

(2) 有关大数据的描述中，错误的是________。

A. “大”是大数据的一个重要特征，但远远不是全部

B. 大数据的价值主要体现在通过对数据的分析和处理挖掘数据中蕴含的知识信息

C. 数据类型繁杂，不仅包括传统的结构化数据，还包括半结构化和非结构化数据

D. 因为数据量巨大，所以大数据的处理速度较慢，尤其是无法处理实时数据

(3) 以下不属于云计算特点的是________。

A. 虚拟化　　B. 按需服务　　C. 可伸缩性　　D. 价格高昂

(4) 以下属于典型的人工智能应用的是________。

A. 自然语言理解　　B. 机器自动翻译

C. 车牌自动识别　　D. 发送电子邮件

(5) 谷歌公司研制的阿法狗(AlphaGo)围棋竞赛程序所代表的计算机应用领域是________。

A. 科学计算　　B. 人工智能　　C. 数据处理　　D. 过程控制

(6) 有关区块链的描述中，错误的是________。

A. 区块链中的每一笔交易都是可追溯的，且具有不可篡改性

B. 区块链中的数据由系统维护，用户无法参与

C. 区块链是去中心化的分布式账本技术

D. 从诞生到现在，区块链经历了可编程货币、可编程金融和可编程社会三个时期

(7) 区块链中所谓的“去信任”特点，指的是________。

A. 区块链采用基于协商一致的规范和协议，使得对人的信任改成了对机器的信任，任何人为干预都不起作用

B. 区块链有中心化的设备和管理机构，结点之间的数据交换通过管理中心验证，无须互相信任

C. 区块链单个结点的修改无法影响整个数据库，因此无须互相信任

D. 区块链采用分布式账本技术，数据无法集中在一起，因此也无须互相信任

(8) 普遍认为，发明比特币并提出区块链技术的是________。

A. 中本聪　　B. 巴贝奇　　C. 图灵　　D. 冯·诺依曼

2. 多选题

(1) 有关物联网的说法中，正确的是________。

A. 物联网的英文名称为 The Internet of Things，即“物物相连的互联网”

B. 物联网的核心和基础是 Internet，是在 Internet 基础上的延伸和扩展

C. 可以利用 RFID 技术、传感器技术、二维码技术等随时随地获取物体信息

D. 通过有线网络和无线网络，可将物体的信息实时而准确地传递给用户

(2) 下列说法正确的是________。

A. 物联网的英文名是 The Internet of Things,是一种计算机网络新技术

B. HTML 称为超文本传输协议,用于编写网页

C. 计算机内部各部件之间通过总线连接,包括数据总线、地址总线和命令总线

D. 在 Internet 上,URL 地址、IP 地址都是唯一的

(3) 区块链具有________特点。

A. 中心化、开放共识　　B. 不可篡改性

C. 可追溯性　　D. 去信任、匿名性

3. 判断题

(1) 物联网具有全面感知、可靠传递、智能处理等特征,是物物相连的互联网。 (　　)

(2) 射频识别技术(RFID)是物联网随时获取物体信息的重要技术。 (　　)

(3) 云计算是一种计算机网络新技术,也称为物联网。 (　　)

(4) 大数据具有体量巨大但数据类型单一的特点,其数据处理速度很快,而且价值密度高。 (　　)

(5) 云计算是并行计算、分布式计算和网格计算的发展,是这些计算机科学概念的商业实现。 (　　)

(6) 云计算是一种基于互联网的超级计算模式,按用户的资源使用量计费。 (　　)

(7) 区块链是一种去中心化的集中式账本数据库系统。 (　　)

(8) 在区块链中,单个或多个结点的修改无法影响其他结点的数据库,除非能控制整个网络中超过 51%的结点同时修改。 (　　)

(9) 虚拟现实技术最主要的特征是沉浸性,就是让用户成为并感受到自己是计算机系统所创造环境中的一部分。 (　　)

(10) 虚拟现实是一种可以创建和体验虚拟世界的计算机系统。 (　　)

(11) 增强现实(AR)是一种利用计算机模拟产生虚拟的三维世界,为用户提供各类感官模拟的技术。 (　　)

4. 填空题

(1) 物联网的体系结构通常分为四层：________、网络层、服务管理层和应用层。

(2) ________被称为继计算机、互联网之后世界信息产业发展的第三次浪潮。

第4章 数据库管理系统

学习目标：

理解数据库技术的产生与发展历程；掌握关系数据库的基本概念及常用产品；掌握操控关系数据库的SQL语言及用法；理解非关系数据库NoSQL的基本概念。

4.1 数据库的基本概念

4.1.1 数据库技术的产生与发展

随着计算机技术的不断发展，人们开始借助计算机进行各种数据处理和管理工作。在众多应用需求的推动下，数据管理技术经历了3个阶段。

(1) 人工管理阶段：出现在20世纪50年代之前，此阶段用户数据是不保存的，也没有相应的软件系统对数据进行管理，完全是手工管理。此阶段中的数据不能共享，且缺乏一致性。

(2) 文件系统阶段：20世纪60年代中期，随着计算机硬件尤其是存储设备的发展，操作系统中已经有了专门进行数据管理的软件模块，称为文件系统。在文件系统中，数据被组织成文件的形式，用户可以对文件进行查询、修改等操作，而且可以实现文件的共享。但是文件系统阶段仍然有明显的缺点，例如编程不方便，数据冗余度大，数据独立性不好，缺乏统一管理等。

(3) 数据库系统阶段：20世纪60年代以后，随着数据量的进一步膨胀，以及计算机应用的范围扩大，以文件系统为基础的数据管理手段已经落后。为了实现多用户共享，提高管理效率，一种统一管理数据的专门系统软件——数据库管理系统(Database Management System，DBMS)诞生了。数据库系统具有明显的优点，即结构化程度高、共享性高、冗余度低、数据的独立性高及数据统一管理等，成为信息系统不可或缺的组成部分。

4.1.2 数据库的基本概念

1. 数据与数据库

数据(Data)是描述事物的符号记录，是数据库中存储的基本对象。描述事物的符号可以是数字，也可以是文字、图形、图像、声音、语言等。数据有多种表现形式，它们都可以经过数字化后存入计算机。

数据库(Database，DB)是指长期储存在计算机内的、有组织的、可共享的数据集合。数据库中的数据按一定的数据模型组织、描述和储存，具有较小的冗余度、较高的数据独立性和易扩展性，并可为各种用户共享。

2. 数据库管理系统

数据库管理系统是完成科学地组织数据和存储数据，并高效获取和维护数据任务的一个系统软件，是位于用户和操作系统之间的一层数据管理软件。

数据库管理系统的主要功能如下。

(1) 数据定义功能：使用数据定义语言(Data Definition Language，DDL)。

(2) 数据操纵功能：使用数据操纵语言(Data Manipulation Language，DML)。

(3) 数据库的运行管理。

(4) 数据库的建立和维护功能。

3. 数据库系统

数据库系统是一个实际可运行的为存储、维护和应用系统提供数据的大型系统，是存储介质、处理对象和管理系统的集合体。

数据库系统一般由4部分组成，即硬件系统、系统软件、数据库应用系统和各类人员。

(1) 硬件系统：因为存储容量要求大，对速度、稳定性的要求也很大，因此数据库系统对硬件资源提出了较高的要求。

(2) 系统软件：主要包括操作系统、数据库管理系统、与数据库接口的高级语言及其编译系统，以及以DBMS为核心的应用程序开发工具。

(3) 数据库应用系统：是为特定应用开发的数据库应用软件。

(4) 各类人员：参与分析、设计、管理、维护和使用数据库的人员均是数据库系统的组成部分，包括数据库管理员、系统分析员、应用程序员和最终用户。

4.1.3 数据模型

数据模型是对现实世界的模拟，是对现实世界数据特征的抽象。现有的数据库系统均是基于某种数据模型的，因此数据模型是数据库系统的核心和基础。**数据模型**是指表示实体类型以及实体间联系的数据库的模型。数据模型应满足以下三方面要求。

①能比较真实地模拟现实世界；②容易为人所理解；③便于在计算机上实现。

一种数据模型要很好地满足这三方面的要求，目前尚很难实现。数据库系统针对不同的使用对象和应用目的采用不同的数据模型。不同的数据模型，实际是用户模型化数据的工具。

根据模型应用的目的不同，这些模型可以划分为两类，分别属于两个不同的层次。第一类模型是概念模型(也称信息模型)，它是按用户的观点来对数据和信息建模，主要用于数据库设计。另一类是数据模型，主要包括网状模型、层次模型和关系模型，当前广泛使用的是关系模型。

4.1.4 数据库的基本操作

数据库不是自然存在的，而是数据库设计人员根据实际需要设计实现的。因此，对数据库应用软件来说，数据库设计工作是非常基础和重要的工作，当然难度也是较大的。一个设计良好的数据库不仅可以满足当前需要，保证数据的完整性、一致性并降低冗余度，还可以为应用提供良好的支持。一般来说，数据库的设计工作包括如下步骤。

(1) 确定新建数据库要完成哪些任务，即确定创建数据库的目的。该步工作在数据库应用软件的需求分析阶段完成。

(2) 根据实际需要确定当前系统中有哪些实体，这些实体有哪些属性；根据以上信息确定数据库中的表对象，并确定表结构，即表的字段名称、类型、长度、是否为关键字等。

(3) 确定表之间的关系。一般来说，数据库中的表都是有关系的，同其他表对象没有任何关系的表往往是没有意义的。

(4) 创建其他数据库对象，例如查询、窗体、报表等。

4.2 关系模型与关系数据库

4.2.1 关系模型和关系数据库

关系模型是20世纪60年代提出的，因为有灵活的数据结构、雄厚的数学基础而广为流行。到目前为止，世界上广泛使用的数据库软件都是基于关系模型的关系数据库管理系统。常见的数据库管理系统有Access、Visual FoxPro(简称VFP或VF)、FoxBASE、dBase、DB2、Informix、Sybase、Oracle及SQL Server等。

关系模型把世界看作是由实体(Entity)和联系(Relationship)构成的。实体是指现实世界中具有区别于其他事物的特征或属性，并与其他实体有联系的对象，通常是以表的形式来表现。表的每一行描述实体的一个实例，每一列描述实体的一个特征或属性。联系是指实体之间的关系，即实体之间的对应关系，可以分为一对一、一对多和多对多三种。

下面对**联系**做一些说明。

一对一联系：假设有“班级”和“班长”两类实体，一个班级实体对应一个班长实体，同样，一个班长也仅仅属于一个班级。所以，“班级”和“班长”两个实体之间的关系就是一对一联系。

一对多联系：假设有“班级”和“学生”两类实体，一个“班级”实体中可以有多个“学生”实体，这就是一对多的联系。

多对多联系：假设有“学生”和“课程”两类实体，每个学生可以同时选多门课程，每门课程也可以同时有多个学生选择，这就是多对多联系。

下面是关系模型中的几个重要概念。

关系：就是一张二维表格，每个关系都对应一个关系名。例如，在数据库管理系统 Access 2016 中，一个关系就是一个表对象，每一个表都有一个名字。例如，学生信息表的名称可以为 StudentInfoTab。

属性：二维表格中垂直方向的列称为属性，每一列有一个属性名。在 Access 中，属性也称为字段，属性名也叫作字段名。请注意属性名和属性值的不同：属性名是属性的名称，而属性值是关系中某元组的某一个属性列的取值，也称为分量。

域：表中某属性的取值范围称为域。例如，学生信息表 StudentInfoTab 中有 Age 字段，表示学生的年龄，取值范围为 10～50，这就是 Age 字段的域。

元组：是指表中的水平方向的行。元组的集合构成关系，每个元组就是一个记录。例如，在学生信息表 StudentInfoTab 中，('20060101','张三','370123198609021238','男',18,'山东济南')就是一个元组，其中 StudentInfoTab 的结构为 StudentInfoTab(StuID,Name,ID,Sex,Age,Address)。

候选键：能唯一标识元组的属性或属性组合，一个关系中可能有多个候选键，但至少有一个。例如，学生信息表 StudentInfoTab 中的学号(StuID)和身份证号码(ID)都可以唯一标识元组，它们都被称为候选键。

主键(或主关键字或主码)：被选用的候选键。主键是在关系中用来作为插入、删除和检索元组的操作变量。

关系模式：是对某一关系的描述，它包括关系名、组成该关系的所有属性、属性的类型、长度以及其他说明等，其基本格式为：关系名(属性 1、属性 2、…、属性 n)。

下面用一个实例来说明以上术语。

假设某学生信息表的结构及内容如表 4.1 所示。

表 4.1　学生信息表

学号(StuID)	姓名(Name)	身份证号码(ID)	性别(Sex)	年龄(Age)	家庭住址(Address)
200601001	张常	370123198709021266	男	22	山东济南
200601002	李思思	370123198801232633	女	21	山东烟台
200601003	王文武	370123198711126686	男	22	山东青岛
200601004	赵流强	370123198912173426	男	20	山东潍坊
200601005	钱小婉	370123198603181237	女	23	山东日照
200601006	孙悦彤	370123198706091271	女	22	山东淄博
200601007	唐人杰	370123198908111202	男	20	山东威海

假设该表的名字为 StudentInfoTab，则有以下内容。

(1) 其关系模式为：StudentInfoTab(StuID,Name,ID,Sex,Age,Address)。

(2) 共有 6 列，即 6 个属性，它们分别为学号(StuID)、姓名(Name)、身份证号码(ID)、性别(Sex)、年龄(Age)和家庭住址(Address)；其中学号、姓名、身份证号码、性别和家庭住址字段均为字符串类型(或称为文本类型)，年龄字段为整数类型。

(3) 共有 7 行,即有 7 个元组,或说有 7 条记录。每条记录都是一个实体,每个实体对应一个具体的学生基本信息。

(4) 学号和身份证号码都是候选键,因为它们可以唯一标志一条记录,一般可设学号为主关键字。

基于以上讨论,关系数据库的主要技术特点如下:①使用强存储模式,数据库表、行、字段的建立都需要预先严格定义,并进行相关属性约束;②采用 SQL 技术标准来定义和操作数据库;③采用强事务来保证数据的可用性、一致性和安全性;④主要采用单机集中式处理方式。

4.2.2 关系运算

在关系数据库中,如果用户希望找到关心的数据,就需要对关系进行一些关系运算。关系数据库中有两种类型的关系运算,一种是传统的关系运算,另一种是专门的关系运算。传统的关系运算指的是集合的并、交、差、笛卡尔积等,而专门的关系运算包括选择、投影和连接 3 种。

关系运算的操作对象是关系,运算的结果仍然是关系。参与运算的关系的数目是不定的,可以是 1 个,也可以是 2 个、3 个甚至是多个,但一般情况下最多不超过 5 个,否则有可能引起查找效率方面的问题。下面对专门的关系运算进行说明。

(1) 选择(Select):从关系中选择满足某些条件的记录,是"行选"。例如,要从学生基本信息表中选择所有年龄为 22 岁的学生,得到的结果如表 4.2 所示。

表 4.2 年龄为 22 岁的学生信息

学号(StuID)	姓名(Name)	身份证号码(ID)	性别(Sex)	年龄(Age)	家庭住址(Address)
200601001	张常	37012319870902126	男	22	山东济南
200601003	王文武	37012319871112668	男	22	山东青岛
200601006	孙悦彤	37012319870609127	女	22	山东淄博

利用 SQL 语句来表示上述要求,如下所示。

```
Select StuID, Name, ID, Sex, Age, Address From StudentInfoTab Where Age = 22
```

(2) 投影(Project):从关系中选择当前需要的某些列,是"列选"。例如,要从学生基本信息表中选择学号、姓名和家庭住址 3 个字段,得到的结果如表 4.3 所示。

表 4.3 选择学号、姓名和家庭住址

学号(StuID)	姓名(Name)	家庭住址(Address)
200601001	张常	山东济南
200601002	李思思	山东烟台
200601003	王文武	山东青岛

续表

学号(StuID)	姓名(Name)	家庭住址(Address)
200601004	赵流强	山东潍坊
200601005	钱小婉	山东日照
200601006	孙悦彤	山东淄博
200601007	唐人杰	山东威海

利用 SQL 语句来表示上述要求,如下所示。

```
Select StuID, Name, Address From StudentInfoTab
```

(3) 连接(Join):是从两个或多个关系的笛卡尔乘积中选取满足一定条件的记录。例如,假设现在还有一个学生成绩表 CourseInfoTab,其结构及内容如表 4.4 所示。

表 4.4　学生成绩表

学号(StuID)	课程号 CourseID	课程成绩(Score)
200601001	2033	69
200601002	2034	89
200601003	2033	90
200601001	2011	86
200601005	1034	94
200601001	2035	85
200601007	2037	91

现要求查找到学生张常的所有成绩信息,并要求列出其学号、姓名、课程号和课程成绩,结果如表 4.5 所示。

表 4.5　查询学生张常的所有课程成绩

学号(StuID)	姓名(Name)	课程号(CourseID)	课程成绩(Score)
200601001	张常	2033	69
200601001	张常	2011	86
200601001	张常	2035	85

利用 SQL 语句来表示上述筛选,如下所示。

```
Select StudentInfoTab.StuID, Name, CourseID, Score From StudentInfoTab Inner
Join CourseInfoTab ON (StudentInfoTab.StuID= CourseInfoTab.StuID) AND (Name =
'张常')
```

4.2.3 SQL语句

SQL(Structured Query Language),即结构化查询语言,是一种数据库查询和程序设计语言,用于存取数据以及查询、更新和管理关系数据库系统。SQL是一种非过程化的编程语言,允许用户在高层数据结构上工作,它不要求用户指定对数据的存放方法,也不需要用户了解具体的数据存放方式。

所谓"非过程化",指的是SQL语言是一种第四代语言,用户只需要提出"干什么",无需具体指明"怎么干";而过程化程序设计语言也称为第三代程序设计语言,指需要由编程人员一步一步地安排好程序执行过程的程序设计语言。例如,我们常用的C语言就是第三代程序设计语言。

SQL从功能上可以分为3部分:数据定义、数据操纵和数据控制。

1. 数据定义

该功能又称为SQL DDL,用于定义数据库的逻辑结构,包括定义数据库、基本表、视图和索引4部分。

1) 数据库的建立与删除

(1) 建立数据库。数据库是一个包括多个基本表的数据集,其语法格式如下。

```
CREATE DATABASE <数据库名>〔其他参数〕
```

例如,要建立学生管理数据库STUDB,语句如下。

```
CREATE DATABASE STUDB
```

(2) 数据库的删除。将数据库及其全部内容从系统中删除,其语法格式如下。

```
DROP DATABASE <数据库名>
```

例如,删除学生管理数据库STUDB,语句如下。

```
DROP DATABASE STUDB
```

2) 基本表的定义及变更

(1) 数据库中用于保存相同或类似数据的二维表格称为基本表,定义一个数据库表的语法格式如下。

```
CREATE TABLE <数据库表名>
     (属性名 1 类型 1,属性名 2 类型 2,……属性名 n 类型 n)
```

例如,创建一个学生信息表,语句如下。

```
CREATE TABLE StuTab
( SID char(6) not null,
  SName char(20) not null,
  SAge int not null,
```

```
  SSex,char(1) not null
)
```

(2) 删除数据库表。作用是删除一个数据库表对象,其语法格式如下。

```
DROP TABLE <数据库表名>
```

例如,删除学生信息表,语句如下。

```
DROP TABLE StuTab
```

(3) 修改表结构。作用是修改数据库表的结构,例如,增加新字段名、删除已有字段或修改字段属性。其语法格式如下。

新增字段的语法格式如下。

```
ALTER TABLE <表名> ADD <字段名>…
```

删除字段的语法格式如下。

```
ALTER TABLE<表名> DROP COLUMN <字段名>
```

修改字段的语法格式如下。

```
ALTER TABLE<表名>ALTER COLUMN <字段名> …
```

例如,给学生表 StuTab 增加一个新字段 Address,其含义是“家庭住址”,长度不超过 50 个字符,则有如下语句。

```
ALTER TABLE StuTab ADD Address char(50) null
```

如果要删除学生表 StuTab 中的字段 Address,则有如下语句。

```
ALTER TABLE StuTab DROP COLUMN Address
```

如果要修改学生表 StuTab 中的字段 Address,希望将其最大长度扩展为 100,不允许为空,则有如下语句。

```
ALTER TABLE StuTab ALTER COLUMN Address char(100) not null
```

2. 数据操纵

数据操纵部分又称为 SQL DML,包括数据查询和数据更新两大类操作,其中数据更新又包括插入、删除和更新 3 种操作。

1) 数据查询

SQL 的查询功能很强,只要是数据库中存在的数据,都能通过各种方法查找出来,有些数据甚至是保存在不同的表中。SELECT 语句的格式如下。

```
SELECT 字段列表 FROM 表名列表
    [WHERE 条件表达式]
    [GROUP BY 字段列表 [HAVING 组条件表达式]]
```

```
[ORDER BY 字段列表]
```

该选择语句的作用是：从 FROM 子句列出的表中选择满足 WHERE 子句中给出的条件表达式的记录，然后按 GROUP BY 子句(分组子句)中指定列的值分组，再提取满足 HAVING 子句中组条件表达式的那些组，按 SELECT 子句给出的列名或列表达式求值输出。ORDER 子句(排序子句)是对输出的目标表进行重新排序，并可附加说明 ASC(升序)或 DESC(降序)排列。如果查询时对查询字段取值不清楚，则可以使用 LIKE 语句，称为模糊查询。

假设在数据库 STUDB 中创建了两个表：学生信息表 StuTab 和学生成绩表 Score。即 StuTab(SID, SName, Sage, SSex); Score(SID, math, Chinese)。以这几个基本表为例，简要说明 SELECT 语句的应用。

(1) 无条件查询。例如，找出所有学生的姓名和年龄信息。程序语句如下。

```
SELECT SName, SAge FROM StuTab
```

以上语句如果写成 SELECT * FROM StuTab，则表示查找表 StuTab 的所有属性的值，其中的"*"代表所有字段。

(2) 条件查询。条件查询即带有 WHERE 子句的查询，所要查询的对象必须满足 WHERE 子句给出的条件。例如，要求找出数学成绩在 70 分及以上的学生学号、姓名、年龄及分数。程序语句如下。

```
SELECT StuTab.SID, StuTab.SName, StuTab.Sage, Score.math
    FROM StuTab, Score
    WHERE (Score.math>=70) AND (StuTab.SID = Score.SID)
```

(3) 排序查询。排序查询是指将查询结果按指定字段的升序(ASC)或降序(DESC)方式排列，由 ORDER BY 子句指明。例如，要求查找数学不及格的学生学号及数学成绩，并按数学成绩降序(由大到小)方式排列。程序语句如下。

```
SELECT SID, math FROM Score WHERE math<60 ORDER BY math DESC
```

(4) 计算查询。计算查询是指通过系统提供的特定函数(聚合函数)在语句中的直接使用，而获得某些只有经过计算才能得到的结果。常用的函数如下。

COUNT(*)：用于计算记录的条数。

COUNT(列名)：计算某一列中的值的个数。

SUM(列名)：求某一列值的总和(要求该列值是数值型数据)。

AVG(列名)：求某一列值的平均值(要求该列值是数值型数据)。

MAX(列名)：求某一列值中的最大值。

MIN(列名)：求某一列值中的最小值。

例如，求男学生的总人数和平均年龄。程序语句如下。

```
SELECT COUNT(*),AVG(SAge) FROM StuTab WHERE SSex='男'
```

2）数据更新

数据更新包括数据插入、删除和修改操作，它们分别由 INSERT 语句、DELETE 语句及 UPDATE 语句完成。

（1）数据插入。插入语句格式如下。

```
INSERT INTO 表名(字段列表) VALUES (字段值列表)
```

其中字段列表是要插入值的字段名的集合，字段值列表是要插入的对应值，字段名和字段值之间用逗号隔开。若插入的是一个表的全部字段值，则字段列表可以省略不写；反之，若插入的是表的部分字段值，则必须列出相应的字段名。例如，要求向成绩表 score 中插入一个成绩记录(100002，78，95)，可使用以下语句。

```
INSERT INTO Score(SID, math, Chinese) VALUES ('100002', 78, 95)
```

（2）数据删除。SQL 的删除操作是指从表中删除满足 WHERE<条件表达式>的记录。如果没有 WHERE 子句，则删除表中全部记录，但表结构依然存在。其语句格式如下。

```
DELETE FROM 表名 [WHERE 条件表达式]
```

例如，从表 StuTab 中删除学号为 100002 的学生，可用以下语句。

```
DELETE FROM StuTab WHERE SID= '100002'
```

（3）数据修改。修改语句是按 SET 子句中的表达式，在指定表中修改满足条件表达式记录的相应列值。其语句格式如下。

```
UPDATE 表名 SET 字段名= 字段的改变值 [WHERE 条件表达式]
```

例如，要求把编号为 100002 的学生的数学成绩改为 85 分，可以用以下语句。

```
UPDATE Score SET math = 85 WHERE SID = '100002'
```

再例如，要求将数学课程成绩达到 70 分的学生成绩再提高 10%，可以用以下语句。

```
UPDATE Score SET math=1.1 * math WHERE math>=70
```

需要说明，SQL 语言中的删除和修改语句中的 WHERE 子句用法与 SELECT 中的 WHERE 子句用法相同。数据的删除和修改操作，实际上都要先执行 SELECT 查询操作，然后再删除或修改找到的元组。还有一点特别要注意，不管是 DELETE 语句还是 UPDATE 语句，其 WHERE 子句尽量不要缺失，哪怕用户的确希望删除或更新表中的所有记录。

3. 数据控制

对用户访问数据的控制有基本表和视图的授权、完整性规则的描述、事务控制语句等。该功能属于较高级的数据库操作，不再详细介绍，读者可参考专门介绍 SQL 语句的书籍。

4.2.4 Access 2016 简介

从 Access 97 开始，Access 成为了 Office 套件的组成部分，它是一个功能强大且易于使用的桌面关系型数据库管理系统。Access 2016 数据库中包含表、查询、窗体、报表、宏等数据库对象，这些对象通过一个独立的数据库文件(扩展名为 Accdb)来管理。Access 2016 使用 SQL 语言作为数据库语言，以保证它具有强大的数据处理能力和通用性。Access 还可利用 VBA 进行高级操作控制和复杂的数据控制等。Access 支持 OLE 对象和超链接，可方便地利用各种数据源，如 FoxBASE、FoxPro、SQL Server、Excel 及 Word 等。

Access 2016 的数据库对象是非常重要的，下面对这些数据库对象进行简要说明。

(1) 表(Table)：是数据库的最基本对象，也是创建其他所有数据库对象的基础。表由若干条记录组成，用于存储数据库中的数据，因此也称为数据表。表是一切数据库操作的目标和前提，其他对象都会同表对象打交道。从某种意义上讲，用户的数据输入、数据查询和数据输出，其操作目标都是表对象。

(2) 查询(Query)：用于从表或其他查询中按要求查找到需要的内容。查询中并没有实际保存数据，所有数据都保存在表对象中。从这个意义上讲，可以把表对象称为物理表，而把查询对象称为虚拟表。建立查询时，可综合使用多种关系运算，如选择、投影和连接等。

(3) 窗体(Form)：也称为表单，是 Access 提供的一种方便浏览、编辑数据的窗口式工具，用户可以通过该对象浏览和编辑表中的数据。

(4) 报表(Report)：是 Access 提供的一种对表对象或查询对象中的数据进行选择、投影、连接，以及显示和打印分类汇总后的数据的工具。请注意，用户只能通过报表浏览数据，而不能编辑数据，这是报表同窗体的不同之处。

(5) 宏(Macro)：用于自动执行一系列操作，相当于批处理文件。

4.3 NoSQL 数据库

4.3.1 NoSQL

NoSQL，即 Not Only SQL，中文含义是“不仅仅是 SQL”，是一类新的非关系型数据库技术，指主体符合非关系型、分布式、开放源码和具有横向扩展能力的下一代数据库。NoSQL 数据库的主要技术特点如下：①使用弱存储模式，NoSQL 大大简化了数据类型、表结构、输入值范围等的约束，处理速度大大加快；②没有采用 SQL 技术标准来定义和操作数据库；③采用弱事务，或根本没有事务处理机制；④主要采用多级分布式处理方式。从数据存储结构原理的角度讲，NoSQL 数据库分为键值数据库、文档数据库、列族数据库、图数据库和其他类型非关系数据库。

4.3.2 常用的 NoSQL 数据库

1. 键值数据库

是一类以轻量级结合内存处理为主的 NoSQL 数据库。轻量级指的是它的数据存储结构简单,数据库规模小。其以内存处理为主的运行处理说明该类数据库的设计目的是为了更快地实现对大数据的处理。也就是说,键值数据库的设计原则以提高数据处理速度为第一目标。众所周知,内存(RAM)属于易失性存储器,断电就会丢失,数据不能长期存储,因此键值数据库肯定会以一定周期把数据复制到本地硬盘等外部存储器中。最常见的键值数据库包括 Redis、Memcached 等。下面举一个键值数据库的例子,如表 4.6 所示。

表 4.6 键值数据库举例

键(key)	值(Value)
2003 年	大数据研究开始
2007 年	Hadoop 进入实际商用使用
1	3845745
2	2547544
22003	3.5
…	…

1) 键值数据库存储结构基本要素

(1) 键:Key,起到唯一索引值的作用,用于确保一个键值结构中数据记录的唯一性。

(2) 值:Value,是对应某个键的数据,该数据通过键来获取。需要说明,值的数据类型是任意的。

(3) 键值对:Key-Value Pair,键和值的组合就形成了键值对。

(4) 命名空间:Name Space,是由若干键值对构成的集合。

2) 键值数据库存储的优缺点

键值数据库的优点如下。

(1) 简单。数据存储结构只有"键"和"值",并成对出现。"值"理论上可以为任何数值,并支持大数据存储。

(2) 快速。以内存数据处理为主设计思路,使得键值数据库具有快速处理数据的优势。

(3) 高效计算。数据结构简单化,而且数据集(命名空间)之间的关系简单化,以及基于内存的数据集的计算,为大量用户访问情况下仍然可提供高速计算并响应的应用提供了技术支持。

(4) 分布式处理。具有大数据处理能力,可以把 PB 级的大数据放到几百上千台普通

PC服务器的内存中一起运算，最后汇总计算结果。

键值数据库的缺点如下。

(1) 对值进行多值查找的功能很弱。键值数据库设计初始就以键内容为主要对象，进行各种操作，若需要对值进行范围查找或统计，需要程序员把数据读出来后自行编程实现。

(2) 缺少约束，容易出错。键值数据库不强制“键”和“值”的数据类型，具体使用时，很可能什么值都可以存放，包括错误的数值。

(3) 不容易建立复杂关系。类似SQL数据库的多表关联运算，在键值数据库中无法直接操作，因为键值数据库局限于对两个数据集(命名空间)之间的有限计算。

2. 文档数据库

针对传统数据库低效的操作性能，文档数据库首先考虑读写性能的优化，为此需要去掉传统数据库的各种规则约束。最常见的文档数据库包括MongoDB、Couchbase等。

1) 文档数据库存储结构基本要素

文档数据库存储结构的基本要素包括键值对、文档、集合、数据库，下面简要介绍。

(1) 键值对：基本形式也是键值对，但具体由数据和格式组成，分为键和值两部分，格式根据数据种类的不同而有所区别。文档数据库的“键”和“值”是存放在一个字段中的，这同键值数据库不同。虽然文档数据库的数据也称为“键值对”，但仅仅是借用了这个名字，真正存储时是保存在一起的。实际上，文档数据库的数据存储结构包括“数据”和“格式”两部分，都存储在一个大的字段中。这个所谓的“大字段”，称为一条文档，这也是文档数据库名称的由来。例如，下面的程序就是一个文档。

```
{"Customer_id":"20001",
"Name":"小方",
"Address":"山东省济南市长清大学城商业街中国银行二层廿书教育 250300",
"First Shopping":"2020-12-28",
"Amount":398.00 }
```

以上带“{ }”的含有5个键值对的一个大字段就称为一条文档。其中，"Customer_id"："20001"就是一个键值对，键是"Customer_id"，值是"20001"，它们是存储在一起的。其中的“格式”呢？一个键值对，中间用“:”隔开，不同键值对之间用“,”隔开，所有键值对完成后用“{ }”括起来，这就是格式。

根据数据和格式的复杂程度，可以把键值对分为以下3种类型：基本键值对、带结构的键值对和多形结构的键值对。

① 基本键值对：键和值都是基本数据类型，没有更复杂的带结构的数据。举例如下。

```
{"Customer_id":"20001",
"Name":"张三",
"Address":"中国山东省济南市长清大学城 250300",
"First Shopping":"2020-12-28",
"Amount":398.00
}
```

② 带结构的键值对：值的数据类型比较复杂，例如，带数组或本身就是一条文档（称为嵌入式文档）。举例如下。

```
{"Customer_id":"20001",
"Name":"张三",
"Address":"中国山东省济南市长清大学城 250300",
"First Shopping":"2020-12-28",
"Goods":[10001,20003,30008,40002],
"Amount":398.00
}
```

带结构（数组）

上面的文档增加键值对"Goods"：[10001，20003，30008，40002]，说明客户张三购买了编号为10001、20003、30008、40002的4种商品，利用数组就很容易体现所购买商品。

③ 多形结构的键值对：如果一个文档数据库中的文档结构都相同，称为“单一结构键值对”文档数据库，或“规则结构键值对”文档数据库；如果每条文档中的键值对不同，则称为“不规则结构键值对”文档数据库，即“多形结构的键值对”文档数据库。如图4.1是“规则结构键值对”文档数据库，其中存储3条文档，结构都是相同的；而图4.2则是“多形结构键值对”文档数据库。

（2）文档：是由多个键值对组成的有序集合。

（3）集合：是由若干条文档构成的对象，一个集合中的文档应该具有一定的相关性。

（4）数据库：文档数据库中包含若干个集合。

{
{"Customer_id":"20001", "Name":"张三", "Address":"中国山东省济南市长清大学城 25030号", "First Shopping":"2020-12-28", "Amount":"398.00" }
{"Customer_id":"20002", "Name":"李四", "Address":"中国北京市东城区金宝街 25474号", "First Shopping":"2020-11-14", "Amount":"198.00" }
{"Customer_id":"20003", "Name":"王五", "Address":"中国山东省济南市章丘大学城 25500号", "First Shopping":"2019-1-5", "Amount":"148.00" }
}

图4.1 “规则结构键值对”文档数据库

```
{
    {"Goods_id":"20001",
    "Name":"《Hadoop权威指南》",
    "Price":67,
    "Publishing Info":
      {"Writer":"(美)怀特",
        "ISBN":"9787302224524",
        "Press":"清华大学出版社"
      }
    }

    {"Goods_id":"80004",
    "Name":"联想扬天 M4000e",
    "Price":6547,
    "Product Info":
      {"CPU":"i5-6500",
        "RAM":"4GB",
        "HardDisk":"1TB"
      }
    }
}
```

图 4.2 “多形结构键值对”文档数据库

2）文档数据库存储的优缺点

文档数据库的优点如下。

(1) 简单。文档数据库没有数据存储结构的严格要求，也不考虑各种约束，相对于传统关系数据库，其数据存储结构的简单性大大提高了读写效率。

(2) 相对高效。相对传统关系数据库而言，文档数据库支持海量并发访问。

(3) 文档格式处理。文档的格式处理使得文档数据库适合具有格式的文档数据的处理。

(4) 查询功能强大。文档数据库支持值范围查询，表现出同 SQL 数据库类似的特点。

(5) 分布式处理。文档数据库具有分布式多服务器处理功能，具有很强的伸缩性，可轻松解决 PB 级甚至是 EB 级的数据应用。

文档数据库的缺点如下。

(1) 缺少约束。为了追求效率，文档数据库在约束等方面非常宽松，这使得程序员必须自己解决输入数据的正确性验证工作，也要自己解决多数据集之间的关系问题。

(2) 数据出现冗余。

(3) 相对低效。

3. 列族数据库

为了解决大数据的存储问题，列族数据库引入了分布式处理技术。同时，针对传统数据库的弱点，列族数据库还采用了去规则、去约束化的思路。最常见的列族数据库包括Cassandra、Hbase等。之所以称为“列族数据库”，就是因为该类型的数据库以列为单位存储数据，这是和传统关系数据库最大的区别，也是列族数据库读取数据快得多的原因之一。

作为对比，首先回顾一下关系数据库的表结构及表内容，如表4.7所示。关系数据库的表是由行列交叉得到的二维表格，每一行都是由若干个分量组成的。可以看出，关系数据库表中的分量是不可分割的。虽然从形式上看，列族数据库和传统的关系数据库的数据存储是类似的，但本质上却存在着很大的差别，如图4.3所示。

表4.7 传统关系数据库的表结构及表内容

客户编号	姓名	地址	联系电话	发票抬头名称
1010	高老师	济南市长清区	13754645555	廿书教育
1011	廿书班主任	济南市槐荫区	18754562147	
1012	晓菲	济南市历下区	17865447777	齐鲁金店
…	…	…	…	…

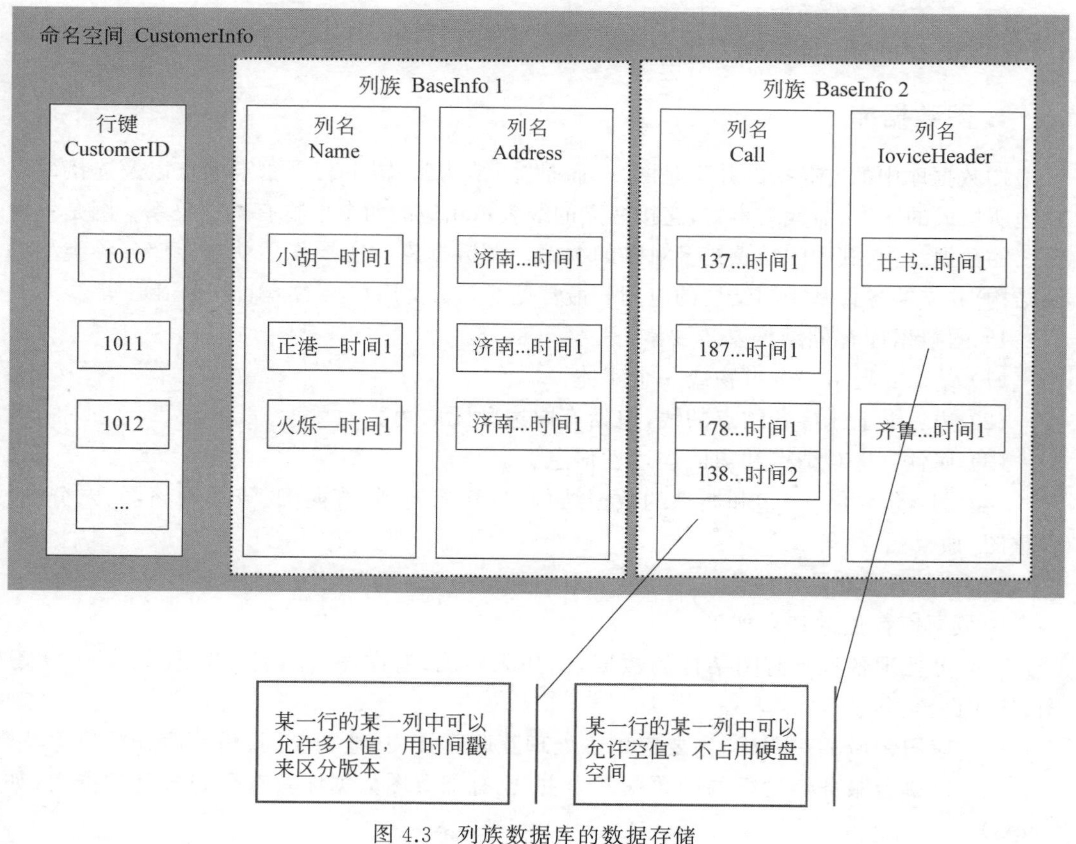

图4.3 列族数据库的数据存储

1）列族数据库存储基本要素

列族数据库存储的基本要素包括命名空间、行键、列、列族，下面分别介绍。

（1）命名空间：是列族数据库的顶级数据库结构，相当于传统关系数据库的表名。

（2）行键：用于唯一确定列族数据库中不同行的数据，其作用同传统关系数据库表的主键作用类似。

注意，列族数据库的行是虚的，只表示逻辑关系，因为列族数据库以列为单位存储。当列族存放于不同的服务器分区时，行键起着分区地址指向的作用。

（3）列：是列族数据库用于存放单个数值的数据结构。列的每个值都带有时间戳，通过它可以区分值的不同版本。

2）列族数据库存储的特点

列族数据库存储的特点如下。

（1）擅长大数据处理，特别是PB、EB级别的大数据存储和分布式存储管理，有更好的可扩展性和高可用性。

（2）命名空间、行键、列族需要预先定义，无须预先定义列，可以随时增加。

（3）有很多管理工具和开发工具（如Hadoop生态系统下的各种工具）方便使用。

（4）数据存储模式相对于键值数据库、文档数据库要复杂。

（5）具有丰富的数据查询功能。

（6）具有超强的并发写入能力。

4. 图数据库

图数据库中的“图”指的并不是图片，而是“图结构”。图由若干给定的点以及连接两点的边所构成的图形，点代表事物，连接两点的线表示相应的两个事物有某种关系。图是一种重要的数据结构，其中的结点是多对多的关系。图数据库的主要作用就是存储各种类型的图结构，并支持各种基于图结构的应用。最常见的图数据库包括Neo4j、OrientDB等。

1）图数据库存储结构基本要素

（1）结点：表示一个事物或一个实体。

（2）边：用于连接各结点的线，包括有向边和无向边。

（3）属性：是对结点和边的描述性信息。

（4）图：包含结点、边和属性的数据结构，包括无向图、有向图、流动网络图、二分图、多重图、加权图、树等。

2）图数据库存储的特点

图数据库存储的特点如下。

（1）可处理各种具有图结构的数据，例如无向图、有向图、流动网络图、二分图、多重图、加权图、树等。

（2）应用领域相对明确，主要应用于处理互联网社交、地图应用、相关性分析问题等。

（3）以单台服务器运行的图数据库为主，也有部分图数据库具有分布式处理能力（如Neo4j）。

（4）数据简单，研究重点在分析结点之间的关系，进行深入查找、统计分析等。

4.4 本章小结

在信息时代，数据库的应用已经渗透到所有领域。本章详细介绍了数据库的基本原理和具体应用；使读者不仅可以了解关系数据库的严谨特性，还可以了解非关系数据库的海量及高速特征。关系数据库和非关系数据库的充分融合，将进一步促进行业信息化的发展。

习 题 4

1. 单选题

(1) RDBMS 是基于________的数据库管理系统。

A. 层次模型　　B. 关系模型　　C. 树状模型　　D. 网状模型

(2) ________是数据库管理系统同文件系统的根本区别。

A. 数据结构化　　B. 数据有规律

C. 数据独立性高　　D. 数据的共享性高

(3) 不属于常用的数据模型的是________。

A. 层次模型　　B. 关系模型　　C. 网状模型　　D. 概念模型

(4) 假设数据表 A 和数据表 B 按照某字段建立了一对多的关系，B 为“多”的那一方，下列说法正确的是________。

A. B 中的一条记录可与 A 中的多条记录匹配

B. A 中的一条记录可与 B 中的多条记录匹配

C. B 中的一个字段可与 A 中的多个字段匹配

D. A 中的一个字段可与 B 中的多个字段匹配

(5) 某表的某个字段包含唯一值，用户希望利用该字段区分不同记录，则需将之设置为________。

A. 索引　　B. 主键　　C. 排序　　D. 自动编号

(6) DBMS 的主要功能不包括________。

A. 数据定义　　B. 数据库的建立和维护

C. 网络连接　　D. 数据操纵

(7) 从组成上看，数据库系统的核心是________。

A. 数据库　　B. 数据库管理系统　　C. 数据库应用系统　　D. 软件工具

(8) 数据库(DB)、数据库系统(DBS)和数据库管理系统(DBMS)，三者的关系是________。

A. DBS 就是 DB，也就是 DBMS　　B. DBMS 包括 DB 和 DBS

C. DB 包括 DBMS 和 DBS　　　　D. DBS 包括 DB 和 DBMS

(9) 在关系的基本运算中，下列属于专门关系运算的是________。

A. 选择、投影　　B. 选择、排序　　C. 并、差、交　　D. 连接、查找

(10) 设计键值数据库的第一目标是________。

A. 提高数据处理速度　　B. 提高数据的可靠性

C. 提高数据安全性　　D. 提高数据的准确性

(11) 在键值数据库中，有关“键”的说法，正确的是________。

A. 键可以采用复杂的自定义结构

B. 为方便管理，键的数据类型不能任意

C. 无须保证键的唯一性

D. 数据库中的键值对无须唯一

(12) 有关文档数据库的说法中，错误的是________。

A. “键”和“值”分别存储在两个字段中

B. 数据的存储结构是“键值对”结构

C. 数据的存储结构由“数据”和“格式”组成

D. 数据分为“键”和“值”两部分

(13) 有关键值数据库和文档数据库的区别，错误的是________。

A. 键值数据库以内存数据处理为主，文档数据库以硬盘操作为主

B. 键值数据库多值查找的功能弱，而文档数据库多值查找的功能强

C. 键值数据库和文档数据库都缺乏约束

D. 键值数据库的数据存储结构是相同的，都是键值对

(14) 有关传统关系数据库和列族数据库的对比，正确的是________。

A. 传统关系数据库的存储以“行”为单位，列族数据库的存储以“列”为单位

B. 传统关系数据库的存储以“列”为单位，列族数据库的存储以“行”为单位

C. 传统关系数据库和列族数据库的存储都以“列”为主

D. 传统关系数据库和列族数据库的存储以“行”为主

(15) 有关图数据库的定义，最准确的是________。

A. 图数据库是主要用于保存图片的数据库

B. 图数据库主要用于保存图片，也可以保存文字信息

C. 图数据库是用于存储结点、结点关系以及附加属性的综合系统

D. 图数据库是用于存储有向图和无向图的数据库

2. 多选题

(1) 有关主键的叙述，错误的是________。

A. 在一个表中的主键只可以是一个字段

B. 一个表中的主键可以是一个或多个字段

C. 不同记录可以具有重复主键值或空值

D. 表中的主键自动创建索引

(2) Access 2016 的数据库对象包括________。

A. 模型　　B. 表　　C. 窗体　　D. 属性

(3) ________运算属于专门的关系运算。

A. 选择　　B. 投影　　C. 交叉　　D. 合并

(4) 有关 Access 中表的叙述，正确的是________。

A. 表是 Access 数据库中的要素之一

B. Access 数据库的各表之间相互独立

C. 表设计的主要工作是输入表的内容

D. 可将其他数据库的表导入到当前数据库中

(5) 传统的集合运算包括________。

A. 并、交、差　　B. 笛卡尔积　　C. 选择　　D. 连接

(6) 有关 NoSQL 的定义说明中，正确的是________。

A. 非关系型　　B. 分布式

C. 开放源码　　D. 具有横向扩展能力

(7) 有关 NoSQL 数据应用场景的说法中，正确的是________。

A. 主流应用场景是互联网、大数据　　B. 不适合中小规模的数据处理

C. 高速存储和并行处理场景　　D. 半结构或无结构数据场景

(8) 有关 NoSQL 的发展，说法正确的是________。

A. 内存技术的发展引起了基于内存进行数据处理的一类 NoSQL 数据库技术的诞生

B. NoSQL 技术使得基于分布式技术、利用廉价 PC 服务器处理大数据成为可能

C. NoSQL 是为弥补关系数据库技术的不足而产生的一种新的数据库技术

D. NoSQL 有统一的操作标准

(9) 有关键值数据库的"键"和"值"的说法中，正确的是________。

A. "键"必须是唯一的　　B. "键"必须是整数类型

C. "值"的数据类型必须相同　　D. "值"的数据类型可以不同

3. 填空题

(1) 一个关系就是一张二维表格，二维表中垂直方向的列称为________。

(2) 在 Access 2016 中，表对象的作用是________；查询对象的作用是________。

(3) 在关系模型中，关系就是一张________。

(4) ________是数据库中最基本的操作对象，也是整个数据库系统的数据来源。

(5) 查询也是一个表，是以________为数据来源的再生表。

(6) 数据表对象和________对象可以作为报表、窗体的数据来源。

(7) 在键值数据库中，一个键和值的组合，称为________。

(8) 在键值数据库中，通常一类键值对构成一个数据集合，需要给这一个集合起个有意义的名字，这个名字称为________。

(9) 在文档数据库中，若干条文档组成的对象称为一个________。

(10) 在图数据库中，________用于描述结点及边的相关信息。

4. 判断题

(1) 用网状结构来表示实体之间联系的模型是关系模型。 ( )

(2) 在关系数据库管理系统中，专门的关系运算包括选择、投影、笛卡尔积和连接。 ( )

(3) 关系数据库中的表和表之间不能建立关系。 ( )

(4) NoSQL 数据库和 SQL 数据库一样，为了确保数据准确性，都使用强存储模式。 ( )

(5) 键值数据库是一类轻量级的、内存处理为主的 NoSQL 数据库。 ( )

(6) 在文档数据库中，一个文档中允许出现重复的键值对。 ( )

(7) 在列族数据库中，列可以根据需要随时增加，无须预先定义。 ( )

5. 简答题

(1) 什么是数据库管理系统？

(2) 什么是数据库系统？它包括哪些部分？

(3) 什么是数据模型？常用的数据模型有哪些？各自有什么特点？

(4) 解释术语：关系、属性、域、元组、候选码、主码、分量、关系模式。

(5) 常用的关系运算有哪些？

(6) 简述 SQL 中常用的语句。

6. 综合应用题

Access 2016 中有一个数据库，名称为 SDB，内含学生信息表 StuInfo，其关系模式如下。

```
StuInfo(SID,SName,SSex,SBirth,Major)
        (含义:学号、学生姓名、性别、出生日期、专业,SID 为主键)
ClassInfo(CID,CName,TeacherName,MonitorID)
        (含义:班级号,班级名称、班主任姓名、班长学号、CID 为主键)
```

要求用 SQL 语句完成以下任务。

(1) 查询 2000 年 1 月 2 日以后出生的全部女生，要求输出学号、姓名、出生日期，并按出生日期降序输出。(日期请用＃括起来，形式为＃1/2/2000＃，文本类型数据用双引号引起来，女生用“女”表示)

(2) 查询“软件工程 1 班”的班主任姓名，要求输出班级名称、班主任姓名、班长学号。

(3) 向学生信息表中插入一条新记录。学号：20180214；姓名：张三；性别：男；出生日期：3/15/2000；专业：计算机。

(4) 修改“软件工程 2 班”的班主任姓名为“李四”。

(5) 查询班级所有女同学，并将查询结果输出到“女生”表中。

第5章 Windows 10 操作系统

学习目标：

掌握操作系统的基本概念、发展及分类；了解常用的操作系统；掌握 Windows 10 的基础知识，掌握桌面、对话框、剪贴板的概念；掌握文件和文件夹的基本操作、磁盘管理及操作；掌握控制面板的使用；掌握 Windows 10 附件的使用。

5.1 操作系统的基础理论

操作系统（Operating System，OS）是一种控制和管理计算机的软件资源、硬件资源，控制程序执行，组织计算机工作流程，改善人机界面的系统软件。从计算机用户的角度出发，操作系统还可以调节用户界面，为计算机用户提供良好的运行环境。经过几十年的发展，计算机操作系统已经从简单地控制循环体发展成为结构复杂的分布式操作系统。操作系统是用户和计算机的接口，也是计算机硬件和其他软件的接口。

5.1.1 操作系统简介

1. 操作系统的概念及功能

首先了解一下“裸机”的概念。所谓裸机，指的是没有安装任何软件的计算机。如果用户直接操作硬件，会困难重重，而且硬件系统的运行效率也会很低。在裸机基础上增加可以控制计算机硬件的软件系统，用户就可以通过软件控制硬件，大大提高计算机的运行效率。操作系统就是直接运行在裸机上的最基本的系统软件，任何其他软件也都必须在操作系统的支持下运行。操作系统的功能不仅包括管理计算机软件和硬件，还包括管理计算机的数据资源，控制程序的运行，改善人机界面等。可以说，正是有了计算机操作系统的支持，计算机系统的高效性能才得以充分发挥出来。

从交互性上看，操作系统提供了很多用户界面，这些界面简洁、直观，信息量适中，可为用户提供良好的工作环境。用户无须自己手动管理软件资源和硬件资源，而可将主要精力集中于自己的工作中，提高工作效率。从资源管理上看，操作系统可对计算机系统资源（包括软件资源和硬件资源）进行有效管理。例如，操作系统可以为程序自动分配内存空间，用户无须考虑哪个程序占哪一块内存空间，也无须考虑CPU什么时候运行哪个程序，这一切对用户来说都是“自动的”。操作系统已经完成了诸如内存地址分配、CPU调度等工作。相对于用户手动调度及分配，计算机操作系统显然可以有效提高系统资源的利用率。计算机硬件资源主要包括处理机、主存储器和外部输入输出设备，软件资源主要包括各类程序和信息(文件系统)。因此，操作系统的主要功能就包括处理机管理、存储管理、设备管理、文件管理和作业管理，其中前三项为硬件管理功能，后两项为软件管理功能。

1）处理机管理

也称进程管理，实际上就是对处理机执行“时间”上的管理。程序进入内存运行时，就变成了进程，而进程是要占用内存和处理机等资源的。根据一定的调度算法将处理机分配给进程，是操作系统的重要功能。

2）存储管理

也称为“存储器管理”，管理的主要对象是内存。存储管理的主要任务是管理内存资源，为多道程序的运行提供强有力的支持。

3）设备管理

计算机外部设备包括输入设备和输出设备。所谓设备管理，就是操作系统要管理接入计算机的所有输入设备和输出设备。实际上，操作系统不直接管理和控制设备，而是通过设备驱动程序进行。输入输出设备也称为I/O设备，因此设备管理的作用在于接收用户的I/O请求，并对各种I/O请求进行排序、分配资源等。对操作系统来说，所有设备的硬件细节都被屏蔽了，操作系统通过直接同驱动程序交互而间接管控设备。

4）文件管理

操作系统管理数据的基本单位是文件。所谓文件，指的是一组相关数据的集合，这一组数据长期保存在外存中。从操作系统的角度看，文件管理是非常重要的功能，主要任务包括提供文件的物理、逻辑组织方式，存取方式，使用方法，以及实现文件管理、目录管理、外存空间的管理等。

5）作业管理

使用计算机时，需要将计算机完成的工作集合到一起，称为一个任务。操作系统对用户的作业进行管理，功能是将用户的作业调入内存，并投入运行。作业管理是操作系统的基本功能之一。

2. 操作系统的主要特征

并发性、共享性、异步性和虚拟性，是操作系统的主要特征。

1）并发性

两个或两个以上的程序在同一时间间隔内同时执行，称为并发性。并发技术能提高系统资源的利用率及系统吞吐量。采用并发技术的操作系统又称为多任务系统(Multitasking System)。

2）共享性

操作系统中的软硬件资源可以被多个并发的程序(进程)使用。简单理解，就是多个用户可以分享一个 CPU、一台打印机、一块内存,以及一个数据资源、一个程序片段等。

3）异步性

又称为随机性。随机性在操作系统中随处可见,例如,操作员发出指令是随机的,程序出现错误是随机的,软硬件中断事件的发生时刻也是随机的,等等。

4）虚拟性

就是将一个物理实体映射为多个逻辑实体。例如,多个用户同时使用 CPU,虽然只有一个 CPU,但是每个用户都感觉自己拥有一个独立的 CPU,这就称为虚拟性。

5.1.2 操作系统的发展及分类

最初的电脑并没有操作系统,那时人们通过各种按钮、开关控制计算机。后来出现了汇编语言,人们开始尝试用打孔的纸带将程序输入电脑。这时电脑和计算机语言还没有完全分开,人们通过内置于计算机的语言控制计算机,称为手工操作方式。在这种情况下,用户的操作速度远远比不上 CPU 的速度,很多时候 CPU 总是处于“等待”状态,由此出现了较为严重的人机矛盾。只有摆脱手工操作,才能实现计算机的快速、自动运行,于是批处理系统出现了。

根据功能划分,操作系统可分为 3 类:批处理系统、分时操作系统和实时操作系统。根据使用环境,操作系统可分为嵌入式操作系统、个人计算机操作系统、网络操作系统和分布式操作系统。根据同一时间内使用计算机用户的多少,操作系统可分为单用户操作系统和多用户操作系统。根据用户在同一时间内可以运行多少应用程序(任务),操作系统可分为单任务操作系统和多任务操作系统。下面对操作系统的分类进行简要描述。

1. 批处理系统

批处理系统(Batch Processing)是操作系统的雏形,它可以看成是计算机的一个系统软件。在批处理系统的控制下,计算机能够自动、成批量地处理用户的作业。为了尽量减少手工操作,在主机和输入机之间增加一个存储设备——磁带。在主机监控程序的控制下,计算机先成批量地把用户作业读入磁带,然后再依次把磁带上的用户作业读入主机内存并执行运算,然后再向输出机输出结果。完成一个作业后,主机上的监督程序再输入下一个作业,如此重复。这里有一个问题,就是进行作业的输入输出时,主机的 CPU 仍然处于“空闲”状态,因为它还要等待慢速的输入输出设备完成工作。为了解决这个问题,又引入了脱机批处理系统,也就是增加了一台专门用于管理输入输出设备的专用卫星机。这样,主机就不再直接同慢速设备打交道,而是和速度较快的磁带机交互,这就有效缓解了主机和设备之间速度不匹配的矛盾。脱机批处理系统是现代操作系统的原型,在一定程度上改善了系统性能,但处理的还仅仅是一道作业。后来,为了继续改善 CPU 的利用率和效率,又引进了多道程序设计技术。引入多道程序设计技术的批处理系统,称为多道批处理系统。

所谓“多道程序”,可以理解为将 A、B 两道(当然也可以还有 C、D 等)程序同时调入计算机的内存,在系统控制下,两道程序穿插、交替占有 CPU 并运行。当 A 程序因请求 I/O

而放弃 CPU 时，B 程序就可以占用 CPU 运行而放弃 I/O 请求。显然，无论是 I/O 设备还是 CPU，因为有了"多道"，它们都不会"空闲"了，而总是处于"忙"的状态，从而大大提高了资源利用率，系统效率也大大提高。

通过以上描述，我们知道批处理系统追求的目标是提高系统的资源利用率和系统吞吐量，提高系统的作业流程的自动化程度。但批处理系统不能提供人机交互功能，给用户的使用带来诸多不便。

2. 分时操作系统

在批处理系统中，用户独占计算机资源并且直接控制程序的运行。虽然这种控制方式可以随时了解程序的运行状态，但是独占的工作方式使系统的整体利用率非常低下。因此，进一步提高计算机的利用率，同时又能方便用户管理和控制计算机，是计算机科学家们下一步的追求。

随着 CPU 速度的不断提高以及分时技术的不断发展，一台计算机主机连接多个用户终端的分时操作系统出现了。所谓分时技术，就是把处理机的运行时间分成连续的、很短的时间片段，按照时间片轮流的原则，将 CPU 分配给各个作业使用。如果某个作业无法在一个时间片内完成计算，则该作业被中断，并把 CPU 让给下一个作业使用，等待下一轮时再继续运行。由于 CPU 的运算速度很快，用户基本感觉不到其他用户的存在，好像是他独占一台主机。每个用户都有这种感觉，他们各自独立地向主机发送各种操作命令，完成作业的运行。具有上述特征的操作系统称为分时(Time Sharing)操作系统。

简而言之，分时操作系统就是多个用户轮流把 CPU 的运行时间"分了"。当然，这里肯定有用户数量及优先级的问题。用户数量不能太多，否则等待时间会变长；用户优先级也是值得深入思考的问题，不恰当的优先级设置有可能导致某些进程一直得不到 CPU 的服务。

分时操作系统具有多路性、交互性、独立性、及时性等特点，是当前普遍使用的一类操作系统。

3. 实时操作系统

虽然多道批处理系统和分时操作系统可以获得较为令人满意的资源利用率和系统响应时间，但是针对那些对实时性要求较严格的需求，以上两个系统还是无能为力。为了解决实时性问题，实时操作系统出现了，这类系统不仅能及时响应随机发生的外部事件，而且能在严格的时间限制范围内对该事件做出响应和处理，具有高度的可靠性和完整性。根据系统对时间要求的严格程度，实时系统分为硬实时系统和软实时系统两类。硬实时系统对时间要求非常严格，如果在规定时限内没有完成相应操作，可能会导致非常严重的后果，如导弹系统、石化系统、轧钢系统等。软实时系统要求计算机能对终端设备发来的服务请求及时予以正确的答复，但对时间要求不严格，在规定时限内没有完成相应操作，也不会有非常严重的后果，如飞机票预订系统、银行系统、情报检索系统等。

4. 嵌入式操作系统

嵌入式操作系统(Embedded Operating System,EOS)是指运行在嵌入式系统中的操作系统。嵌入式操作系统的应用非常广泛,可以管理整个嵌入式系统中与硬件相关的驱动程序、系统内核、通信协议、图形界面、标准化的浏览器等。可以说,嵌入式操作系统可以管理系统中的所有软件资源和硬件资源。目前广泛使用的嵌入式操作系统有 μC/OS-II、嵌入式 Linux、Windows Embedded 和 VxWorks 等,以及运行于手机端和平板电脑的 Android、iOS 等。

5. 个人计算机操作系统

个人计算机操作系统运行在个人计算机上,主要用于个人使用,如学习、办公、研发等。此类操作系统操作简单,功能强大,安装和维护也相对简单。早期风行一时的 DOS 操作系统就是非常典型的个人计算机操作系统,后来发展升级为 Windows 系列操作系统。

6. 网络操作系统

网络操作系统是基于计算机网络的操作系统,其主要功能是向网络中的计算机提供网络服务。根据网络体系结构规定的各种协议标准开发的网络操作系统,具有网络管理、安全控制、数据共享、硬件共享及各种网络应用功能,主要目标是实现网络通信及资源共享。由于网络计算的出现和发展,现代操作系统的主要特征之一就是具备上网功能,所以目前人们一般不再特指某个操作系统为网络操作系统。

7. 分布式操作系统

分布式操作系统也是一类网络操作系统,相比于传统的网络操作系统,它更强调计算机的协作。所谓分布式操作系统,指的是以计算机网络为基础,通过高速、可靠的网络将物理上分布在不同位置的具有自治能力的计算机系统互联起来的操作系统。分布式操作系统中的各台计算机没有主次之分,它们在指挥计算机的统一指挥和调度下共同运行同一个程序,因此可以获得极高的运算速度。分布式操作系统用于管理和控制分布式网络中的资源,具有分布性、自治性、并行性、全局性、共享性、统一性等特点。

5.1.3 常用的操作系统

1. Windows 操作系统

微软公司是世界上最大的操作系统软件开发公司,早期推出的操作系统是 MS-DOS,也称为磁盘操作系统,是单用户单任务的操作系统。20 世纪 80 年代中后期,微软公司为个人计算机开发并推出了 Windows 操作系统。1995 年 8 月,微软公司推出了采用图形化用户界面的操作系统——Windows 95。2009 年 10 月,Windows 7 操作系统发布,2020 年 1 月,微软公司对其停止了所有技术支持。2014 年 10 月,微软公司在旧金山展示了其新一代 Windows 操作系统,版本号确定为 10。2015 年 7 月底,微软公司发布了 Windows 10 正式版。2021 年 6 月 24 日,微软公司推出了 Windows 11 操作系统。

作为世界知名的超大型软件公司,微软公司每隔几年就会推出一个新版本的操作系统,其中 Windows 系列包括 Windows 95、Windows 98、Windows NT、Windows Me、Windows 2000、Windows XP、Windows 2003、Windows Vista、Windows 7、Windows 8 以及 Windows 10、Windows 11 等。Windows 7、Windows 10 都被认为是多用户、多任务操作系统。

2. UNIX 操作系统

UNIX 是一个分时系统,最早于 1970 年推出,是一种多用户、多任务操作系统。现在 UNIX 的用户非常多,应用范围也很大,无论是微型机、小型机,还是中大型机,都可以配置 UNIX。UNIX 提供了良好的用户界面,不仅可以通过操作命令的方式同用户交互,还可以利用面向用户程序的界面方式同用户交互。

3. Linux 操作系统

与 UNIX 相比,Linux 是一款完全开源的操作系统,任何个人或团体都可以修改 Linux 的内核代码,增减自己想要的功能,也可以直接应用于商业。Linux 是一款类 UNIX 操作系统,由芬兰人 Linus 于 1991 年发布,1994 年推出完整核心的 Linux 1.0 版本。Linus 还在赫尔辛基大学上大学的时候,为了方便读写和下载文件,自己编写了磁盘驱动程序和文件系统,这成为 Linux 第一个内核的雏形。后来,Linus 将这款类 UNIX 操作系统加入到了自由软件基金(Free Software Foundation,FSF)的 GNU 计划中,并通过了 GPL 的通用性授权,允许用户销售、复制及随意改动程序,但必须同样自由传递下去,而且必须免费公开修改后的代码。短短几年内,Linus 身边就聚集了成千上万高水平的狂热的程序员,他们不计得失地为 Linux 增补、修改功能,并将开源运动的自由主义精神传扬下去,由此造就了 Linux 操作系统的巨大成功。

需要说明,Linux 和 UNIX 具有很多相似之处,例如,都是多用户、多任务操作系统,同时具有字符界面和图形界面,支持多种平台。

4. 苹果操作系统 Mac OS

Mac OS 是由苹果公司开发的一款专门运行于苹果专用机 Macintosh 上的商用操作系统,也是世界上首个在商业领域成功使用的图形用户界面操作系统。在一般情况下,普通的 PC 是无法安装 Mac OS 操作系统的。也正是由于该操作系统的封闭性,它很少受到病毒的袭击。Mac OS 拥有华丽的用户界面和良好的用户体验,操作界面形象生动,其颜色系统和形象的图标特征使得该系统在所有操作系统中独树一帜。2020 年 11 月,Mac OS Big Sur 正式版发布。

5. 手机操作系统

主要应用于智能手机的操作系统称为手机操作系统。目前,智能手机已经兼具手机和掌上电脑的全部功能,甚至还具备了 PDA 的功能。随着移动通信技术及移动多媒体时代的到来,手机作为人们必备的移动通信工具,已经从简单的通话工具演变为一个具有一定智能性功能的智能移动终端。因此,手机操作系统就变得尤为重要了,尤其当用户的通话记录、个人电子邮件、图片视频等大量隐私数据都集中在手机上。当前常用的手机操作系统包括 Android(谷歌公司)、iOS(苹果公司)、Windows Phone(微软公司)、Symbian(诺基亚公司)、Harmony(华为公司)。

Harmony OS(鸿蒙操作系统)是中国华为公司自主研发的分布式开源操作系统。2019 年 8 月,华为在东莞举行华为开发者大会,正式发布操作系统 Harmony OS。2020 年 9 月,该系统升级为 2.0。目前,华为已经同国内美的、九阳等家电厂商达成合作,这些品牌将有望发布搭载 Harmony OS 的全新的家电产品。

5.2 Windows 10 基础知识

5.2.1 Windows 10 基础

2015 年 7 月 29 日,微软公司发布 Windows 10 正式版。Windows 10 是应用于计算机和平板电脑等设备的操作系统,在安全性、易用性等方面进行了全面升级,不仅可以支持云服务、智能移动设备、自然人机交互等新技术,还在支持固态硬盘、生物识别技术、高分辨率屏幕等硬件方面进行了全面优化。

1. Windows 10 的版本

Windows 10 共有 7 个版本,分别是家庭版(Home)、专业版(Professional)、企业版(Enterprise)、教育版(Education)、专业工作站版(Workstations)、物联网核心版(IoT Core)和移动版(Mobile)。其中家庭版和企业版是主力版本,分别面向家庭和商业用户。截至 2021 年 2 月 14 日,Windows 10 正式版已经更新至 10.0.19042.804 版本。

Windows 10 家庭版面向全球家庭应用,带有语言助手 Cortana,最新 Edge 浏览器,Windows Hello(可以实现脸部识别、虹膜、指纹登录),触屏,Xbox One 游戏,一些通用 Windows 应用(如 Photos、Maps、Mail、Calendar、Groove Music 和 Video 等)以及 3D Builder 等。

Windows 10 企业版是在家庭版基础上升级而来的,主要增添了管理设备和应用。该版本支持远程和移动办公,支持云计算机技术,可以保护企业敏感数据。

2. Windows 10 的主要特性

Windows 10 操作系统是微软公司推出的新版本的操作系统,也是目前微软公司的操作系统中兼容性最好的。它可以在台式机、笔记本、平板电脑和手机上运行，具有简单易用、功能强大、界面友好、高效安全等特点。具体来说，Windows 10 的主要特性如下。

1）简单易用

Windows 10 提供很多非常简单有趣且有用的功能，很多设计做得非常方便，例如快速最大化、跳转列表(Jump List)、故障自动修复等，使用户具有很好的体验感。任务视图的使用使得用户在任务之间切换更加简单；任务栏上的搜索框中可以直接输入搜索内容，不管用户查找什么内容，系统都可自动查找，非常方便。

2）安全高效

Windows 10 在安全性方面做了很多改进，提供了内置的防病毒、防火墙，增强了勒索病毒防护及 Internet 保护；支持指纹识别、虹膜识别、面部识别等用户账号管理方式。同时，Cortana、Edge 浏览器以及虚拟桌面等，都可大大提高用户的工作效率。

3）提供更多特效及连接能力

在娱乐方面，Windows 10 内置了 DirectX 12 技术，在游戏支持方面表现强悍。同时还提供了 Aero 效果，例如碰撞效果、水滴效果等，桌面主题也丰富了很多。如果用户有更多个性化的需求，Windows 10 还支持用户自由设置系统界面。在移动办公支持方面，Windows 10 也作了很多改进，用户可以在任何地方、任何时间，通过各种方式访问数据和系统服务。

3. Windows 10 的安装、启动与退出

1）Windows 10 的安装

所谓安装，首先是将操作系统的有关文件复制到计算机的硬盘中，同时在安装过程中还会对计算机的硬件进行自动检测，并分配相应的系统资源，安装相应的驱动程序。Windows 10 可通过光盘安装、虚拟光驱安装、硬盘安装或 U 盘安装。

2）Windows 10 的启动

Windows 10 的启动同 Windows 7 类似，打开主机电源后，可以直接登录 Windows 10 的桌面而完成启动过程，该过程要比 Windows 7 快。如果系统安装时已经设置了用户账号和密码，则需要输入正确信息后方可进入系统桌面。

3）Windows 10 的退出

桌面下方有个“任务栏”长条，任务栏的左侧有个“开始”按钮，如图 5.1 左下角的 。单击“开始”按钮后会出现一个电源按钮 ，继续单击该按钮，将会出现“重启”“关机”“休眠”“睡眠”等命令。如果选择“关机”，则计算机关闭所有应用后，操作系统会关闭计算机的电源。如果选择“重启”，计算机关闭所有应用后，操作系统会重新启动计算机。用户还可以根据需要选择“休眠”或“睡眠”。

所谓睡眠，是指将操作系统的会话保存在内存中，并将计算机置于低功耗状态。例如，用户正在操作某 Word 文档，睡眠后又被重新激活(通过按鼠标或键盘)后，Word 仍然处于编辑状态，该状态下计算机不关机。所谓休眠，是指保存会话并关闭计算机，当用户打开计算机时，Windows 会还原原先的会话。休眠同睡眠的不同之处在于，睡眠时计算机并没有关机，只是处于低功耗状态；休眠时计算机处于关机状态。两者的相同之处在

图 5.1　桌面上的“开始”按钮

于，重新激活计算机后，Windows 都将重新还原原来打开的程序，从而恢复桌面到用户睡眠/休眠前的状态。

按下 Ctrl＋Alt＋Del 键时，Windows 10 操作系统将进入安全窗口界面，用户可以在“锁定”“切换用户”“注销”“更改密码”和“任务管理器”中选择。如果仅仅希望调出任务管理器，则可以按 Ctrl＋Shift＋Esc 键。

5.2.2　Windows 10 基本操作工具：鼠标和键盘

Windows 10 是图形界面操作系统，主要通过键盘和鼠标完成各种操作。普通的键盘就可以完成 Windows 10 的各类操作，再加上鼠标的支持，就可以非常容易地使用操作系统了。

在键盘上，除了常用的字母键、数字键和符号键，还有一些功能键，如 Ctrl、Alt、Shift、Del、Tab、Esc，以及 F1～F12 等。这些功能键一般与其他键组合成快捷键使用，以提高操作效率。例如，Alt＋F4 键可以关闭当前应用程序或窗口，Alt＋Tab 键或 Alt＋Esc 键用于在多个打开的窗口之间切换。

鼠标是计算机设备中最常用的输入设备，一般有两个键，称为左键和右键。左键一般用于指向或选定，右键一般用于更为复杂的操作。鼠标的动作包括鼠标移动、鼠标左键单击、鼠标左键双击、鼠标右键单击、鼠标释放、鼠标拖动等；一般没有鼠标右键双击的操作。

鼠标移动：鼠标在屏幕的位置用一个箭头或“I”的形状来表示，用户确定当前鼠标的位置。鼠标移动的作用在于寻找操作对象。

鼠标左键单击：简称“单击”，也就是单击鼠标左键 1 次，一般用于选择对象。

鼠标左键双击：简称“双击”，也就是鼠标左键快速两次单击，时间间隔较短，一般用于执行特殊的动作，如打开某个文件。鼠标左键两次单击的时间间隔长短可通过控制面板设置。

鼠标右键单击：简称“右击”，也就是只单击鼠标右键 1 次，一般用于鼠标选中某操作对象后弹出一个菜单，用户可再次选择这个菜单的某个命令。

鼠标释放：指松开鼠标按键。

鼠标拖动：指按下鼠标左键或右键不放开，然后拖动鼠标到其他位置，一般用于连续选择多个对象或文字。

在当前的鼠标结构中，除了左键、右键外，还可能有中间的滚轮和鼠标速度调节键，以及左侧大拇指放置位置的网页前进和后退键。

5.3 Windows 10 的术语及基本操作

Windows 系列操作系统是世界上最为流行的操作系统，尤其是在微型计算机领域，其装机率一直占有绝对优势。自从 2015 年推出以来，Windows 10 已经有超过 10 亿的稳定用户，这是一个非常惊人的成就。而且，Windows 系列操作系统具有较强的兼容性，旧版本的经典操作和应用大都被保留下来，有的还进行了显著优化。基于此，上至白发老人，下至几岁孩童，只要学会了鼠标和键盘的操作，Windows 10 操作系统就能运用起来。学会基础应用之后，还可以系统学习操作系统的一些术语和操作。下面详细阐述 Windows 10 中的重要术语。

5.3.1 桌面的概念及组成

1. 桌面

计算机启动完成后，显示器上显示的整个屏幕区域称为桌面(Desktop)。桌面上的主要元素有图标、任务栏、开始菜单、快捷按钮等。Windows 10 的开始按钮是一个窗口图形样式的按钮，单击后弹出开始菜单。

2. 图标

启动某个应用程序或打开某个文档，往往是通过双击桌面上的小图标完成的。图标(Icon)是 Windows 中一个小的图像，不同形状的图标代表的含义也不同。在 Windows 10 中，所有的文件、文件夹及程序都是用一个个图标来表示的。图标分为两类：系统图标和快捷方式图标。系统图标是操作系统自带的，具有特殊的用途，例如“回收站”“此电脑”“网络”等，双击即可打开对应的系统对象。另一类是根据需要生成的快捷方式图标，它们指向原目标，本身是一个扩展名为 lnk 的文件，其作用是快速访问所指向的对象，提高访问效率。一个对象(例如文件或文件夹，甚至是某个硬盘分区)可以有多个快捷方式，删除快捷方式不会影响其所指向的对象。

3. 任务栏

任务栏是位于桌面最下方的小长条，主要由开始按钮、任务按钮区和右侧的通知区域组成。之所以称为“任务栏”，是因为该组件的任务按钮区放置了用户打开的多个任务的图标，当单击图标时，可实现任务之间的切换。任务按钮区是用户处理多任务时的主要区域之一，显示正在运行的程序和打开的所有窗口。通知区域通过各种小图标形象地显示电脑软硬件的重要信息,如日期时间、输入法、网络等,如图 5.2 所示。

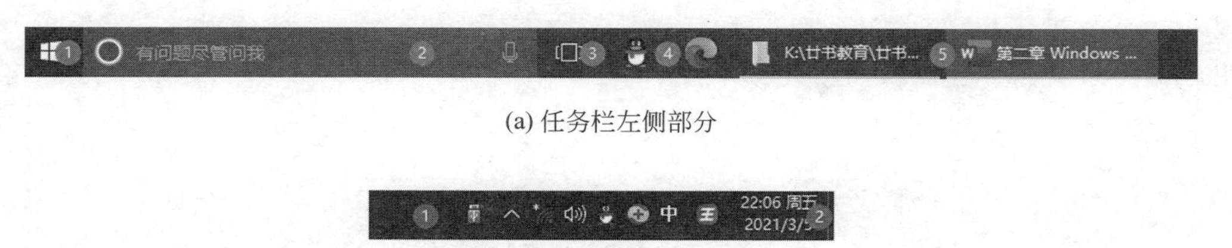

(a) 任务栏左侧部分

(b) 任务栏右侧部分

图 5.2 Windows 10 的任务栏

在图 5.2(a)中,①为开始按钮,②为 Cortana(小娜),是一个智能语言搜索工具,③为任务视图,④为快速启动工具栏,⑤为任务按钮栏;在图 5.2(b)中,①为通知区域,②为“显示桌面”按钮。

右击任务栏的空白位置,选择“任务栏设置”命令后,进入“任务栏设置”界面。在这里用户可以修改任务栏的位置,设定任务栏是否显示,以及哪些任务可以显示在任务栏上。如果不希望移动任务栏或改变任务栏的形状,可以右击任务栏的空白位置,执行“锁定任务栏”命令。

任务栏左侧形状为的图标称为 Cortana(小娜),这是 Windows 10 提供的一个智能语言搜索工具,用户可以向搜索框中录入文字,也可以通过语言同小娜交互。只要能联网,小娜就可以搜索到非常多的内容。用户也可以根据自己的爱好改变小娜的图标形状。

任务栏中还有一个很有用的工具,称为“任务视图”,即。单击该任务视图(或按下 Windows+Tab 键)后,系统的屏幕中央会显示打开的各个任务窗口,可以根据需要切换到某个任务窗口。任务视图可以根据需要选择是否显示,方法是右击任务栏的空白位置,在弹出的快捷菜单中选择“显示任务视图按钮”。任务视图也称为虚拟桌面,借助它可以在没有多个显示器的情况下让桌面变得相对整洁和专业。不同类型的工作可以放在同一桌面,每个桌面具有相对的独立性。也就是说,可以创建多个桌面,桌面与桌面之间的文件可以相互拖动,任何一个窗口都可以通过拖动直接移动到其他桌面上,以起到快速分担主桌面压力的作用。

同任务栏相关的另外一个术语是“任务管理器”,这是 Windows 操作系统的一个管理系统当前正在运行的程序/进程的管理工具。使用任务管理器,可以查看当前正在运行的任务,以及重启任务,结束任务,查看计算机硬件运行状况等。右击任务栏的空白位置,在弹出的快捷菜单中选择“任务栏管理器”命令,即可弹出“任务管理器”窗口。

5.3.2 Windows 术语

1. 窗口的概念及组成

Windows 10 操作系统之所以拥有超高的市场占有率,主要就是因为其拥有简单方便的图形化操作界面。在 Windows 10 中,用户打开某个软件,面对的都是形状基本一致的矩形区域，称为窗口。虽然不同的窗口完成的功能不同，但它们的基本组成是相似的。Windows 标准窗口由标题栏、选项卡、功能区、搜索框、边框、地址栏、滚动条、导航窗格、用户操作区、状态栏组成，如图 5.3 所示。

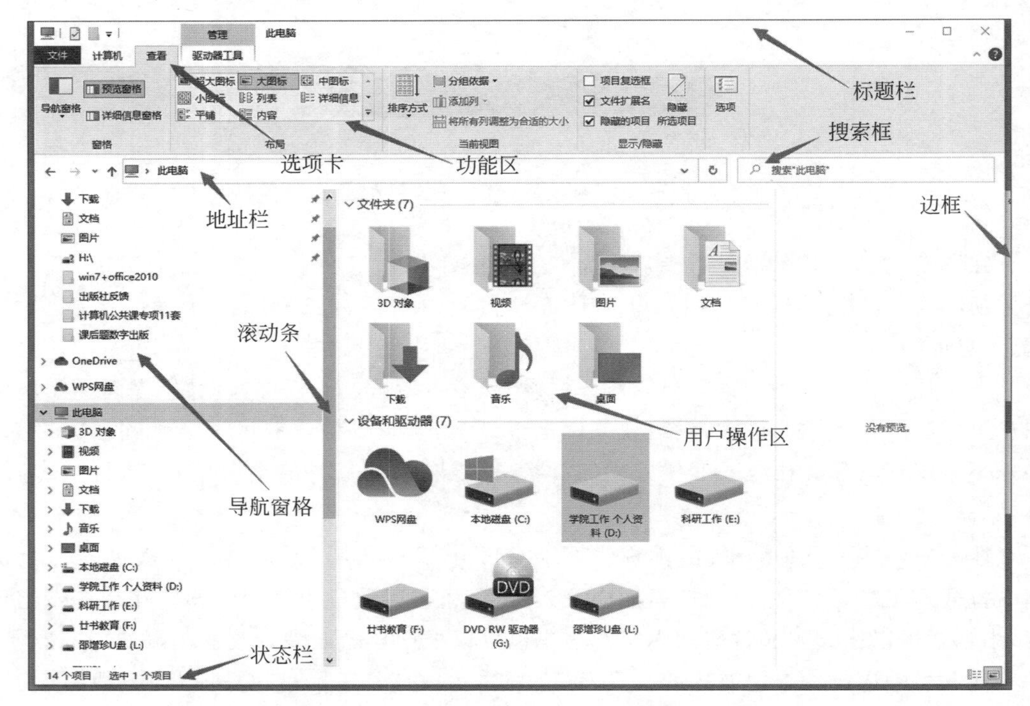

图 5.3　Windows 10 窗口组成

1）标题栏

窗口最上边的一行是"标题栏"。标题栏左边有当前应用程序的图标、名称等。单击应用程序的图标，会打开窗口中应用程序的控制菜单。控制菜单可以实现最小化、最大化/还原和关闭等功能，还可以实现移动窗口、改变窗口大小等操作。双击控制图标，将关闭当前窗口（或应用程序），其作用同 Alt+F4 键相同。在默认情况下，标题栏表现为亮蓝色时，表示当前窗口处于"活动"状态，可以接受鼠标和键盘的输入；表现为灰色时，表示当前窗口处于"非活动"状态，不能接受任何输入。"还原"只有在最大化窗口后才能使用，否则将不显示。双击标题栏，可在最大化和非最大化之间来回切换。

Windows 10 是一个多任务操作系统，即允许多个任务同时运行，但是某一具体时刻只允许一个窗口处于活动状态，这样的窗口称为活动窗口。所谓活动窗口，是指该窗口可以接收用户的键盘或鼠标的输入操作，而其他窗口全部为非活动窗口，不能接收键盘或鼠标的输入。活动窗口只有一个，处于前台运行，而那些非活动窗口则在后台运行。需要注意，活动窗口不一定是处于最前端的窗口，因为有的程序的窗口可以设置为"处于最前端"，例如 QQ。

2）选项卡

标题栏的下方为选项卡，如"文件""计算机""查看"等。单击窗口左侧导航窗格的不同项目，将会出现不同的选项卡。例如，选中文件夹时，将会出现"文件""主页""共享"和

"查看"4 个选项卡；选中"此电脑"时，将会出现"文件""计算机"和"查看"3 个选项卡；选中某个驱动器时，将会出现"文件""主页""共享""查看"和"管理"5 个选项卡。

Windows 10 采用 Ribbon 界面设计风格优化了功能区，把各种命令分门别类地摆放在各选项卡中。一个选项卡相当于一个大的命令包，其中包含很多相关的命令，它们又分成了多个组，组内的命令关系更为密切。所有这些命令所处的位置称为功能区。通过按 Ctrl+F1 键或单击功能区右侧的"^"，可以在功能区最小化和正常显示之间来回切换。

3）搜索框

将搜索的目标名称录入到该文本框中，系统可在当前文件夹下搜索。如果忘记了搜索对象的详细名称，也可以加入对象的部分信息进行模糊搜索。

4）边框

组成窗口的四条边线称为窗口的边框，利用边框可以改变窗口的大小。鼠标可以放在窗口的四个角上，也可以放在四条边线上，拖动即可缩放窗口。

5）地址栏

处于功能区下方，用于显示当前文件或文件夹所在的路径。地址栏的左侧有"返回""前进""最近浏览的位置"和"上移"按钮，它们可以导航到用户近期曾经打开过的位置。

6）滚动条

当窗口工作区中的内容高度或宽度超过窗口的高度或宽度时，将出现滚动条。滚动条分为水平滚动条和垂直滚动条，不一定总是出现。

7）导航窗格

打开"文件资源管理器"窗口，窗口左侧默认显示导航窗格，该窗格中有"快速访问""此电脑""网络"等项目。用户可以通过"查看"选项卡的"窗格"组决定是否显示导航窗格。如果安装并启动了 OneDrive，则 OneDrive 也会出现在导航窗格中。OneDrive 是微软公司推出一个云服务，只要有微软公司的账户，就可以在任何时候，利用任何设备访问自己的文件。

8）用户操作区

用户操作区也称为用户工作区或工作区，是用户进行各类操作的主要区域。利用鼠标和键盘等工具，用户可以在工作区执行各种操作，如查看本地磁盘属性、格式化磁盘、查看文件或文件夹属性，以及对文件或文件夹进行新建、删除、移动、复制、重命名、压缩与解压缩、创建快捷方式等操作。

9）状态栏

一般位于窗口的最下方，以一个长条的形式展示。主要作用是根据用户所处位置及操作展示系统的当前状态，并给出部分提示信息。例如，双击打开某磁盘分区时，状态栏中显示该分区中项目的个数；如果又进行了文件及文件夹的选择操作，状态栏的左侧将显示选择了几个项目。需要注意的是，状态栏是否显示信息，由用户根据需要决定，设置方法是单击窗口"查看"选项卡的"选项"命令，在弹出的"文件夹选项"对话框的"查看"选项卡中有一个"显示状态栏"选项，根据需要选择即可。

除了以上几个重要的组成部分，窗口中还设置了"详细信息窗格""预览窗格"及状态栏。详细信息窗格显示当前路径下的文件或文件夹的信息，如名称、修改日期、类型、大小等；预览窗格提前显示某些文件的内容，以方便用户查阅；状态栏位于窗口的最下方一行，主要用来显示应用程序的有关状态和操作提示。

2. 对话框

对话框是一种次要窗口，也称为子窗口，可以完成某些特定的命令或任务。对话框同普通窗口是有区别的，它往往没有最大化按钮、最小化按钮、菜单栏，大小也往往不能改变（也有例外）。对话框分为模式对话框和非模式对话框。模式对话框是指当前对话框没有关闭之前不能切换到其他窗口，也无法操作其他窗口，如图 5.4(a)中的“字体”对话框；非模式对话框则恰恰相反，可以同其他窗体自由切换，如图 5.4(b)中的“查找和替换”对话框。

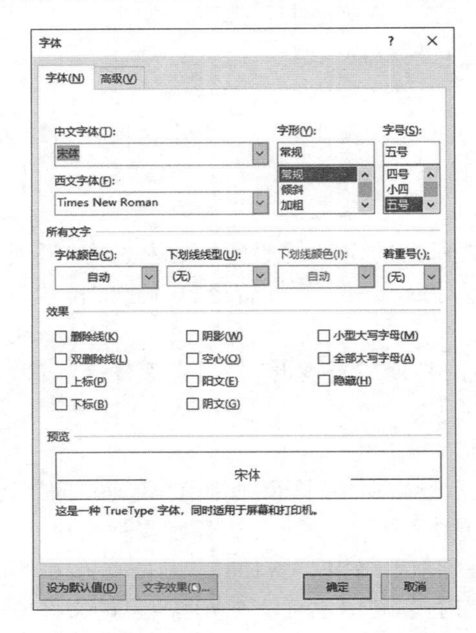

(a) 模式对话框　　　　(b) 非模式对话框

图 5.4　对话框

3. 剪贴板

剪贴板是内存的一段公共区域，用于实现应用程序内部或在多个应用程序之间进行数据传递和共享。剪贴板的主要操作有 3 种：剪切、复制、粘贴。使用“复制”和“剪切”都可以将所选择的对象传入剪贴板，但是“剪切”将删除所选择的对象，而“复制”则不会。“粘贴”则是从剪贴板中提取内容。“剪切”操作的快捷键是 Ctrl＋X，“复制”操作的快捷键是 Ctrl＋C，“粘贴”操作的快捷键是 Ctrl＋V。

Windows 10 的剪贴板和 Office 2016 的剪贴板功能是类似的，但是也有较大区别。在 Windows 10 中，当复制或剪切文件或文件夹时，剪贴板中只能保存最近或最后一次剪切或复制的内容，而 Office 2016 的剪贴板中最多能保存 24 项近期剪切或复制的内容。另外，Windows 还可以通过按下快捷键 PrintScreen，将当前屏幕的内容以图像的形式复制到剪贴板；按下组合键 Alt＋PrintScreen，将当前活动窗口以图像的形式复制到剪贴板。需要注意，因为剪贴板是内存的一部分，当关机或意外宕机时，其中的内容将全部丢失。

4. 绿色软件和非绿色软件

绿色软件通常是指那些不需要安装,下载就可以直接使用的软件。不再需要时,直接删除即可,软件不会在计算机中留下任何记录。非绿色软件则相反,需要某软件时要运行安装程序,不需要时用卸载程序方可彻底删除。

对非绿色软件来说,不需要时,如果仅仅删除了该软件对应的可执行文件,甚至删除了该软件所在的整个目录,都不会从计算机中彻底删除该软件,因为该软件在安装或运行后,不仅会修改软件所在目录,还会修改文件注册表、系统文件夹等。

绿色软件可能是收费软件,也可能是免费软件,非绿色软件亦是如此。也就是说,绿色软件(或非绿色软件)同是否收费没有必然关系,绿色软件也可能是收费软件,非绿色软件也可能是免费软件。但是一般来说,绿色软件大都是免费软件。

5.3.3 Windows 的基本设置

作为图形界面操作系统,Windows 10 用户的大部分时间要面对桌面执行操作。因此,适当美化桌面,使之符合用户的美感追求、个性需要及工作习惯,还是很重要的。Windows 10 的桌面设置包括基本设置及显示外观的设置,下面简单介绍。

1. 排列桌面图标

拖动桌面上的图标,就可以根据要求调整图标位置。系统还提供了其他排列图标的方法。在桌面的空白右击,弹出一个快捷菜单,选择“查看”命令,出现级联菜单,在其中可以选择桌面图标的排列方式,如“大图标”“中等图标”“小图标”,如图 5.5 所示。此外,如果没有勾选“自动排列图标”,就可以任意排列图标位置。

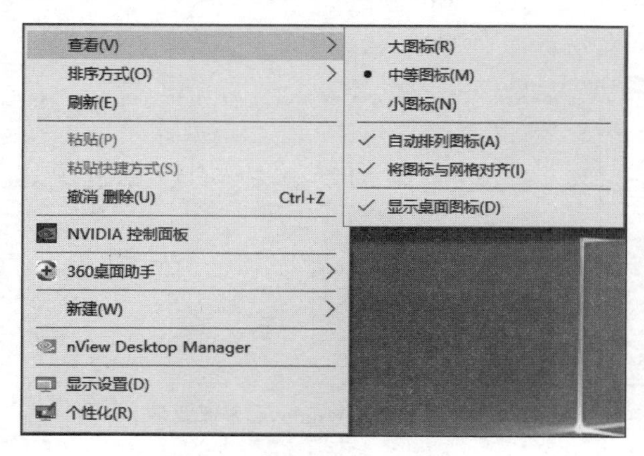

图 5.5 桌面图标的排列方式

实际上,还可以按照一定规律排列桌面上的图标。在任意空白处右击,在弹出的快捷菜单中选择“排序方式”,可按照名称(项目的主名)、大小(长度)、项目类型(扩展名)、修改日期排序,如图 5.6 所示。

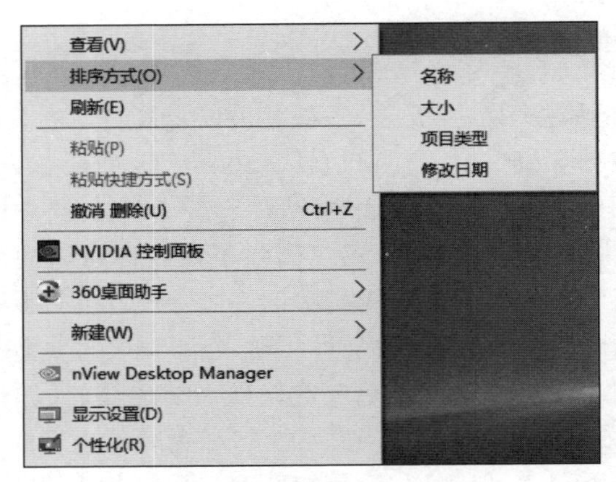

图 5.6 图标排序方式

2. 背景设置

不同的用户有不同的喜好，可以通过开始菜单的“设置”按钮打开“Windows 设置”窗口，选择其中的“个性化”命令可以设置界面效果，如图 5.7 所示。也可以在桌面的任意空白处右击，在弹出的快捷菜单中选择“个性化”，系统将弹出图 5.8 所示的个性化设置窗口，其中包括背景、窗口颜色、锁屏界面、主题等。

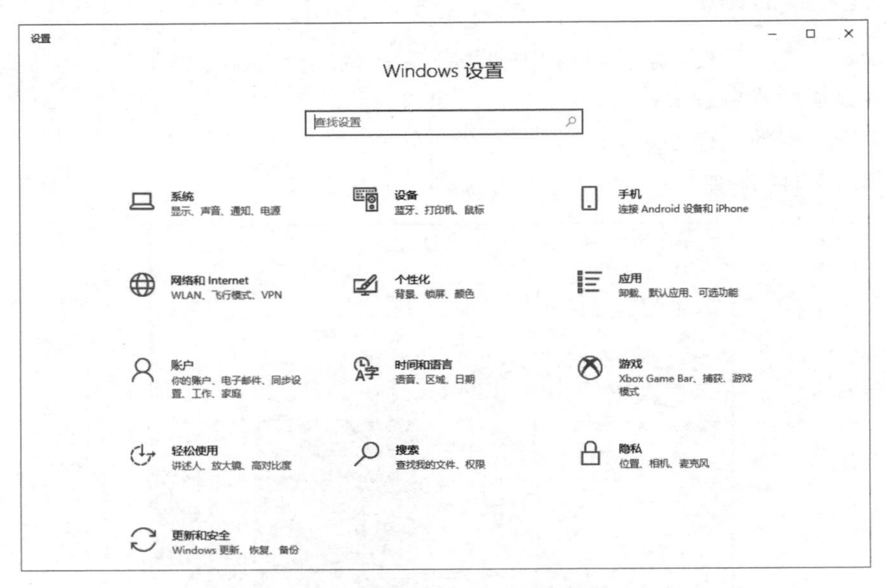

图 5.7 设置 Windows 界面效果

背景也称为墙纸，指的是显示在 Windows 桌面上的背景图片。该图片可以起到美化桌面的作用，根据需要可以更换桌面背景，背景样式可以从图片、纯色、幻灯片放映 3 种样式中选择。

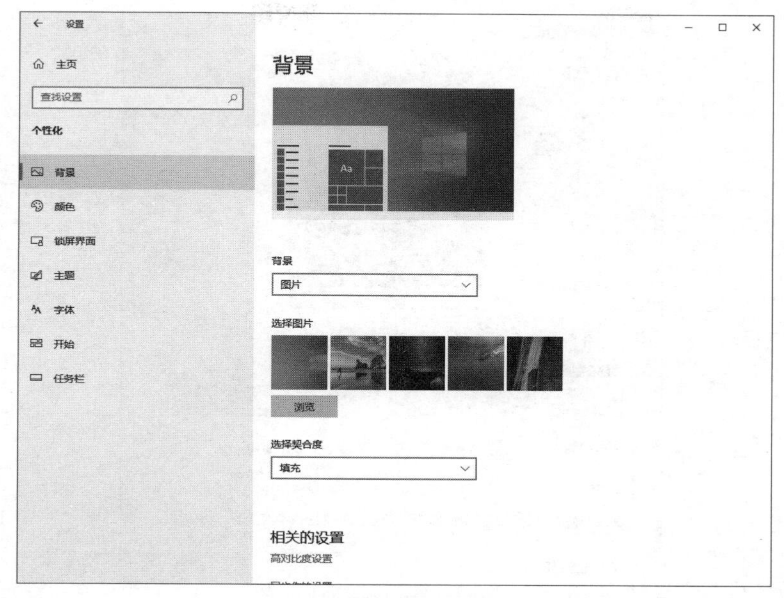

图 5.8　个性化设置窗口

3. 设置屏幕保护程序及锁屏界面

长时间不用计算机时,可以设置锁屏界面及屏幕保护程序。主题,就是“风格”,指的是 Windows 10 的外观表现为什么样的风格,包括桌面背景、窗体的颜色、声音以及鼠标光标的设置等。用户可以自定义主题,给自己定义的主题命名。

屏幕保护程序是一种可以自动定时、自动启动和停止的程序。在开机状态下,如果一段时间内没有鼠标和键盘的操作,为了避免显示器长时间展示相同的画面而引起显示器疲劳,屏幕保护程序将自动启动,屏幕上出现动画效果或者某些图案。设置屏幕保护程序的步骤为:

单击图 5.8 中的“锁屏界面”命令,该窗口的下方有“屏幕保护程序设置”链接。单击此链接,将会弹出图 5.9 所示的“屏幕保护程序设置”对话框。在“屏幕保护程序”下拉列表框中选择一种屏保类型,然后单击“设置”命令,对其进行个性化设置,在“等待”框中设置需要等待的时间,单击“确定”即可完成设置。通过该界面,用户还可以管理电源,调整显示亮度和其他的电源设置,实现能源的节省,这对手提式移动设备更为有用。

4. 设置快捷方式

所谓快捷方式,是一种可以指向计算机或网络上任何可以访问的项目的链接。这里的“项目”可以是程序、文档、文件夹、磁盘驱动器、Web 页面、打印机甚至是另一台计算机。如果将快捷方式放在桌面上,将有效提高访问效率。需要说明,快捷方式不是原文件,也不是原文件的备份文件,它仅仅是一个链接。是否建立某项目的快捷方式,建几个快捷方式,删除快捷方式,都同原项目没有任何关系。建立某项目的快捷方式后,如果该项目被删除或移动位置,则快捷方式有可能失效。

Windows 10 操作系统对快捷方式进行了优化。建立某项目的快捷方式后,如果其位

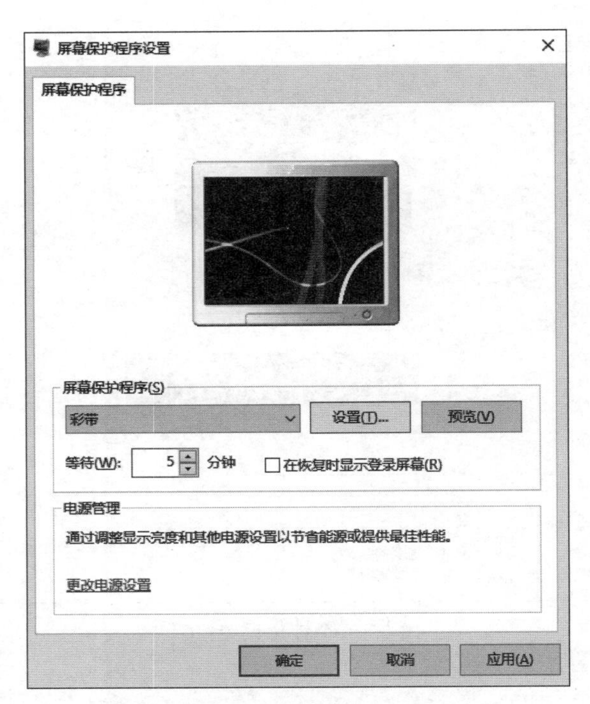

图 5.9 “屏幕保护程序设置”对话框

置或名称发生了变化,甚至被删除到回收站中,Windows 10 都有可能继续维持快捷方式和项目的对应关系,表现出一定的智能。

在桌面上创建快捷方式的方法有以下 4 种。

(1) 拖动法:打开“开始”菜单中的程序列表,直接将程序图标拖动到桌面上。

(2) 右键直接创建法:打开“文件资源管理器”窗口,右击需要创建快捷方式的项目,然后在弹出的快捷菜单中选择“创建快捷方式”命令,即可在当前目录下创建对应项目的快捷方式,然后将快捷方式移动到桌面。

(3) 右键发送桌面法:打开“文件资源管理器”窗口,右击需要创建快捷方式的项目,在弹出的快捷菜单中选择“发送到”→“桌面快捷方式”命令。

(4) 右键拖动法:打开“文件资源管理器”窗口,单击右键选中需要创建快捷方式的项目,拖动至桌面后松开右键,在弹出的快捷菜单中选择“在此处创建快捷方式”。

5. 设置显示器分辨率

作为计算机最为重要的输出设备,显示器的分辨率是重要的性能指标。所谓显示器分辨率,指的是显示器所能显示的像素数量。像素越多,画面越精细,同样大小的屏幕区域内显示的信息也会越多。不过需要注意,分辨率过高时,桌面上的图标、文字等都比较小,有时会影响用户的使用。一般来说,显示器的分辨率无需经常调整,是相对固定的。调整分辨率及桌面字体的步骤如下。

在桌面的任意空白处右击,在弹出的快捷菜单中选择“显示设置”命令,即可打开图 5.10 所示的“设置”窗口。也可选择“开始”菜单中的“设置”命令,在弹出的“Windows 设置”窗口中单击“系统”,可以弹出同样的“设置”窗口。在图 5.10(a)中,可以更改文本、应用等项目的大小,也可以根据需要设置分辨率,甚至可以改变显示器的显示方向。当单击“高级显示设置”命令时,弹出图 5.10(b)所示的“高级显示设置”窗口,用户可以选择显示器后查看显示器的基本信息,也可以设置刷新频率。

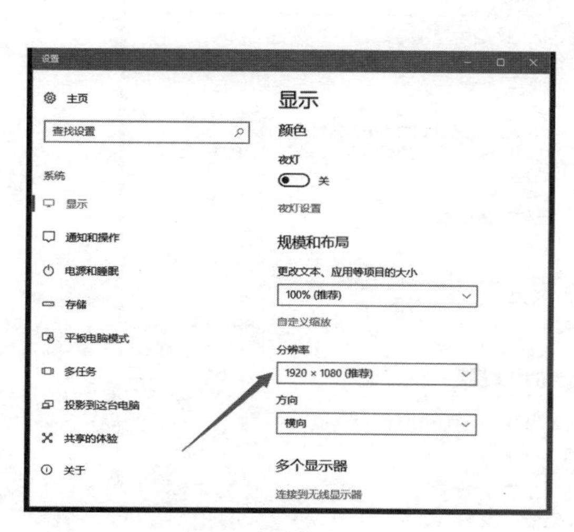

(a)“设置”窗口

(b)“高级显示设置”窗口

图 5.10　显示设置窗口

6. 设置输入法

为将中文等非英文字符输入到计算机中,必须使用输入法。虽然语音输入、文本识别等技术已经出现,但是汉字输入码是常用的输入编码。在 Windows 10 中可以添加、删除输入法,也可以在多种输入法之间切换。

1)增加及删除输入法

在“Windows 设置”窗口中选择“时间和语言”选项,在弹出的窗口中选择“区域和语言”选项,右侧即可显示同语言相关的设置。单击“添加语言”就可以添加其他语言,如阿尔巴尼亚语、阿拉伯语等。单击“中文(中华人民共和国)”,再单击“选项”按钮,可以在打开的语言选项设置窗口中单击“键盘”按钮,查看当前计算机上已经安装的输入法。

如果不需要某输入法了,可以选中该输入法后单击“删除”按钮。如果要添加内置输入法,则单击“添加键盘”按钮,在弹出的列表中选择需要的输入法即可。可以发现,中文版的 Windows 10 操作系统自带微软拼音输入法,如果要安装使用其他输入法,只需要用相应的安装程序安装即可,如图 5.11 所示。

选择图 5.11 中的“相关设置”下的“其他日期、时间和区域设置”命令,弹出图 5.12 所示的“设置”窗口,选择“控制面板\时钟和语言”窗口中的“语言”命令,进入“控制面板\时钟、语言和区域\语言”窗口,单击其中的“高级设置”,即可设置输入法、输入法切换等,也可以设置是否在任务栏上显示语言栏。

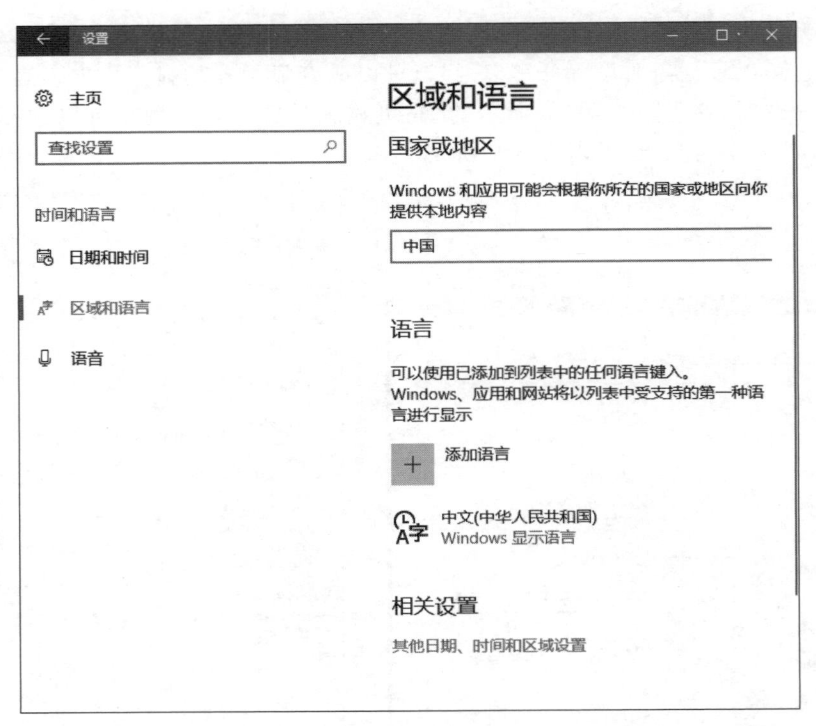

图 5.11　语言“设置”窗口

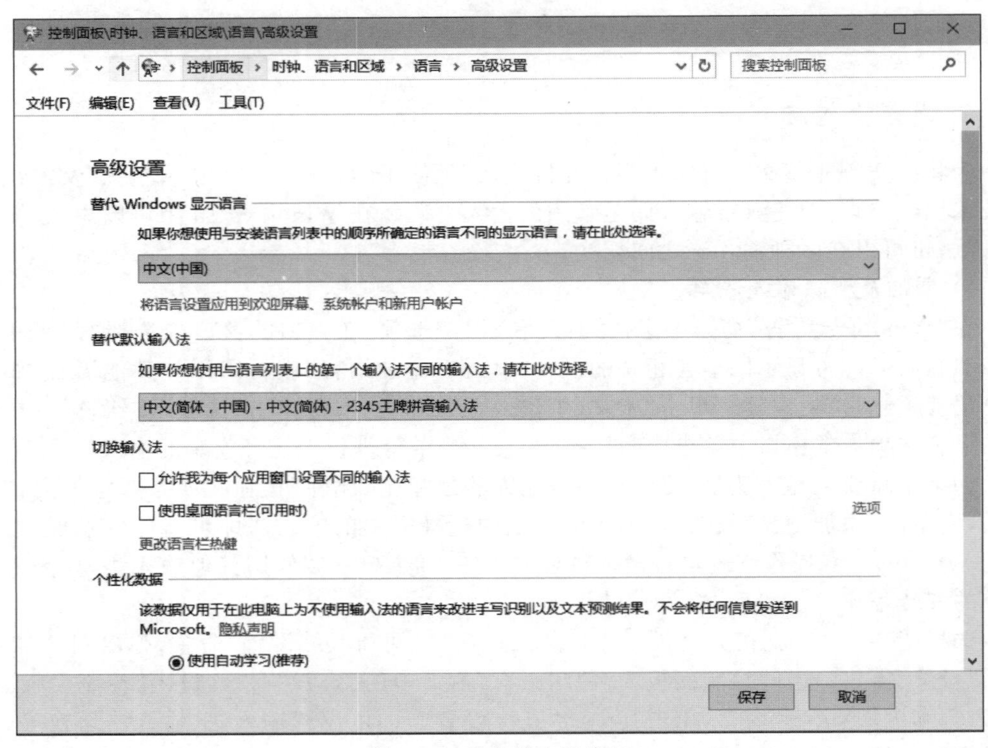

图 5.12　设置输入法窗口

5.4 Windows 10 的文件和文件夹管理

计算机中的所有程序和文档均以文件的形式长期存储在外存上，所以文件是操作系统管理数据的基本单位。Windows 10 中的文件管理是主要功能之一，可以利用桌面上的“此电脑”或“文件资源管理器”工具来管理文件，也可以管理文件夹、硬件或其他资源。

5.4.1 文件和文件夹

1. 文件

文件是指存储在外存储器上的一组相关信息的组合。常用的文档、歌曲、视频、图片、程序、数据库等，都是以文件的形式保存在计算机外存中的。每个文件都有一个文件名，文件名不允许重复，因为文件名是 Windows 操作系统识别并管理每一个文件的唯一标识。

文件名由主文件名和扩展名组成。DOS 时代的文件名是 8.3 格式，即主文件名最多由 8 个字符组成，扩展名最多由 3 个字符组成，主文件名和扩展名之间由一个点号分开。Windows 系统取消了这个限制，组成文件名的字符最多为 255 个字符（包括主文件名、点号和扩展名）。正是因为以前有 8.3 格式的限制，所以现在很多扩展名还是由 3 个字符组成，如 pdf、txt、bmp、wav 等。

主文件名可以包括汉字、英文字母、数字以及“@”“#”“$”“～”“&”“_”“^”等符号，不能包括“/”“:”“\”“*”“?”“<”“>”“|”以及“"”等。当然，扩展名中也不能包括以上符号。之所以不允许使用，是因为这些符号在操作系统中有特殊的用途，如果文件名中再使用这些符号，有可能造成二义性。例如，符号“*”和“?”是通配符，“*”代表任意符号，“?”代表一个符号，它们主要用于模糊查询，如果再用于组成文件名就不合适了。

文件的扩展名用于确定文件的类型，操作系统通过扩展名确定用哪些程序打开某个文件。例如，双击文件“廿书教育.docx”时，Windows 10 操作系统就会识别出该文件为 Word 2016 文档，并利用 Word 2016 打开该文件。需要说明，有时一类文件类型可能对应多个可选择的程序，例如，“docx”类型既可以用 Word 2016 打开，也可以用中文 WPS 打开，此时指定一个默认的打开程序即可。常见的扩展名有 docx（Word 2016 文档）、pptx（PowerPoint 2016 演示文稿）、xlsx（Excel 2016 工作簿）、txt（文本文件）、bmp（位图文件）、exe（可执行文件）、jpeg（图像文件）、mpeg（视频格式）、html（网页格式）等。

Windows 10 操作系统不区分文件名的大小写，但是显示时操作系统保留用户设置的大小写格式。例如，某文件夹下已经存在 mm.txt 文件，如果想在本文件夹下创建一个新文件 MM.txt，则会出现图 5.13 所示的提示信息。实际上，在同一文件夹下，文件和文件夹也不允许重名。

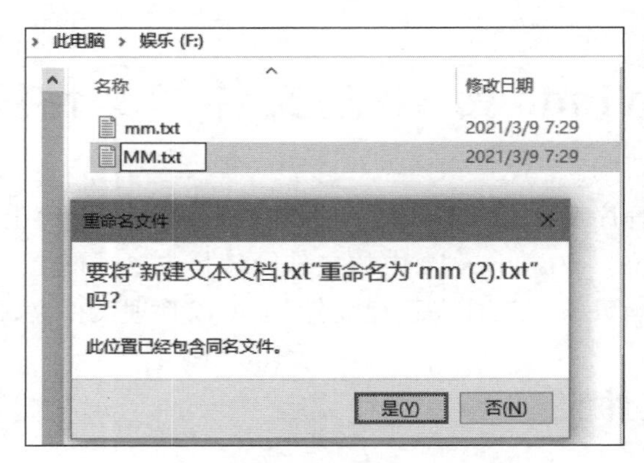

图 5.13　文件或文件夹不允许重名

2. 文件夹

目录是为了方便管理大量文件而提出的,它是一种层次化的逻辑结构,用于实现对大量文件的组织和管理。Windows 扩展了目录的概念,提出了文件夹的概念,其命名规则同文件相同。从根目录开始,所有层次的文件夹就形成了一个树形结构。

为了方便管理计算机中的文件,Windows 10 的文件管理采用了树形的分层结构,通过增加"文件夹"来组合和管理文件。所谓文件夹,是一种存储和管理文件的容器,多个相关文件可以放在同一个文件夹下。文件夹中还可以包含子文件夹,这使得整个 Windows 文件系统成为一棵由文件夹控制的树形结构。以 C 盘驱动器为例,C 盘为大树的根结点,根结点下面有若干文件夹和文件,文件夹下再有下级文件夹。

文件夹中不仅可以包含文件和文件夹,而且还可以包含打印机、计算机等。用户可以自己创建文件夹,也可以删除文件夹。

3. 库

用于将计算机中类型相同的文件归为一类,以方便使用,避免自己整理的麻烦。库的使用方法同文件夹类似,但其中收集的文件可能存储于不同位置。

5.4.2　文件和文件夹的基本操作

1. 文件或文件夹的选定

1）选择多个连续的文件或文件夹

先选定第一个文件(夹),按住 Shift 键不放,再选定最后一个文件(夹)即可。

2）选择多个不连续的文件或文件夹

按住 Ctrl 键不放,依次在每个要选择的文件或文件夹上单击即可。

3）选择当前窗口的全部文件或文件夹

按 Ctrl＋A 键(或使用"主页"下拉框中的"全部选择"命令)即可。

说明：以上被选择的文件或文件夹都变成蓝色，称为“选中状态”。

4）取消选定

只取消一个文件（夹）：按住 Ctrl 键不放，单击要取消的文件（夹）；

取消所有被选择的文件（夹）：在用户区的任意空白处单击。

2. 设置文件或文件夹的属性

右击某个文件或文件夹，在弹出的快捷菜单中选择“属性”命令，打开“属性”对话框。在“属性”对话框中可以设置文件或文件夹为只读属性或隐藏属性等。

3. 复制文件或文件夹

同盘复制：按住 Ctrl 键后，选中文件（夹）后拖曳至目的位置。

异盘复制：选中文件（夹），直接拖曳至目的位置。

4. 移动文件或文件夹

同盘移动：选中文件（夹），直接拖曳至目的位置。

异盘移动：按住 Shift 键后，选中文件（夹）后拖曳至目的位置。

5. 删除文件或文件夹

移到回收站删除：选中要删除的文件，按 Delete 键；或在其上右击，在弹出的快捷菜单中选择“删除”命令；或单击“主页”选项卡，选择“删除”命令。

不移到回收站删除（直接删除）：按住 Shift 键不放，再执行前面的操作。注意：删除 U 盘、软盘上的内容后，并不进入回收站，而是直接删除。

6. 重命名文件或文件夹

选定要改名的文件或文件夹，右击，在弹出的快捷菜单中选择“重命名”命令，输入新的文件或文件夹名；或者在“主页”选项卡中选择“重命名”命令。在 Windows 10 中，一次可为多个文件或文件夹重命名。

修改扩展名：在“查看”选项卡中选择“文件扩展名”，此时将显示扩展名。然后即可通过重命名命令修改文件的扩展名。

5.4.3 磁盘管理及操作

磁盘包括软盘和硬盘，对它们的操作基本完全相同。管理操作主要包括磁盘格式化、磁盘清理、磁盘碎片整理、磁盘的检查和备份、磁盘硬件管理、磁盘共享设置。

1. 磁盘格式化

磁盘格式化分为快速格式化和完全格式化。快速格式化仅清除磁盘数据，速度较快；完全格式化不但清除磁盘的所有数据，还进行磁盘扫描检查，以发现坏道、坏区并标注。注意：

(1) 未格式化过的白盘只能进行完全格式化。

(2) 格式化时,对磁盘容量、分配单元大小,建议采用默认参数;文件系统参数可根据需要选择。

(3) 可随时修改磁盘的卷标:磁盘的卷标就是磁盘的名字(别名)。

2. 磁盘清理

长期使用后,会有大量无用的文件占据磁盘空间。利用磁盘清理工具可以清理回收站,清理系统使用过的临时文件,删除不用的、可选的 Windows 组件以及不用的程序,以释放磁盘空间。

3. 磁盘碎片管理

长期使用后,磁盘盘片中间出现大量小的碎片。一般情况下,这些碎片不能被分配使用,同时,由于碎片的增多,文件的存储分配空间也越来越零散,存储速度逐渐变慢。碎片整理程序可将小的碎片空间集中在一起使用,有助提高存储速度。

5.5 控制面板的使用

控制面板是一个 Windows 10 实用工具的集合,用户使用这些工具可以更改系统的外观和功能,设置计算机的硬件、软件。单击桌面上的"控制面板"图标,系统将显示图 5.14 所示的"控制面板"窗口。在这里,用户可以查看计算机的状态、网络状态和任务,或添加硬件设备,也可以卸载程序,更改账户类型,设置桌面项目的外观,设置屏幕保护程序,更改日期、日期、数字的格式等。

图 5.14 "控制面板"窗口

5.5.1 系统和安全

通过"系统和安全"工具可以检查当前计算机的状态,并解决可能出现的问题。单击

“系统和安全”按钮,进入图 5.15 所示的窗口。在其中可以查看计算机的状态,检查防火墙的状态并进行各种设置;可以查看当前计算机的 RAM 大小及处理器速度,查看当前计算机的名称,更改电源按钮的功能及计算机的睡眠时间;还可以进行文件的备份和还原,进行磁盘碎片整理,创建并格式化硬盘分区等。

图 5.15 “系统和安全”窗口

5.5.2 网络和 Internet

通过“网络和 Internet”工具可以查看网络状态和任务,可以连接到网络,查看当前计算机所处网络中的计算机及网络设备;可以更改浏览器主页,管理浏览器加载项以及删除浏览的历史记录及 cookie 等。如图 5.16 所示,使用该工具能进行各类与 Internet 相关的操作。

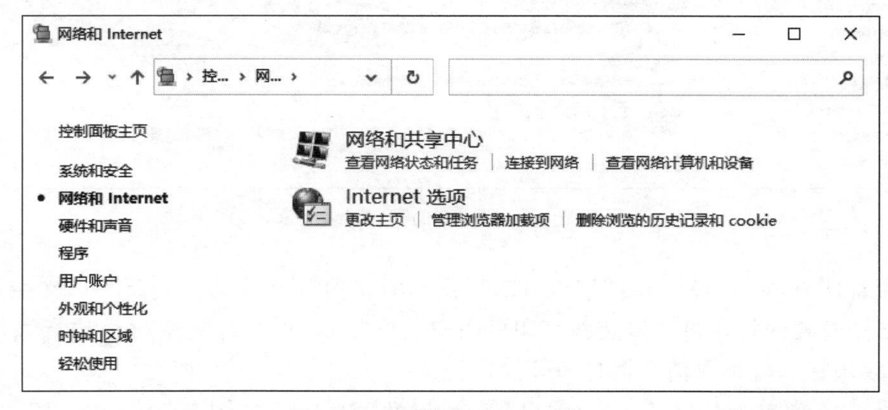

图 5.16 “网络和 Internet”窗口

单击“查看网络状态和任务”按钮时,弹出图 5.17 所示的“网络和共享中心”窗口。通过该窗口可以更改适配器设置,更改高级共享设置等。右击桌面上的“网络”图标,也可弹出该窗口。

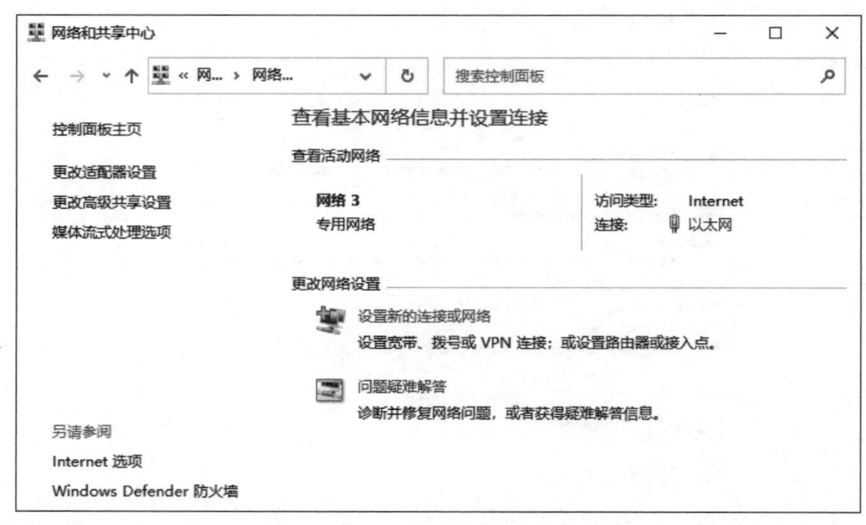

图 5.17 “网络和共享中心”窗口

5.5.3 硬件和声音

通过“硬件和声音”工具可以添加或删除硬件设备,更改系统声音,更新设备驱动程序,还可以进行节省电源设置。单击“硬件和声音”按钮即可进入图 5.18 所示窗口。

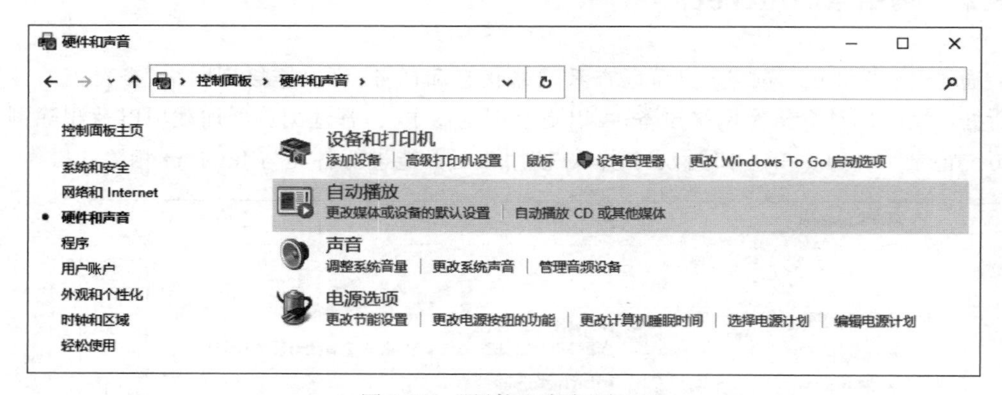

图 5.18 “硬件和声音”窗口

在图 5.18 中单击“设备和打印机”按钮,弹出图 5.19 所示窗口。“打印机”文件夹中包含系统已经安装的打印机和安装新打印机的安装向导,在该文件夹中可以执行添加打印机、设置默认打印机和取消文档打印等操作。

在图 5.18 中单击“鼠标”按钮,弹出“鼠标 属性”对话框,如图 5.20 所示。利用“鼠标

图 5.19　打印机设置窗口

键""指针""指针选项"和"滑轮"等选项卡可以更改系统指针方案,定义鼠标器的相关按钮,确定光标的速度和加速度,更改鼠标器的驱动程序等。

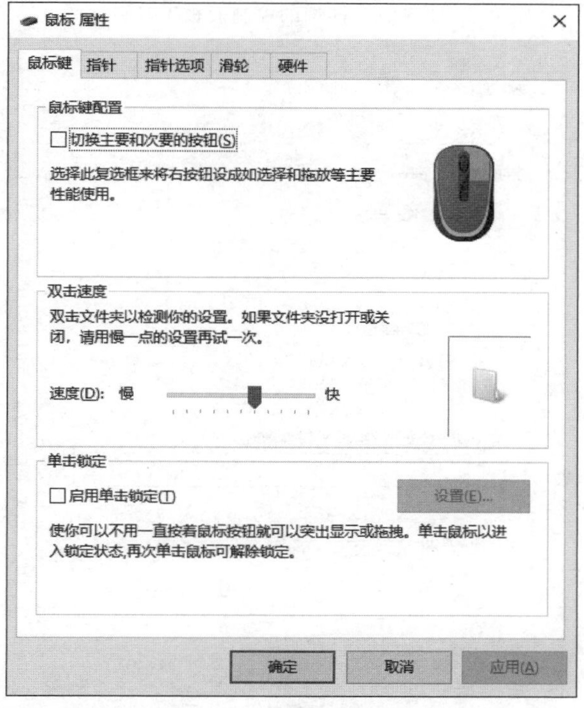

图 5.20　"鼠标 属性"对话框

需要说明，如果将控制面板切换到“大图标”或“小图标”查看方式，可以查看更详细的控制面板工具，其中包括键盘、鼠标、设备和打印机、声音、语音识别等，如图 5.21 所示。单击“键盘”工具，弹出“键盘属性”对话框，这里可以更改键盘的重复延迟、重复率、光标闪烁频率，可以设置输入法区域，也可以更改键盘的驱动程序等，如图 5.22 所示。

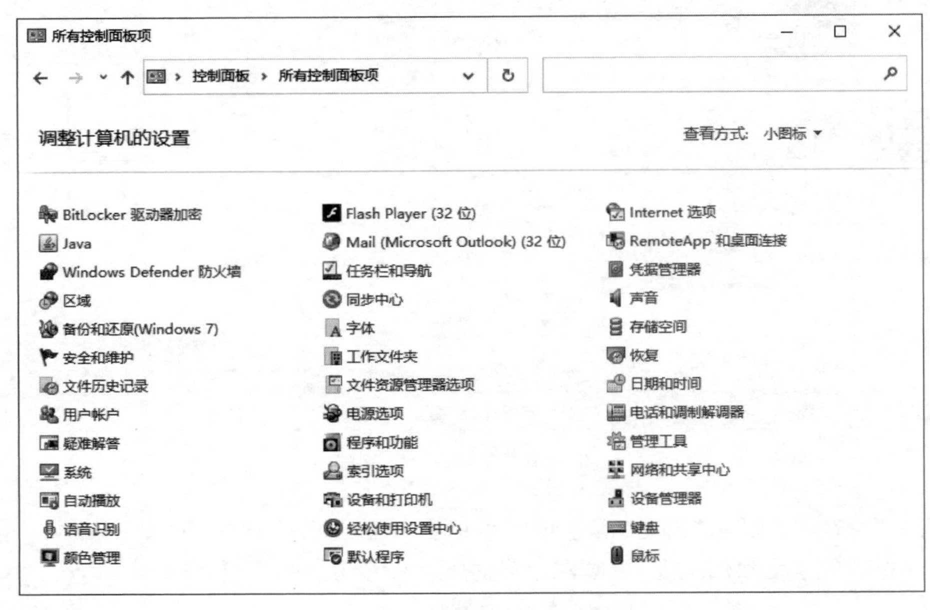

图 5.21 详细的控制面板工具

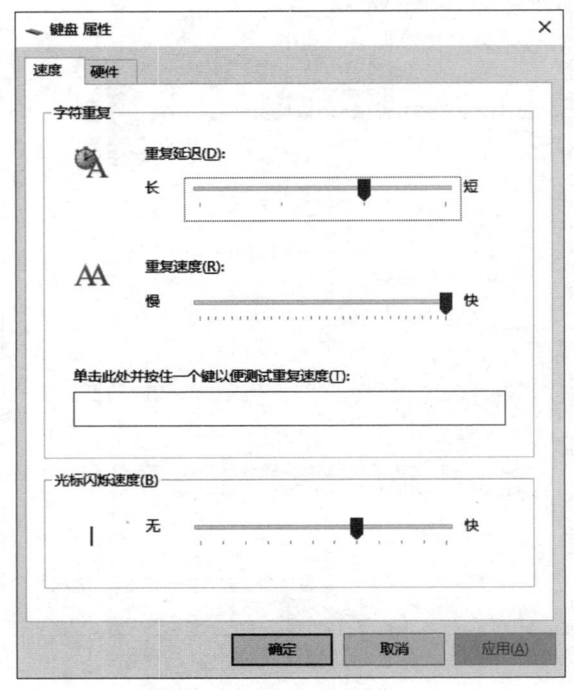

图 5.22 “键盘 属性”对话框

在图 5.18 中单击“更改计算机睡眠时间”，进入“编辑计划设置”窗口，在其中可以设置关闭显示器的时间，也可以设置使计算机进入睡眠状态的时间，如图 5.23 所示。

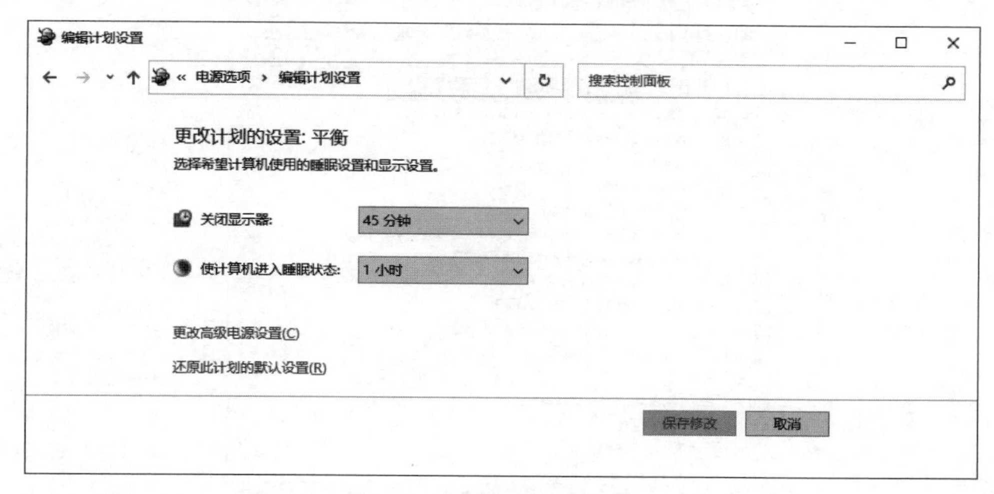

图 5.23 “编辑计划设置”窗口

5.5.4 程序

通过“程序”工具可以卸载程序或 Windows 提供的一些功能，也可以卸载一些小工具，还可以从网络或联机方式获取新程序。还可以通过“默认程序”设置用哪个程序进行 Web 浏览、编辑图片或收发电子邮件等，如图 5.24 所示。

图 5.24 “程序”窗口

另外，还可以在此窗口启动或关闭 Windows 的某些功能。因为 Windows 提供的功能较多，有些功能平时用不到，可将其关闭，需要的时候再打开。打开的方式也很简单，只需要选中条目左侧的复选框即可，如图 5.25 所示。

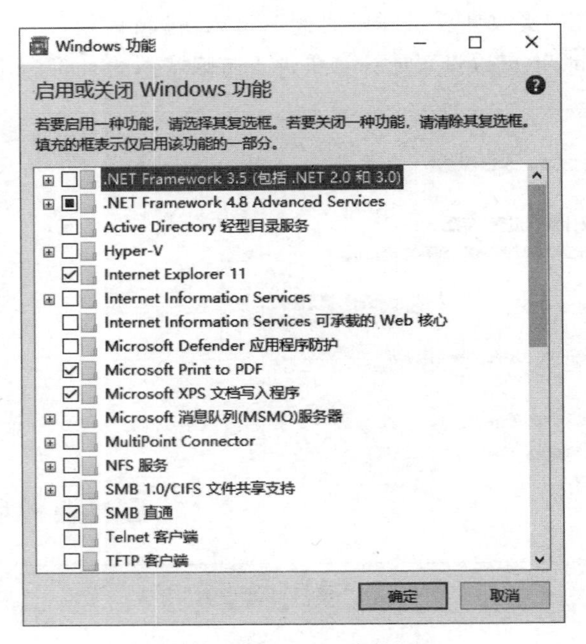

图 5.25 “Windows 功能”窗口

5.5.5 用户账户

通过“用户账户”工具可以管理 Windows 10 的用户，如更改账户类型、删除用户账户等，如图 5.26 所示。Windows 10 为多用户操作系统，允许多个用户使用同一台计算机。之所以支持多个用户，是因为用户使用计算机时有自己的个体偏好。同时，Windows 通过设立用户账户还可以更好地保护个人数据。

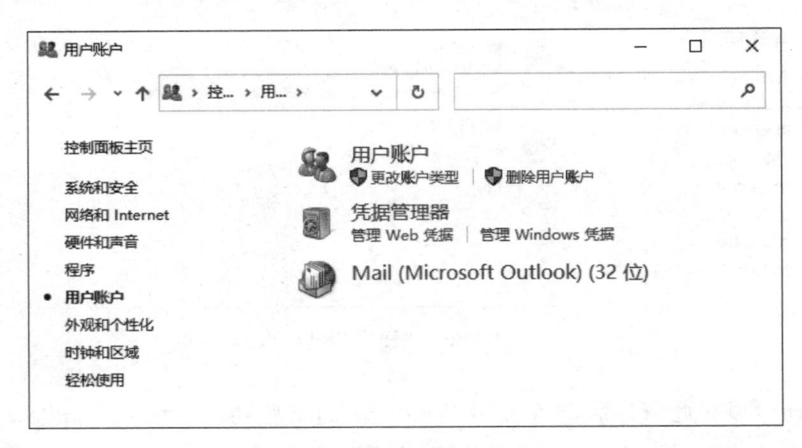

图 5.26 “用户账户”窗口

Windows 10 有两种不同账户，即 Microsoft 账户和本地账户(用户账户)。Microsoft

账户可以实现多平台登录，即不仅可以登录 Windows 10 操作系统，还可以登录 Windows Phone 手机操作系统，从而实现电脑和手机的数据同步。本地账户是为特定设备创建的，使用该类账户可以同计算机绑定，没有办法应用到其他设备。

不同用户账户拥有不同权限，用户登录后可以访问权限范围之内的文件或文件夹，对计算机设置进行某些更改。Windows 10 支持多种登录方式，如人脸识别、指纹识别、密码等。用户账户可分为两类，即管理员账户和标准账户，每一种账户类型提供不同的计算机控制级别。

(1) 管理员账户：管理员账户拥有对计算机的最高控制权限，可以更改计算机的安全设置，安装、卸载计算机硬件，访问计算机上的所有资源。管理员账户可以更改其他用户账户，计算机中至少应该有一个管理员账户。

(2) 标准账户：标准账户允许用户使用计算机的大多数功能。拥有该账户的用户可以运行应用程序，更改不影响其他用户的本地设置。

5.5.6 外观和个性化

Windows 10 的"外观和个性化"设置包括任务栏和导航设置、轻松使用设置中心、文件资源管理器选项以及字体等的设置，如图 5.27 所示。

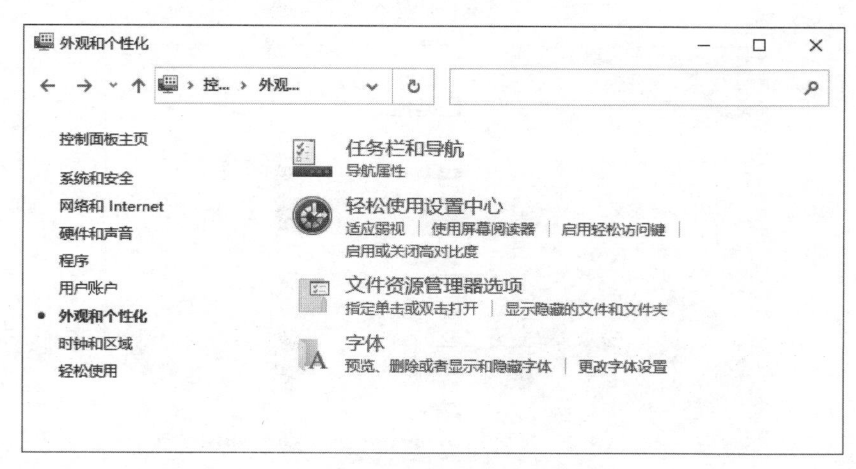

图 5.27 "外观和个性化"窗口

1. 任务栏和导航

通过该工具可以自定义开始菜单、任务栏上的图标等，如图 5.28 所示。图 5.28(a)是 Windows 10 的开始菜单，图 5.28(b)是任务栏设置窗口。

2. 轻松使用设置中心

使用该工具可以让计算机更易于使用。对那些具有视力障碍的用户来说，本工具可

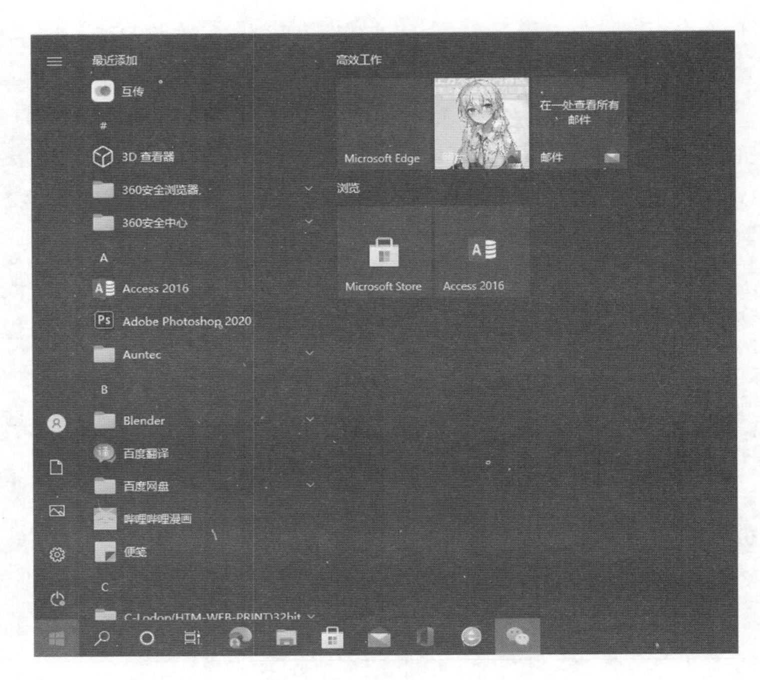

(a)“开始”菜单

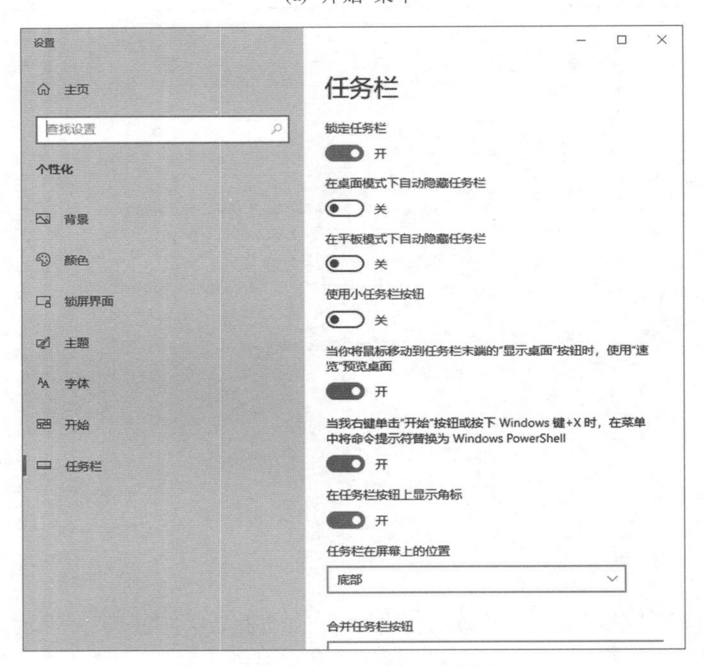

(b) 任务栏设置窗口

图 5.28 “开始”菜单及任务栏设置窗口

以设置高对比度的主题，也可以通过启用“讲述人”功能启动文本朗读功能，还可以启用“放大镜”更改文本及图标的大小。当鼠标缺失或失效时，可以开启“启用鼠标键”工具，使用键盘控制鼠标，让数字键盘能够在屏幕上移动鼠标。为了使文本和应用更易于查看，通过“启用或关闭高对比度”可以使用更为清晰的颜色。

3. 文件资源管理器选项

该工具是对文件操作的一些细节设置，包括打开文件时“指定单击或双击打开”，以及隐藏的文件或文件夹是否显示等。其他的诸如是否显示扩展名、选择文件时是否启用复选框等，也在该处设置，如图 5.29 所示。

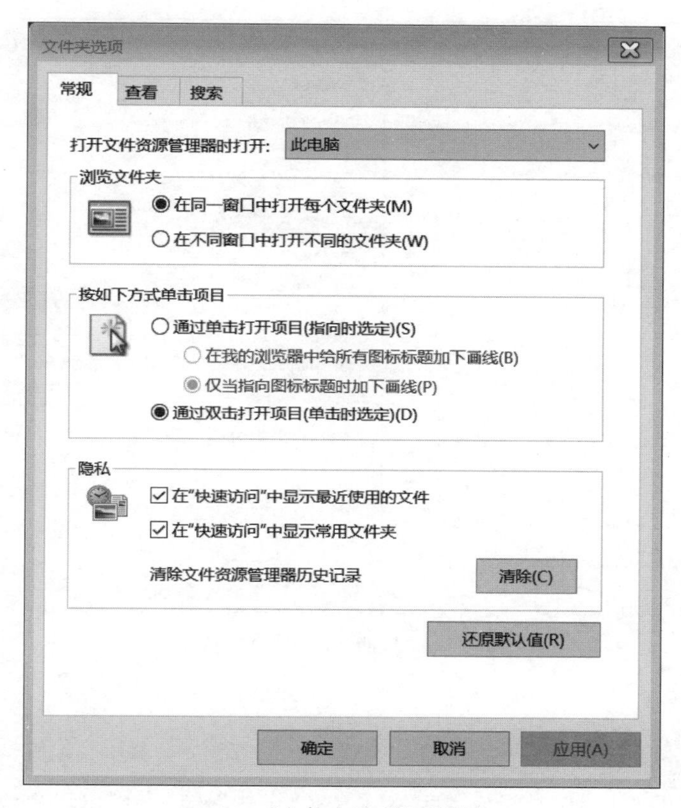

5.29 “文件夹选项”对话框

4. 字体

该工具设置系统中使用的字体，主要包括预览、删除、显示或隐藏字体，更改字体设置，以及调整 Clear Type 文本等。Clear Type 是微软公司开发的一种用于改善现有 LCD 液晶显示器的文本可读性的字体。通过该技术，屏幕上的文字看起来和在纸上打印一样清晰。

5.5.7 时钟和区域

通过控制面板中的“时钟和区域”工具可以更改计算机的时间、日期、时区等，也可以修改日期、时间或数字的格式。

1. 日期和时间

该工具可以更改系统的日期和时间，更改时区，添加不同时区的时钟等，如图 5.30 所示。

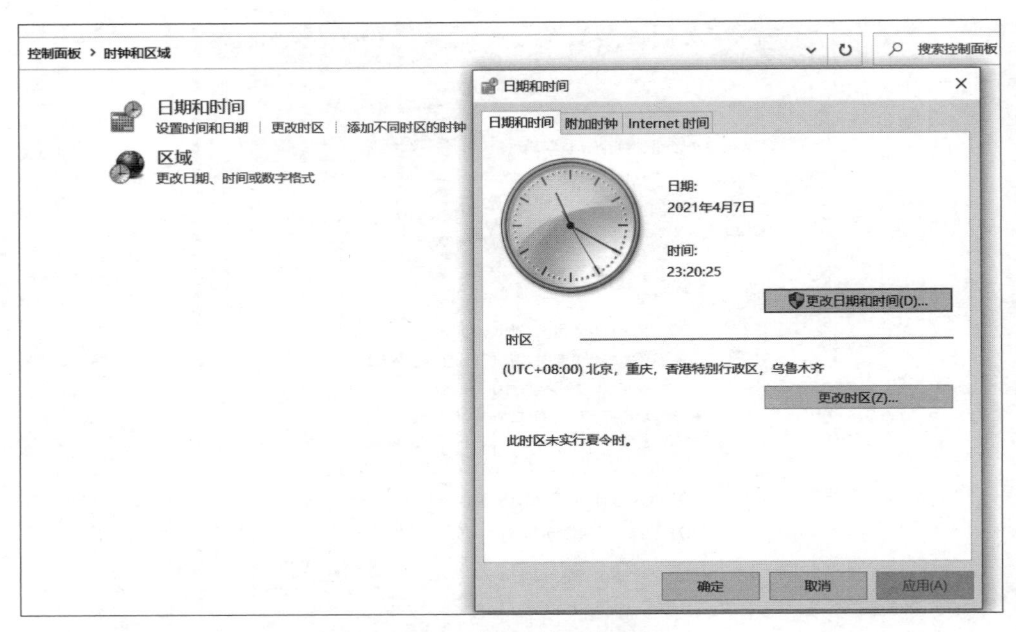

图 5.30 “日期和时间”设置窗口

2. 区域

该工具可以更改日期、时间或数字格式。在“格式”选项卡中可以更改匹配的语言，如图 5.31(a)所示。单击“语言首选项”按钮，弹出图 5.31(b)所示的“语言”设置窗口，在其中可以选择 Windows 显示语言、设置区域格式等。

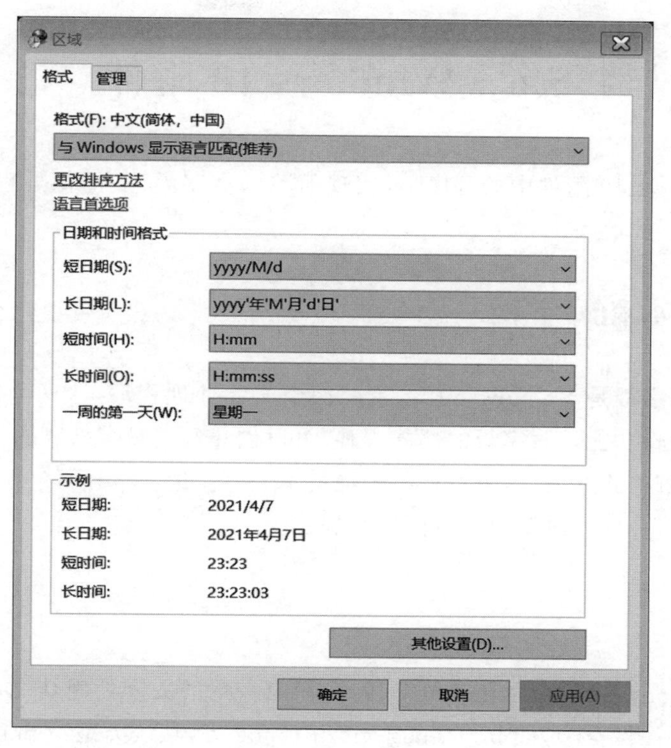

(a)“区域-格式”对话框

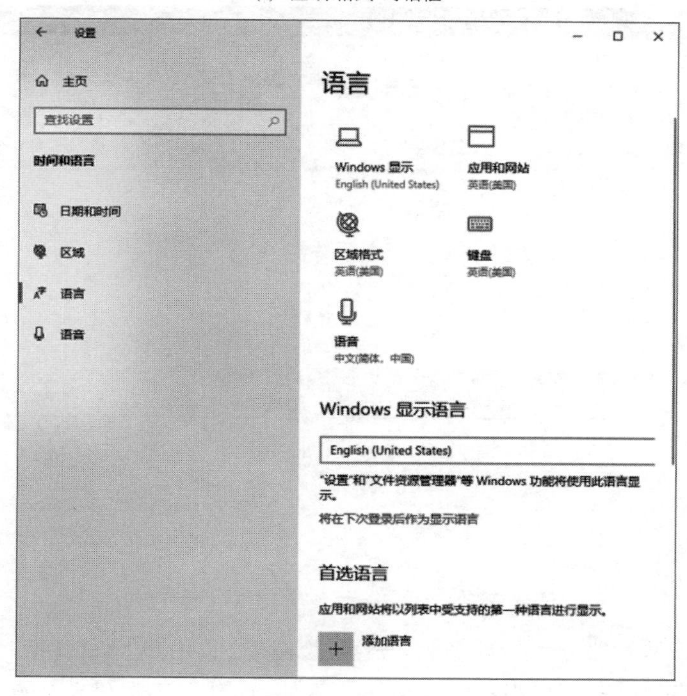

(b)“语言”设置窗口

图 5.31 “区域-格式”对话框与“语言”设置窗口

5.6 Windows 10 附件

使用 Windows 10 附件中的程序，可实现简单的文字处理、图像处理、简单的计算和多媒体播放等操作。

5.6.1 记事本和写字板

记事本和写字板是 Windows 10 自带的两个文字处理程序，这两个应用程序都提供了基本的文本编辑功能。写字板的功能很强，可以创建和编辑带格式的文件，而记事本不可以创建、编辑带格式的文件，只可以编辑纯文本文件。记事本和写字板程序都是典型的单文档应用程序，在同一时刻只能打开一个文档。

5.6.2 画图

“画图”软件是一个简单的图片处理程序，具有一定的文字处理功能，如图 5.32 所示。该软件支持多种图像类型，如 bmp、jpeg、gif、tiff、png 等，默认类型为 png。

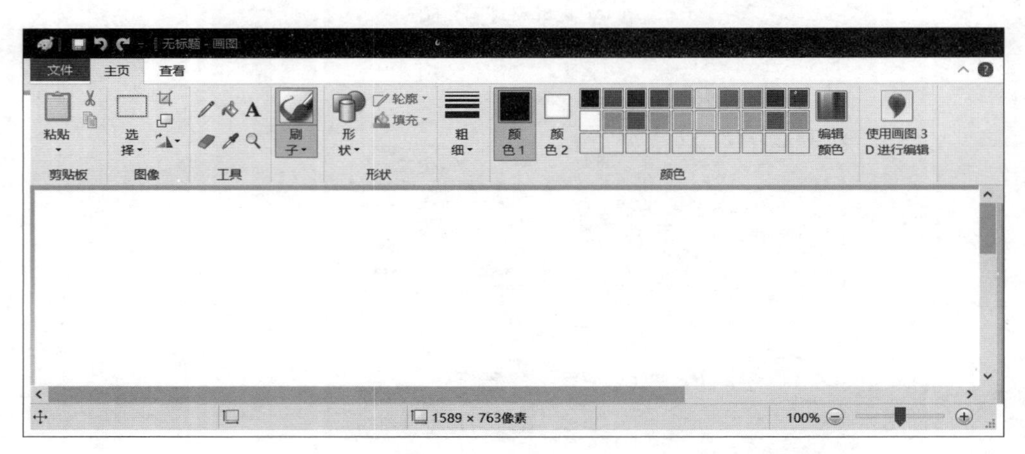

图 5.32 “画图”界面

5.6.3 计算器

从类型上看，计算器分为标准型、科学型、绘图型、程序员型和日期计算型，共 5 类。每种类型支持不同功能，可以根据需要切换。另外，计算器还提供单位转换功能，包括货币转换、容量转换、长度转换等，如图 5.33 所示。

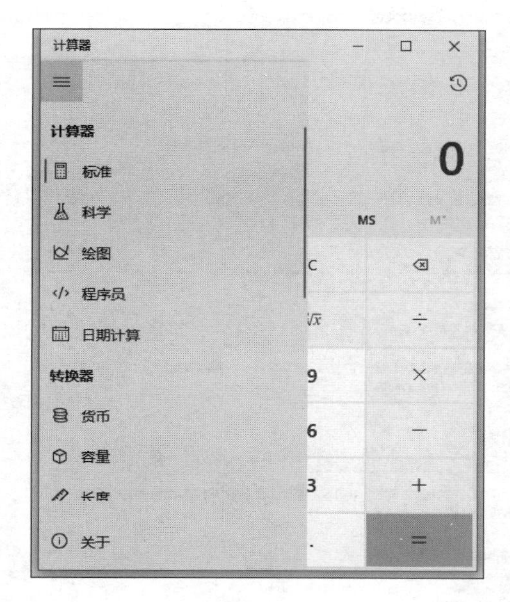

图 5.33 计算器

5.6.4 娱乐

多媒体设备的安装和配置更容易。Windows 10 提供了 Windows Media Player (Windows 媒体播放器)、录音机等大量实用的多媒体应用程序。

1. 安装和设置多媒体

打开“硬件和声音”设置窗口,通过“声音”选项卡可以为声音事件选择声音方案,调节音量大小。在音量控制窗口中,通过调整音量控制滑标即可控制音量的大小,如图 5.34 所示。

2. Windows Media Player

该软件支持 wav、midi、mp3、avi、mpeg 等格式,可以播放 CD 和 DVD。如增加一些插件,还可以播放 rm 格式的文件。在媒体播放器窗口中,通过“文件”菜单可打开一个多媒体文件,然后即可通过单击“播放”按钮播放。

3. 录音机

录音机可以录制声音文件,还可以编辑文件。录制声音时,需要由声卡和麦克风配合完成,单击“录音”按钮即可录音。录音机生成的音频文件扩展名为 m4a。

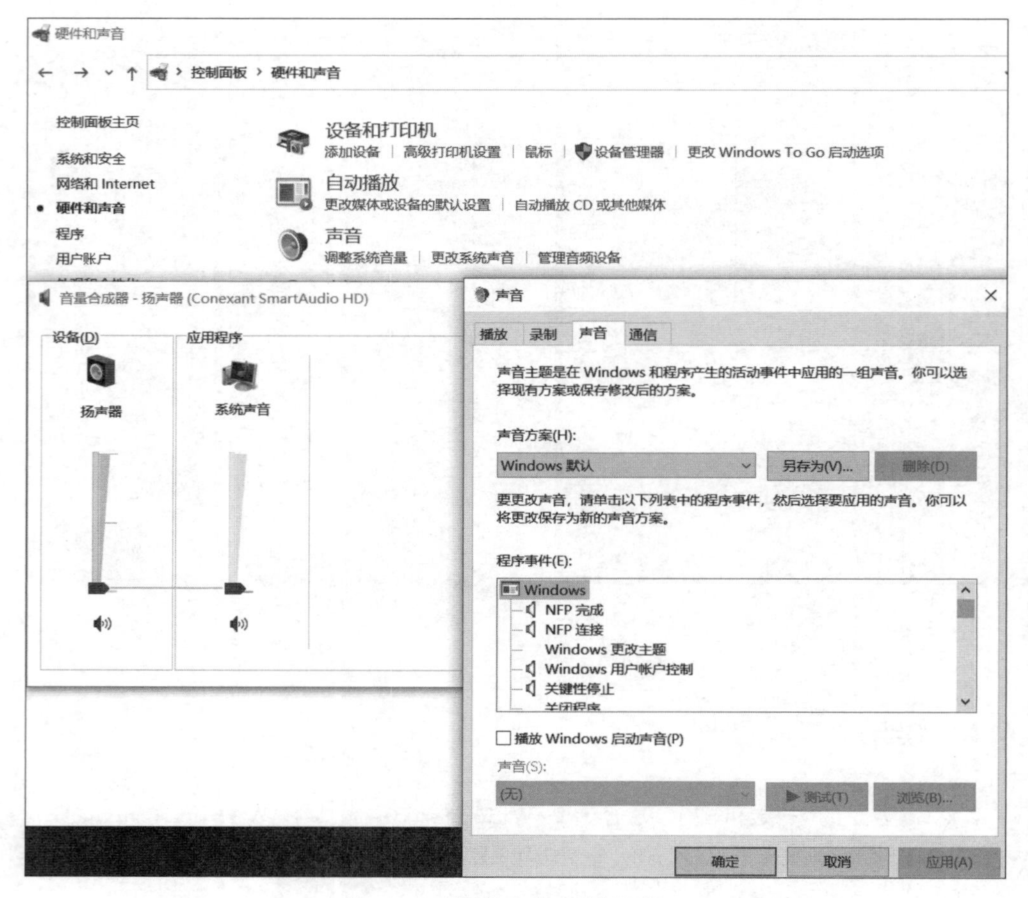

图 5.34 “硬件和声音”设置窗口

5.7 本章小结

操作系统是计算机系统中最重要的系统软件，是用户管理和控制计算机软件、硬件的核心软件。本章详细讲解了操作系统的基础理论，Windows 10 的基础知识、术语及基本操作，文件和文件夹管理，控制面板和附件的使用等。

习 题 5

1. 单选题

(1) 操作系统的 4 种主要特性是________。

A. 并发性、共享性、虚拟性、异步性

B. 易用性、共享性、成熟性、差异性

C. 并发性、易用性、稳定性、异步性

D. 并发性、共享性、可靠性、差异性

(2) 对 Windows 10 操作系统来说,下述正确的是________。

A. 回收站与剪贴板一样,是内存中的一块区域

B. 只有对当前活动窗口才能进行移动、改变大小等操作

C. 一旦屏幕保护开始,原来在屏幕上的活动窗口就关闭了

D. 桌面上的图标,不能按用户的意愿重新排列

(3) 在 Windows 10 中,将运行程序的窗口最小化,则该程序________。

A. 暂停执行　　B. 终止执行

C. 仍在前台继续运行　　D. 转入后台继续运行

(4) 在 Windows 10 中,“控制面板”无法________。

A. 改变屏幕颜色　　B. 调整系统时间

C. 改变 CMOS 的设置　　D. 调整鼠标速度

(5) 在 Windows 10 中,如果想选定多个分散的文件或文件夹,正确的操作是________。

A. 按住 Shift 键,用鼠标右键逐个选取

B. 按住 Ctrl 键,用鼠标左键逐个选取

C. 按住 Alt 键,用鼠标右键逐个选取

D. 按住 Shift 键,用鼠标左键逐个选取

(6) Windows 10 中,要把整个计算机屏幕的画面复制到剪贴板上,可按________键。

A. Alt+PrintScreen　　B. PrintScreen

C. Shift+PrintScreen　　D. Ctrl+PrintScreen

(7) 在 Windows 10 中,在同一磁盘上________。

A. 允许同一文件夹中的文件同名,也允许不同文件夹中的文件同名

B. 不允许同一文件夹中的文件以及不同文件夹中的文件同名

C. 允许同一文件夹中的文件同名,不允许不同文件夹中的文件同名

D. 不允许同一文件夹中的文件同名,允许不同文件夹中的文件同名

(8) 在 Windows 10 的系统工具中,磁盘碎片整理程序的功能是________。

A. 把不连续的文件变成连续存储,从而提高磁盘读写速度

B. 把磁盘上的文件进行压缩存储,从而提高磁盘利用率

C. 诊断和修复各种磁盘上的存储错误

D. 把磁盘上的碎片文件删除掉

(9) 在 Windows 10 中,磁盘清理的作用是________。

A. 删除垃圾文件,获得额外的磁盘空间

B. 合并不连续的文件,提高磁盘效率

C. 合并垃圾文件,提高磁盘效率

D. 删除回收站中的数据

2. 多选题

(1) 下列软件中,属于应用软件的有________。

A. Windows　　B. Word　　C. 编辑软件　　D. 写字板

(2) 操作系统是一个庞大的管理控制程序,主要功能包括处理器管理、存储管理、设备管理及________。

A. 文件管理　　B. 硬件管理

C. 多媒体信息管理　　D. 作业管理

(3) 关于 Windows 10 的"库",下列叙述正确的有________。

A. 库是 Windows 10 的一种文件组织形式

B. 库跟文件夹是一回事

C. 库中并不实际存储文件

D. Windows 10 的库中也保存部分文件

(4) 关于 Windows 10 系统中剪切、复制、粘贴操作的说法,正确的是________。

A. 剪切、复制的作用相同,都是将当前选定的内容从所在的位置复制到剪贴板上

B. 粘贴就是复制

C. 剪切、复制不可同时进行

D. 剪切、复制、粘贴都与剪贴板有关

(5) 在 Windows 10 系统中,有关磁盘的格式化问题,下列说法正确的是________。

A. 磁盘的格式化分为局部格式化和完全格式化两种

B. 不可对已打开写保护的软盘进行格式化

C. 格式化之后,磁盘中的数据将全部丢失

D. 快速格式化是对磁盘中的指定区域进行格式化,其余部分内容保持不变

3. 判断题

(1) 操作系统是一款最常用的应用软件。　　(　　)

(2) 在 Windows 10 中,在任何情况下,文件和文件夹删除后都将放入回收站。　　(　　)

(3) Windows 10 对磁盘信息的管理和使用是以文件为单位的。　　(　　)

(4) 在 Windows 10 中,删除快捷方式不会对原程序或文档产生影响。　　(　　)

(5) Windows 10 具有"即插即用"的特点,所以可以支持所有的硬件设备。　　(　　)

(6) 在 Windows 10 中,"重命名"操作适用于文件,也适用于文件夹。　　(　　)

4. 填空题

(1) 在 Windows 10 系统中,Alt+F4 键的功能是________。

(2) Windows 10 菜单中有些命令后带有省略号(…),它们表示此命令下有________。

(3) 在 Windows 10 系统中,将当前窗口的信息以图像形式复制到剪贴板的快捷键为________。

(4) 没有安装任何软件的计算机称为________。

(5) 剪贴板是位于________中的一个临时存储区,用来临时存放信息。

(6) 计算机中系统软件的核心是________,主要用来控制和管理计算机的所有软硬件资源。

(7) 对磁盘进行________,不仅可以清除所有数据,而且可以同时检查整个磁盘上有无缺陷的磁道,并加注标记,以免把信息存储在这些坏磁道上。

(8) Windows 10 资源管理器中文件的管理形式是从根目录开始的,所有层次的文件夹形成了一个________的组织结构。

5. 简答题

(1) 什么是操作系统?操作系统的主要任务是什么?主要功能包括什么?

(2) 什么是单用户操作系统?什么是多用户操作系统?

(3) 什么是剪贴板?剪贴板的三个基本操作是什么?其功能是什么?

(4) 什么是回收站?回收站同剪贴板的区别是什么?

(5) 什么是 Windows 库?Windows 10 默认设置了几个库?

(6) 什么是控制面板?其作用是什么?

第6章 Word 2016 的应用

学习目标：

掌握 Office 2016 界面特征，能熟练操作 Word 2016 界面；掌握 Word 2016 的基本操作，包括视图选择、文档编辑、内容的查找和替换、文档校对等；掌握文档格式化与图文混排技术；掌握表格制作技术；理解文档保护的概念及相关操作；掌握邮件合并、自动目录生成、审阅和修订文档等技术。

6.1 Office 2016 概述

6.1.1 Office 2016 的界面结构

同早期版本相比，Office 2016 应用程序的界面做了很多优化。以 Word 2016 为例，其界面包括 4 部分：标题栏、功能区、文档编辑区、状态栏。

1. 标题栏

标题栏位于程序窗口的最上方，从左到右依次为快速访问工具栏、文档名称、程序名称、功能区显示选项和窗口控制按钮。其中快速访问工具栏用于显示最常用的工具按钮，如保存、撤销、恢复等，用户可以自定义该工具栏，如可以改变其位置。功能区显示选项按钮设置功能区和选项卡是否显示，可以实现"自动隐藏功能区""显示选项卡"和"显示选项卡和命令"功能窗口控制按钮位于标题栏最右侧，包括最小化、最大化、向下还原及关闭按钮，其中关闭按钮的作用是退出 Word 程序。

2. 功能区

在默认情况下，功能区位于标题栏的下方，包括"文件""开始""插入""设计""布局""引用""邮件"和"视图"等选项卡。每个选项卡包括很多命令，为方便使用，Word 2016 又把命令分成多个组，例如"开始"选项卡由"剪贴板""字体""段落""样式"和"编辑"5 个组组成。

在某些功能较为丰富的组中，其右下角还增设一个小图标，称为对话框启动器按钮。该按钮的作用是打开相应的对话框。当用鼠标指针指向该按钮时，可以预览对话框。

在功能区的最右侧，有一个"Microsoft Word 帮助"按钮，以"?"表示。单击该按钮，可以打开 Word 2016 的帮助窗口，该功能还可以通过按下功能键 F1 实现。

这里需要注意几个术语：功能区、选项卡、组。用户所用的命令是放置在组中的。例如，要执行“加粗”功能，选定所需区域后，操作步骤为：“开始”选项卡→“字体”组→加粗命令“**B**”。

3. 文档编辑区

文档编辑区位于窗口的中心位置，是输入文字、编辑文本和图片的区域，也是用户工作区。文档编辑区右侧和底侧设置有滚动条。当编辑区的内容超出窗口显示范围时，将自动出现滚动条。

4. 状态栏

状态栏位于窗口的最底部，用于显示文档页数/总页数、字数、输入状态等。在状态栏的右侧，还有视图切换按钮、比例调节工具等。Word 2016 的界面结构如图 6.1 所示。

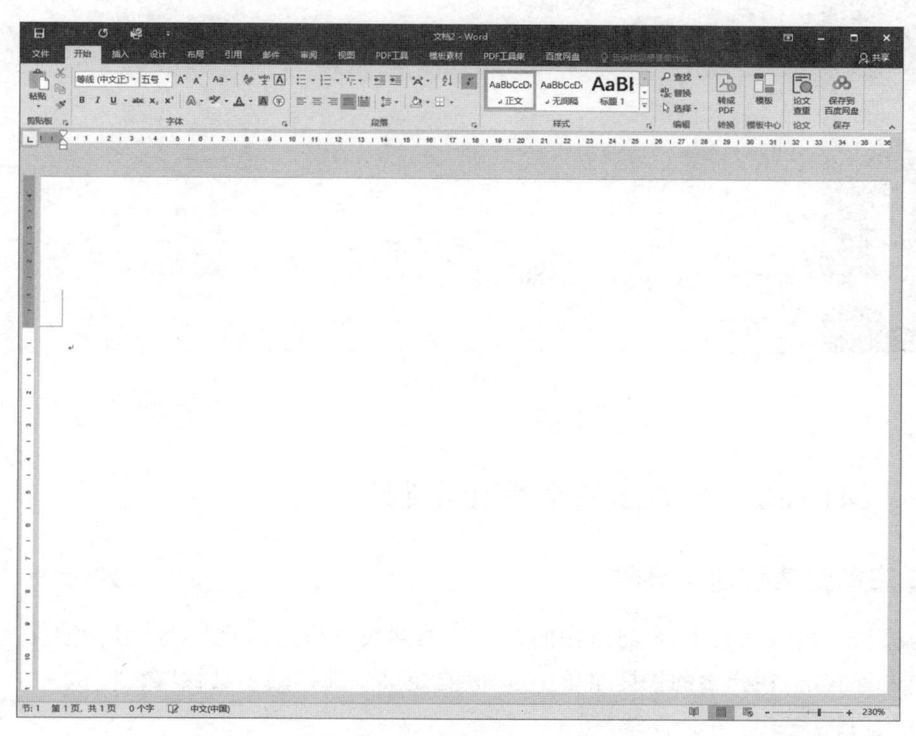

图 6.1　Word 2016 的界面结构

可以发现，相比于 Word 2010，Word 2016 的选项卡有所变化。Word 2010 中有“页面布局”选项卡，而在 Word 2016 中，该选项卡分为了“设计”选项卡和“布局”选项卡。

6.1.2　Office 2016 的 Backstage 视图

相对于前期版本，Backstage 视图是 Office 2016 中非常重要的改变。在 Word 2016 中，这些功能是在“文件”选项卡的 Backstage 视图中实现的。同时，该视图还提供了更多选项，如“信息”“最近所用文件”“保存并发送”等，如图 6.2 所示。

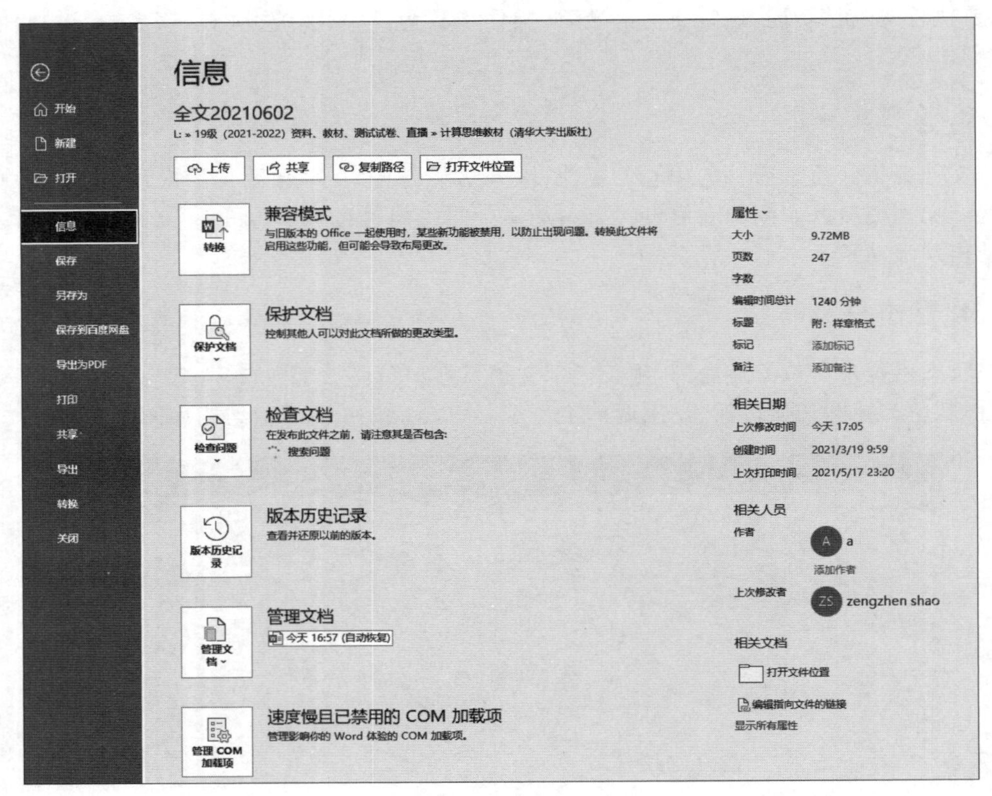

图 6.2　Word 2016 的 Backstage 视图

6.1.3　Office 2016 界面的个性化定制

1. 定制快速访问工具栏

为提高文档编辑效率，可将常用的命令添加到快速访问工具栏上。方法为在功能区的空白位置右击，在弹出的快捷菜单中选择“自定义快速访问工具栏”命令。

2. 定制选项卡

功能区中除了有系统默认的多个选项卡外，还可以根据需要自定义选项卡，以及自定义选项卡中的组及功能。具体方法为：在功能区的空白位置右击，在弹出的快捷菜单中选择“自定义功能区”命令。以上操作也可通过选择“文件”选项卡中的“选项”命令，打开 Word 选项卡来实现。

3. 功能区的最小化和还原

有时，为了扩大编辑区的范围，可考虑将功能区最小化，仅显示选项卡的名称，而不显示各组及组内命令。方法为：单击功能区右侧的“功能区最小化”按钮，或双击除“文件”选项卡之外的任意选项卡，或按下 Ctrl＋F1 键，或在功能区的空白位置右击，在弹出的快捷菜单中选择“功能区最小化”命令。再次执行以上操作，即可还原。

6.1.4 Office 2016 的文档操作

1. 新建文件

利用文件选项卡中的“新建”命令，或者按下 Ctrl＋N 键，都可以创建一个新文件。以 Word 2016 为例，新建 Word 文档时，系统会根据用户选择创建“空白文档”或基于模板创建文档。Word 文档的默认扩展名为 docx。

模板是 Word 2016 非常重要的技术，其中事先提供了一些排版命令，基于此可以很方便地创建带有格式的文档。可以认为模板是一种特殊的 Word 文档，其默认扩展名为 dotx。

2. 保存新建文件

单击快速访问工具栏中的“保存”按钮，或按下 Ctrl＋S 键，或使用“文件”选项卡中的“保存”命令，均弹出“另存为”对话框，可以根据需要设置保存路径及保存类型。Word 文档除了可以默认保存为 docx 类型，还可以保存为 txt、rtf、pdf、html 等类型。

3. 保存已有文件

同保存新建文件的方法相同，但是将文档保存到原位置，故不弹出“另存为”对话框。

4. 另存为新文件

可理解为对文档进行备份，以防止文档的意外丢失；或者不希望丢失原文档的内容，将修改后的文档另存为一个新的版本。方法为：打开“文件”选项卡，单击“另存为”命令。需要注意，执行“另存为”命令时，可以根据需要设置新的文档保存位置、新的文件名、新的保存类型等。

5. 自动保存文件

是为了防止突然停电、死机等意外情况而设置的功能。Office 2016 应用程序默认每隔 10 分钟自动保存一次文档。用户可以定义自动保存的间隔时间(1～120 分钟)，方法为：打开“文件”选项卡，单击“选项”命令，打开“Word 选项”对话框，在“保存”选项卡中设置。

6. 打开已有文件

再次编辑已有文件时，需要打开文件后操作。方法为：打开“文件”选项卡，切换到 Backstage 视图，单击“打开”命令，或者按下 Ctrl＋O 键，或者在 Backstage 视图中单击“最近所用文件”命令。使用上述方法后，将弹出“打开”对话框，如果按下按钮右侧的下拉箭头，还可以选择不同的打开方式，如只读方式、副本方式等。

7. 关闭文件

暂时停止编辑文档后，一般要关闭文档。方法为：打开“文件”选项卡，单击“关闭”命令。如果编辑文件后没有保存，则系统将首先提示是否保存，然后关闭文件。需要说明，这里“关闭”命令的作用是仅关闭文档但并不退出 Word 程序。如果执行“文件”选项卡中的“退出”命令，则会在关闭文档的同时退出 Word 程序。

6.2 Word 2016 简介

6.2.1 Word 2016 的主要功能

1. 编辑及格式化文档

可以输入中、英文文字，并对输入的文字进行各种编辑操作，如复制、移动、删除、查找与替换、定位等，也可以对文档进行字符、段落的格式化以及边框与底纹的设置等操作。

2. 图形处理

可以在文档中插入精美的剪贴画、图片、艺术字、自选图形等，并对这些图形进行编辑处理，实现图文混排，美化文档。

3. 表格处理

Word 提供了较丰富的表格功能，可以建立、编辑、格式化、嵌套表格，还可以进行表格内数据的计算（利用公式），以及表格与文字、表格与图表间的转换等。

4. 版式设计与打印

编辑好一篇文档后，往往需要进行版式设计和打印工作。版式设计是一项重要的工作，包括页面设置、页码设置、分栏排版、页眉和页脚的设置等。

5. Word 2016 的其他功能

1）搜索功能升级

在 Word 以前的版本中，搜索功能只能定位搜索的结果，而 Word 2016 则可列出整篇文档中所有包含关键字的位置。

2）屏幕截图功能

Word 2016 内置了屏幕截图功能，包括对当前活动窗口的截屏和屏幕剪辑操作。这样无须再安装专门的截图软件就可以实现截图功能。

3）图片处理功能

Word 2016 新增了图片编辑工具，可实现图片剪辑、增加特效甚至简单的抠图操作等。

4）共同创作

Word 2016 允许多人合作共同编辑同一个文档，实现与他人同步工作。

6.2.2 Word 2016 的窗口组成

同 Word 2010 类似，Word 2016 仍然采取功能区方式展示各项功能。功能区由多个选项卡组成，每个选项卡对应一个功能区面板，每个面板又根据功能的不同分成多个组。

Word 2016 的功能区包括开始选项卡、插入选项卡、设计选项卡、布局选项卡、引用选项卡、邮件选项卡、审阅选项卡、视图选项卡等。

（1）开始选项卡：是最常用的选项卡，包括剪贴板、字体、段落、样式、编辑 5 个组，主要用于进行文档编辑和格式设置。

（2）插入选项卡：主要用于向文档中插入那些不能直接通过键盘插入的元素。功能区面板包括页、表格、插图、链接、页眉和页脚、文本、符号等组。

（3）设计选项卡：用于设置文档格式和页面背景，其中文档格式包括主题、颜色和字体。

（4）布局选项卡：用于设置文档的页面样式。功能区面板包括页面设置、稿纸、段落、排列等。

（5）引用选项卡：用于实现 Word 2016 中较为高级的功能，如目录生成等。功能区面板包括目录；脚注；引文与书目；题注（图片下方的文字，用于描述该对象）；索引；引文目录等。

（6）邮件选项卡：是一个比较高级且专业的选项卡，用于实现 Word 2016 文档中邮件合并的功能。

（7）审阅选项卡：用于对 Word 2016 文档进行校对、修订等操作，适用于多人协作处理长文档。功能区包括校对、语言、中文简繁转换、批注、修订、更改、比较、保护等。

（8）视图选项卡：用于设置 Word 2016 操作窗口的视图方式，以方便各种操作。功能区面板包括视图、显示、显示比例、窗口、宏等。

6.3 Word 2016 的基本操作

6.3.1 Word 2016 的文档视图

所谓视图，是指文档在 Word 2016 程序窗口中的显示方式。Word 2016 提供了多种视图方式，以方便在文档编辑过程中能够从不同侧面、不同角度观察所编辑的文档。这些视图方式包括页面视图、阅读版式视图、Web 版式视图、大纲视图和草稿视图等。用户选择视图方式的方法为：在“视图”选项卡的“视图”组中选择需要的视图方式，或在 Word 2016 文档状态栏右下方单击视图快捷方式按钮。

1. 页面视图

屏幕布局与打印输出的结果完全一样。页与页之间不相连，文档在纸张上的确切位置清晰，用于编辑页眉和页脚，调整页边距，处理分栏和编辑图形对象等。Word 2016 默认的视图方式即为页面视图，是使用最多的视图方式。

2. 阅读版式视图

以图书的分栏样式显示 Word 文档，系统的“文件”按钮、功能区等窗口元素被隐藏起来。可以通过“工具”按钮选择各种阅读工具，如以不同颜色突出显示文本、新建批注等。

3. Web 版式视图

可创建能显示在屏幕上的 Web 页或文档，可看到背景和为适应窗口大小而自动换行显示的文本，且图形位置与在 Web 浏览器中的位置一致，即模拟该文档在 Web 浏览器上浏览的效果。当切换到其他视图方式，文档的背景不显示，回到 Web 版式视图下，背景将重新显示。

4. 大纲视图

主要用于设置 Word 文档和显示标题的层级结构，可方便折叠、展开各层级文档内容。大纲视图不显示页边距、页眉和页脚、图片和背景。

5. 草稿视图

早期称为普通视图。只显示文本格式，可进行文档的快捷输入和编辑。当文档满一页时，出现一条虚线，称为分页符，不显示页边距、页眉和页脚、背景、图形和分栏等。其特点是占用计算机内存少、处理速度快。

打开“视图”选项卡中的“显示”组，如果选中“导航窗格”，则编辑区的左侧显示文档的层级结构，后侧显示正文。这实际就是以前版本的“文档结构图”功能，如图 6.3 所示。

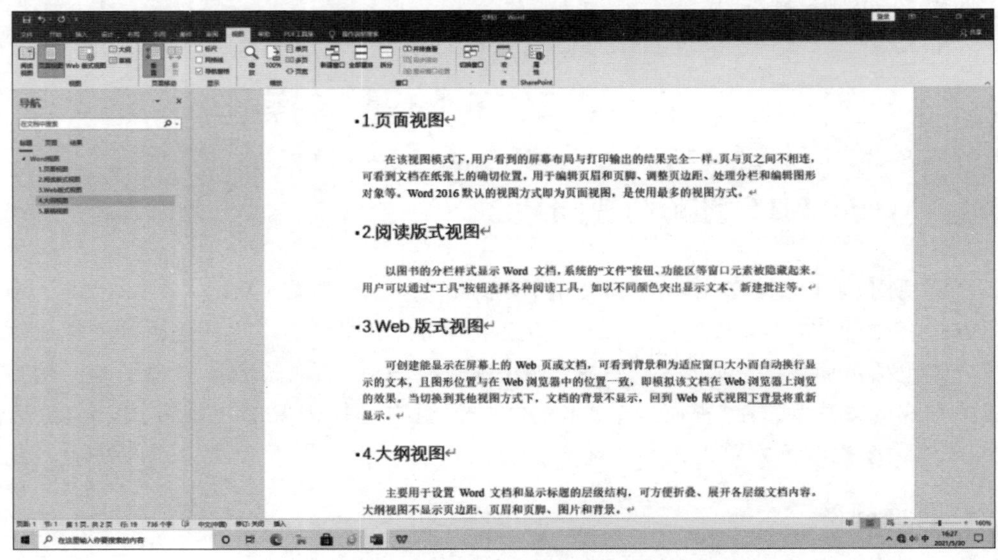

图 6.3　Word 2016 的视图选项卡及“导航窗格”

6.3.2　文档的编辑

1. 创建文档

有两种创建文档的方法：一是创建空白文档，二是根据模板创建文档。Word 2016 提供了很多种类型的模板。创建空白文档的方法为：单击“文件”选项卡中的“新建”命令，或使用 Ctrl＋N 键，如图 6.4 所示。

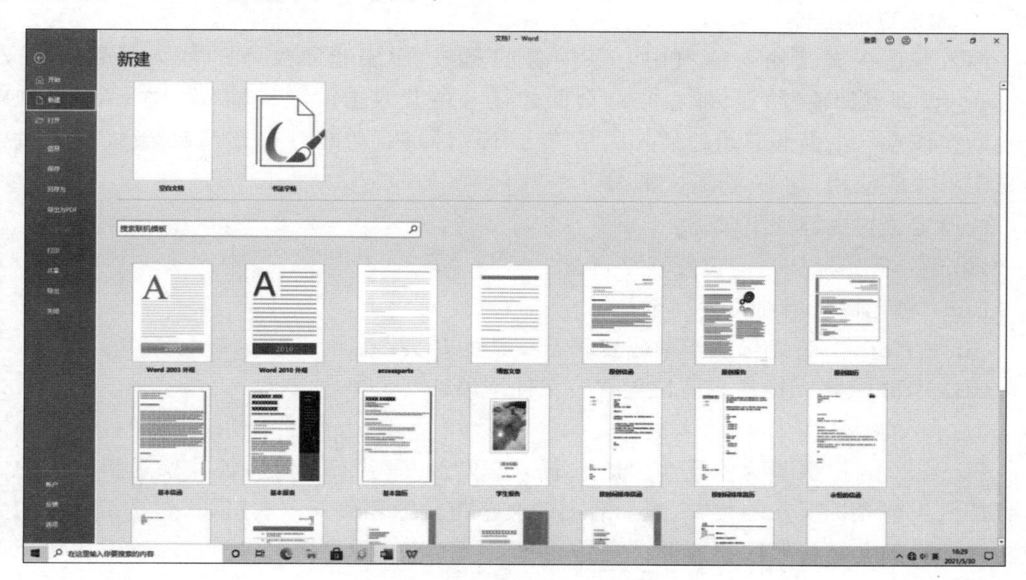

图 6.4　Word 2016 的“新建”命令

2. 文档输入

文档的输入窗口有一条闪烁的竖线，称为“插入点”，它指示文本的输入位置，在此可以键入要输入的文本内容。文档的内容包括汉字、英文字符、标点符号和特殊符号等。

1）选择合适的输入法

可以单击任务栏右边的输入法指示器选择，也可以使用快捷键选择输入法。输入法的切换方法如下。

Ctrl＋空格：在中文输入法和英文输入法之间切换。

Ctrl＋Shift：在各种输入法之间切换。

2）全角、半角字符的输入

对于英文和数字来说，全角和半角有很大区别。例如：１、２、３、Ａ、Ｂ、Ｃ 是全角字符，而 1、2、3、A、B、C 是半角字符，一个全角字符相当于 2 个半角字符。单击输入法指示栏上的半角按钮和全角按钮可以切换；也可以使用 Shift＋Space 键在全角、半角间切换。

3）键盘常见符号的输入

键盘常见符号的输入包括标点符号和其他符号的输入。中、英文标点符号的切换可以使用以下两种方法实现：使用 Ctrl+“.”(句点)键切换，或单击输入法指示栏上的按钮。

4) 特殊符号和难检字的输入

如果要输入键盘上没有的特殊符号或难检字，可以通过下面的方法实现。

① 单击“插入”选项卡中的“符号”命令。

② 使用软键盘。

Windows 提供了软键盘功能，可以方便地输入各种符号。右击输入法指示栏上的软键盘按钮，单击需要的符号项即可。

5) 插入点的定位

插入点是在文档输入窗口中一条闪烁的竖线，用于指示文本的插入位置。Word 2016 具有“即点即输”功能，即在空白页面的任意位置双击就可以输入文本，Word 2016 会自动在该点与页面的起始处插入回车符。“即点即输”功能只有在 Web 版式视图和页面视图下才能使用，这一点请注意。

快速定位快捷键如下。

Home：将光标从当前位置移至行首。

End：将光标从当前位置移至行尾。

Ctrl+Home：将光标从当前位置移至文件的开头。

Ctrl+End：将光标从当前位置移至文件结尾处。

6) 录入状态

Word 2016 提供了两种录入状态：“插入”和“改写”状态。“插入”状态是指键入的文本将插入当前光标所在的位置，光标后面的文字将按顺序后移；“改写”状态是指键入的文本将光标后的文字按顺序覆盖掉。“插入”和“改写”状态的切换可以通过以下方法实现。

① 按下 Insert 键，可以在两种方式间切换。

② 单击状态栏上的改写标记，可以在两种方式间切换。

6.3.3 文档的修改与编辑

1. 打开文档

打开文档时，Word 有多种“打开方式”选项：如“打开”“以只读方式打开”“以副本方式打开”和“用浏览器打开”等。方法为：在“文件”选项卡中执行“打开”命令，快捷方式为 Ctrl+O 键。

2. 选定文本

1) 用鼠标选定文本

小块文本的选定：按动鼠标左键，从起始位置拖动到终止位置，光标覆盖过的文本即被选中。这种方法适合选定小块的、不跨页的文本。

大块文本的选定：先在起始位置单击一下，然后按住 Shift 键，再单击文本的终止位置，起始位置与终止位置之间的文本就被选中。这种方法适合选定大块的尤其是跨页的文档，使用起来非常方便。

选定一行：将光标移至页左选定栏，光标指针变成向右的箭头，单击可以选定所在的一行。

选定一句：按住 Ctrl 键的同时单击句中的任意位置，可选定一句。

选定一段：将光标移至页左选定栏，双击可以选定所在的一段，或在段落内的任意位置快速三击，可以选定所在的段落。

选定整篇文档：将光标移至页左选定栏，快速三击，或将光标移至页左选定栏，按住 Ctrl 键的同时单击，或使用 Ctrl＋A 键，这三种方法均可以选定整篇文档。

矩形选择：按住 Alt 键，在要选取的开始位置按下左键，拖动鼠标可以拉出一个矩形的选择区域。

2）用键盘选定文本

Shift ＋←(→)方向键：分别向左(右)扩展选定一个字符。

Shift ＋ ↑(↓)方向键：分别由插入点处向上(下)扩展选定一行。

Ctrl ＋ Shift ＋ Home：从当前位置扩展选定到文档开头。

Ctrl ＋ Shift ＋ End：从当前位置扩展选定到文档结尾。

3）通过样式选择文本

对文档应用样式后，可快速选定具有相同样式的所有文本，方法为：在“开始”选项卡的“样式”组中右击某样式，在弹出的快捷菜单中选择“选择所有 * 个实例”命令(其中“ * ”表示当前文档中应用该样式的实例个数)。

3. 撤销选定的文本

单击文本内的任意位置，即可以撤销选定的文本。

4. 删除文本

按 Backspace 键向前删除光标前的字符；按 Delete 键则向后删除光标后的字符。如果要删除大块文本，可采用如下方法。

(1) 选定文本后，按 Delete 键删除。

(2) 选定文本后，单击“开始”选项卡上的“剪切”命令，或右击，在弹出的快捷菜单中选择“剪切”命令，还可以使用 Ctrl＋X 键。

5. 移动文本

常用的移动文本的方法主要有以下两种。

1）使用鼠标拖放移动文本

① 选定要移动的文本。

② 将光标指向选定的文本，光标指针变成向左的箭头，按住鼠标左键，光标指针尾部出现虚线方框，指针前出现一条竖直虚线。

③ 拖动光标到目标位置，即虚线指向的位置，松开鼠标左键即可。

2）使用剪贴板移动文本

① 选定要移动的文本。

② 将选定的文本移动到剪贴板上（使用 Ctrl＋X 键）。

③ 将光标指针定位到目标位置，从剪贴板复制文本到目标位置（使用 Ctrl＋V 键）。

以上功能用的是“开始”选项卡中“剪贴板”组中的功能。剪贴板是内存的一块空间，用于在程序内部和程序之间进行信息交换。断电时，剪贴板中的内容将消失。

6. 复制文本

常用的复制文本的方法如下。

1）使用鼠标拖放复制文本

① 选定要复制的文本。

② 将光标指针指向选定文本，指针变成向左的箭头，按住 Ctrl 键的同时按住鼠标左键，光标指针尾部出现虚线方框和一个“＋”号，指针前出现一条竖直虚线。

③ 拖动光标到目标位置，松开鼠标左键即可。

2）使用剪贴板复制文本

① 选定要复制的文本。

② 将选定的文本复制到剪贴板上（使用 Ctrl＋C 键）。

③ 将光标指针定位到目标位置，从剪贴板复制文本到目标位置（使用 Ctrl＋V 键）。

说明：“复制”和“剪切”操作均可将选定的内容复制到剪贴板，Word 2016 中最多可同时保存 24 项用户近期剪切或复制的内容。

6.3.4 查找和替换

Word 2016 提供对文档内容的查找、替换和定位功能，有两种方法。

1. 基本查找

在“视图”选项卡的“显示”组里选中“导航窗格”复选框，文档左侧将出现导航窗格。根据需要单击相应标题，即可对文字及段落进行简单定位。如果直接拖曳，还可以改变各段落的顺序。在导航窗格的上方搜索框中可以键入所查找的关键字，Word 会快速定位，并以高亮度显示。

2. 高级查找

在导航窗格中单击搜索框右侧下拉按钮，选择“高级查找”命令，或者在“开始”选项卡的“编辑”组中单击“查找”右侧的下拉按钮，在弹出的下拉菜单中选择“高级查找”命令，都能打开“查找和替换”对话框。

Word 2016 提供“查找”和“替换”功能，它们可以大大提高编辑效率。例如，要在文档中搜索“专升本”字符串，则可在“查找和替换”对话框中的“查找内容”文本框内输入“专升本”，然后单击“查找下一处”按钮，Word 会逐个找到要搜索的内容。在编辑文档的过程中，如果要将文中所有的“专升本”替换为“专升硕”,一个一个地手动改写浪费时间且容易遗漏。Word 提供的“替换”功能就可以轻松地解决这个问题。在“查找内容”文本框中输入“专升本”,在“替换为”文本框中输入“专升硕”,根据需要单击“替换”或“全部替换”即可。

在“查找和替换”对话框中可以使用“更多”按钮设置查找或替换的内容,还可以进行各种类型的定位操作,如图 6.5 所示。

图 6.5 Word 2016 的“查找和替换”对话框

6.3.5 文档校对

Word 2016 提供拼写和语法检查功能,能进行中英文的拼写和语法检查,大大降低输入错误率,使单词、词语和语法的准确率提高。需要注意,Word 给出的仅仅是建议,在很多情况下 Word 会出现误判现象。

1. 设置方法

切换到“审阅”选项卡,在“校对”组中单击“拼写和语法”按钮,若没有错误,系统将弹出提示框,根据提示设置即可。

2. 检错标志

当 Word 检查到拼写和语法错误时,就会用红色波浪线标出拼写错误,用绿色波浪线标出语法错误。这些标出的波浪线属于非打印字符，不影响文档的打印。当然，有些特殊用法或写法，如人名、地名等也会被 Word 误认为是错误的，可以不用理会。

3. 自动更正

为提高输入和拼写检查效率，Word 提供“自动更正”功能，用于将字符、文本或图形替换成特定的字符、词组或图形。方法为：单击“文件”选项卡的“选项”命令，在打开的对话框中选择“校对”选项卡，然后在其对话框中单击“自动更正选项”按钮。如图 6.6 所示。

图 6.6　Word 2016 的“自动更正”对话框

4. 字数统计

切换到“审阅”选项卡，在“校对”组中单击“字数统计”按钮，弹出“字数统计”对话框，其中显示了当前文档的页数、字数、段落数、行数等信息。也可以对文档中的任意选定内容进行字数统计。

6.3.6　撤销与恢复

1. 撤销

作用是取消最近一次的操作，可以连续撤销。方法为：单击快速访问工具栏上的“撤销”按钮，或按下 Ctrl+Z 键，但无法执行间隔撤销操作。

2. 恢复

是对撤销操作的反操作,快捷键是 Ctrl+Y。

6.4 文档格式化

6.4.1 设置字符格式

1. 设置字体

Word 2016 提供了丰富的字体格式。选定目标文本后,可设置其字体、字形、字号、颜色、下画线及特殊效果等。方法为:选中文本后,在悬浮工具栏中设置字体,或者在“开始”选项卡的“字体”组中设置。在“开始”选项卡的“字体”组右下角单击对话框启动器按钮,可打开“字体”对话框进行详细设置,如图 6.7 所示。

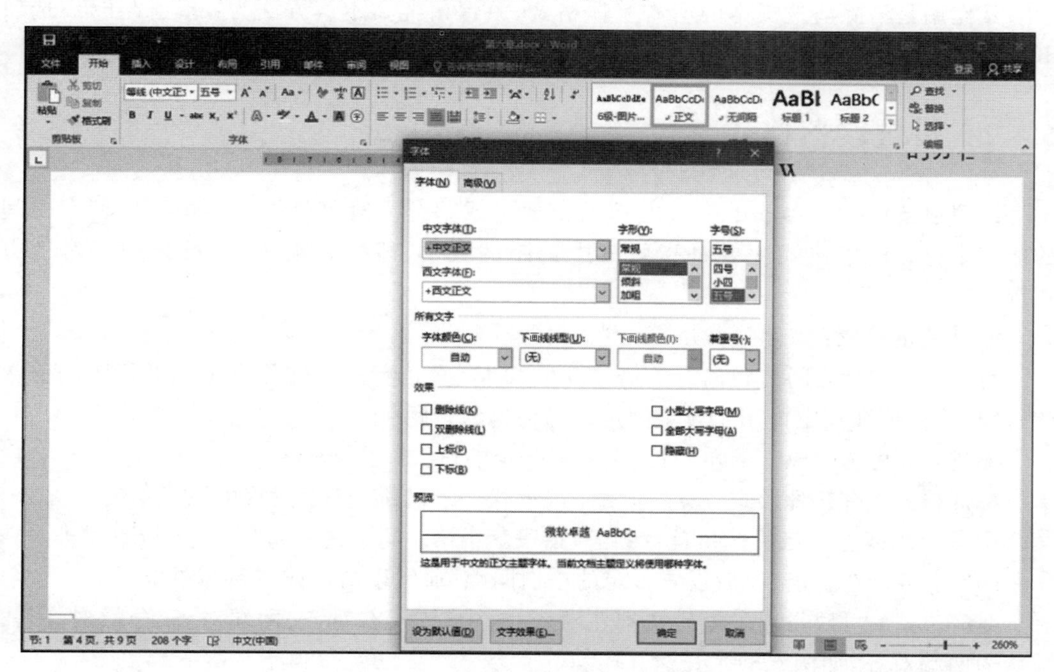

图 6.7 Word 2016 的“字体”对话框

2. 字符间距

字符间距是指字符之间的距离,可根据需要灵活调整。方法为:在“字体”对话框的“高级”选项卡中设置“缩放”“间距”和“位置”。

3. 突出显示文本

Word 2016 提供对文本的突出显示功能，即用鲜明的颜色对文本做标记。方法是：在“开始”选项卡的“字体”组中选择“以不同颜色突出显示文本”命令，或者选中文本后在悬浮工具中设置。

4. 格式刷

格式刷是一种快速格式复制工具，能将某文本对象的格式复制到另一个对象上，从而避免重复设置格式的麻烦。方法为：选中需要复制的格式所属文本，单击“剪贴板”组中的“格式刷”按钮，拖动选择需要设置相同格式的文本，完成后释放鼠标。

连续使用格式刷需双击“格式刷”按钮，当不再需要格式刷时，再次单击“格式刷”或按 Esc 键，即可退出格式复制状态。

5. 清除字体格式

其作用是清除所选文本的所有字体格式，只保留纯文本。方法为：单击“开始”选项卡“字体”组中的“清除格式”按钮。有关段落格式的复制过程，同文本格式复制相同。

6.4.2 设置段落格式

设置段落格式是 Word 2016 文档的重要组成部分。段落是指文档中两次回车之间的所有字符。段落格式主要是指段落中行距的大小、段落的缩进、换行、分页、对齐方式等。

缩进度量单位：厘米、镑、字符。

行距：行与行之间的距离有单倍、1.5 倍、2 倍、多倍行距。这是设定标准行距的倍数的行距；最小值和固定值用于设定固定的镑值作为行距。

缩进：可将选定段落的左、右边距缩进一定的量。

特殊格式：有三种形式，“无”即无缩进形式；“悬挂缩进”指段落中除了第一行之外，其余所有行都缩进一定值；而“首行缩进”指段落中第一行缩进一定值，其余行不缩进。

间距：可以在段前、段后设置一定的空白间隙，通常以“行”或“镑”为单位。

对齐方式：可以设置段落或文本左对齐、居中对齐、右对齐、两端对齐、分散对齐等，默认为两端对齐，如图 6.8 所示。

6.4.3 项目符号和编号

使用项目符号和编号，可以使文档有条理、层次清晰、可读性强。项目符号使用的是符号，而编号使用的是一组连续的数字或字母，出现在段落前。

项目符号和编号的使用方法是：先将光标定位在要插入项目符号或编号的位置，然后单击“开始”选项卡“段落”组中的“项目符号和编号”命令，选择合适的项目符号或编号，

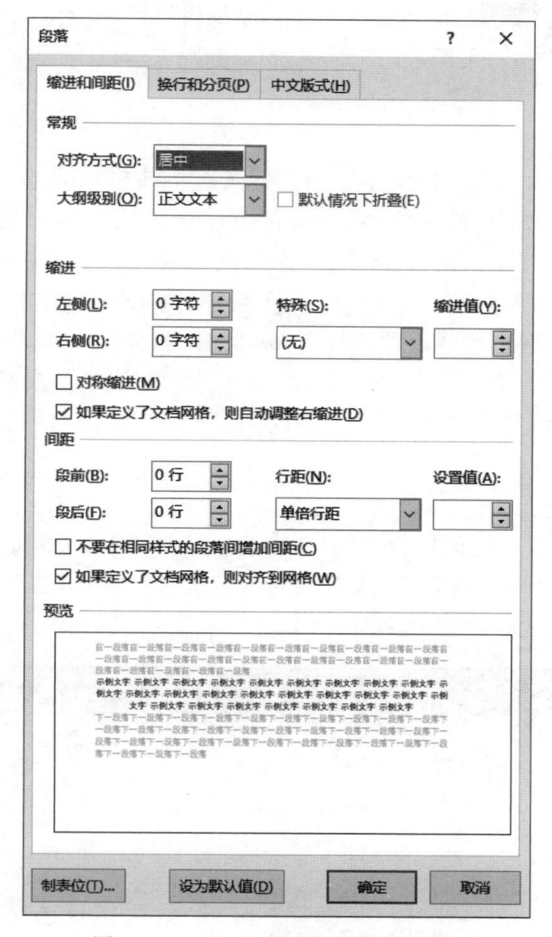

图 6.8　Word 2016 的“段落”对话框

单击“确定”按钮。

使用项目符号或编号后，在该段落结束按回车键时，系统会自动在新的段落前插入同样的项目符号或编号，还会自动调整项目符号或编号的位置缩进相同。

6.4.4　分页、分节和分栏

1. 分页

Word 2016 具有自动分页功能，输入内容满一页时，系统会自动换到下一页，并在文档中插入一个自动分页符。在某些特殊情况下，为了实现诸如“当前页面下方留白”等特殊效果，也可以插入人工分页符，实现手工强制分页。方法为：将光标插入点定位到要分页的位置，切换到“布局”选项卡，在“页面设置”组中单击“分隔符”右边的下拉按钮，在弹出的快捷菜单中选择“分页符”命令即可。通过使用 Ctrl＋Enter 键也可以开始新的一页。

在“开始”选项卡的“段落”组中单击“显示/隐藏编辑标记”按钮，可以显示出隐藏的人工分页符，把插入点定位在分页符前面，按 Delete 键可以删除它，而自动分页符则不能手工删除。

2. 分节

为实现一篇 Word 2016 文档中不同的部分具有不同格式的效果，“节”的利用是必不可少的。节是独立的格式设置单位，每一节都可以设置成不同的格式。Word 文档默认只有一个节，如果要将其切割成多个节，以便灵活设置格式，插入分节符即可。方法为：将插入点定位在需要插入分节符的位置，切换到“布局”选项卡，在“页面设置”组中单击“分隔符”右边的下拉按钮，在弹出的快捷菜单中选择相应的分节符命令。删除分节符的方法为：在“开始”选项卡的“段落”组中单击“显示/隐藏编辑标记”按钮，可以显示出隐藏的分节符标记，将光标定位到“分节符”标记前面，按 Delete 键即可删除。

3. 分栏

为了方便阅读，展示不同风格的文档，或者为了节约纸张，可考虑进行分栏排版。方法为：在“布局”选项卡的“页面设置”组中单击“分栏”按钮，在弹出的下拉列表中选择分栏方式。也可以通过选择“更多分栏”命令打开“分栏” 对话框进行详细设置，如图 6.9 所示。

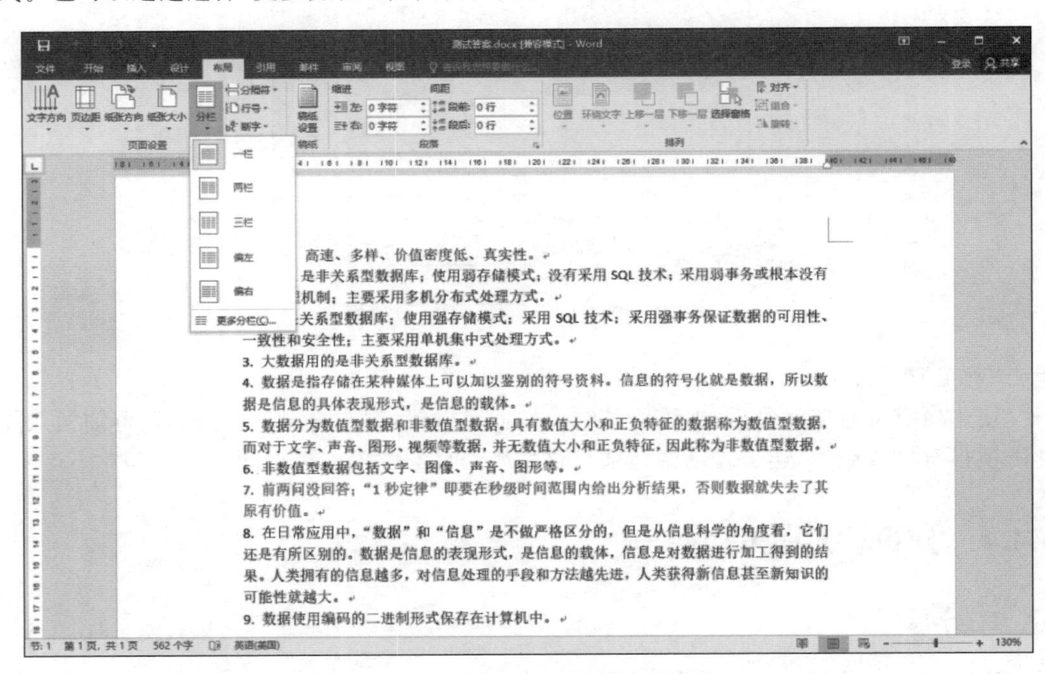

图 6.9　Word 2016 的分栏效果设置

6.4.5　页眉、页脚和页码

页眉显示在页面上页边距位置，显示文章题目、章节等信息；页脚显示在下页边距位置，显示文档的页码、作者等信息。页眉和页脚的有效利用可使得文档美观、标准。

插入页眉、页脚的方法为：在“插入”选项卡中单击“页眉和页脚”组中的“页眉”按钮，选择页眉样式，文档自动进入页眉编辑区。完成页眉编辑后，在“页眉和页脚工具-设计”选项卡的“导航”组中单击“转至页脚”按钮，以转至当前页的页脚进行设置。

编辑页眉、页脚时，文档正文处于反白状态，是不能编辑的。编辑完页眉、页脚后，双击文档正文的任意位置，即可切换到正文编辑状态。反之，如果希望继续编辑页眉、页脚，也需要双击页眉、页脚位置，即可进入页眉、页脚编辑状态。

设置页眉、页脚时，可设置其“首页不同”“奇偶页不同”“显示文档文字”等。方法为：单击“编辑页眉”或“编辑页脚”时，系统功能区自动显示“页眉和页脚工具”选项卡，如图 6.10 所示。

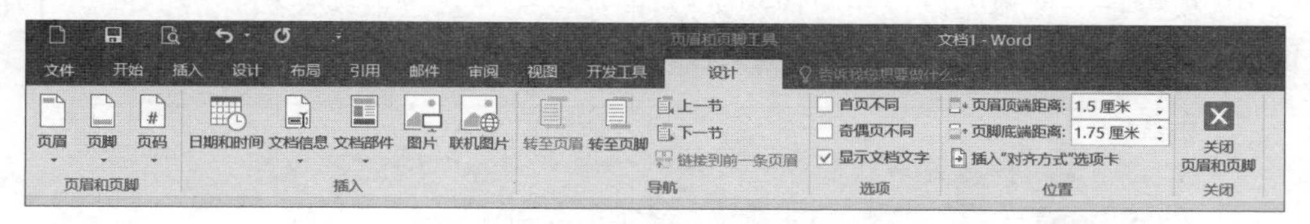

图 6.10 “页眉和页脚工具”选项卡

在“插入”选项卡的“页眉和页脚”组中单击“页码”按钮。若在下拉列表中选择“设置页码格式”选项，可在弹出的“页码格式”对话框中设置页码的编码格式、起始页码等参数。页码默认从 1 开始。

6.4.6 边框和底纹

边框和底纹的目的是为了美化文档，使文档格式达到理想的效果。在 Word 2016 中，可以为文本、段落、页面及图形设置边框和底纹，实现美化效果。它的设置分 3 个方面。

1. 为字符设置边框

方法为：选定文字，在“开始”选项卡的“字体”组中单击“字符边框”按钮。

2. 为段落设置边框

方法为：选定段落，在“开始”选项卡的“段落”组中单击“边框”按钮，在弹出的下拉列表中选择合适的框线类型。

3. 为文档设置页面边框

Word 2016 可以给整个页面添加一个页面边框，方法为：在“开始”选项卡的“段落”组中单击“边框”按钮，在弹出的下拉列表中选择“边框和底纹”命令，弹出“边框和底纹”对话框，切换到“页面边框”选项卡，分别设置边框的样式、线型、颜色、宽度、应用范围等。或者选择“设计”选项卡中的“页面背景”组中的“页面边框”。

6.4.7 样式和模板

样式、模板、域和宏，是 Word 2016 的 4 项核心技术。

样式：就是多个排版命令组合而成的集合，或者说样式是一系列预置的排版指令。当希望快速改变某个特定文本(可以是一行文字、一段文字，也可以是整篇文档)的所有格式时，可以使用 Word 2016 的样式来实现，这可以极大提高工作效率。可以修改当前样式，新建自己的样式，删除自己的样式，但是不能删除系统的样式。另外，样式不对应文件名，当然也就不对应文档。

模板：由多个特定的样式组合而成，是一种排版编辑文档的基本工具。在 Word 2016 中，模板是一种预先设置好的特殊文档，能提供一种塑造最终文档外观的框架，同时又能向其中添加自己的信息，如图 6.11 所示。

图 6.11　Word 2016 提供的部分模板

6.4.8 版面设计

1. 封面设计

这是 Word 2016 一个非常新而实用的功能。编辑论文或报告时，往往需要一个封面,Word 2016 提供了一个封面样式库,可直接使用,方法为:打开文档,将插入点定位在文档的任意位置,切换到“插入”选项卡,单击“页面”组中的“封面”按钮,在弹出的下拉列表中选择需要的封面样式,在相应位置输入内容即可,如图 6.12 所示。

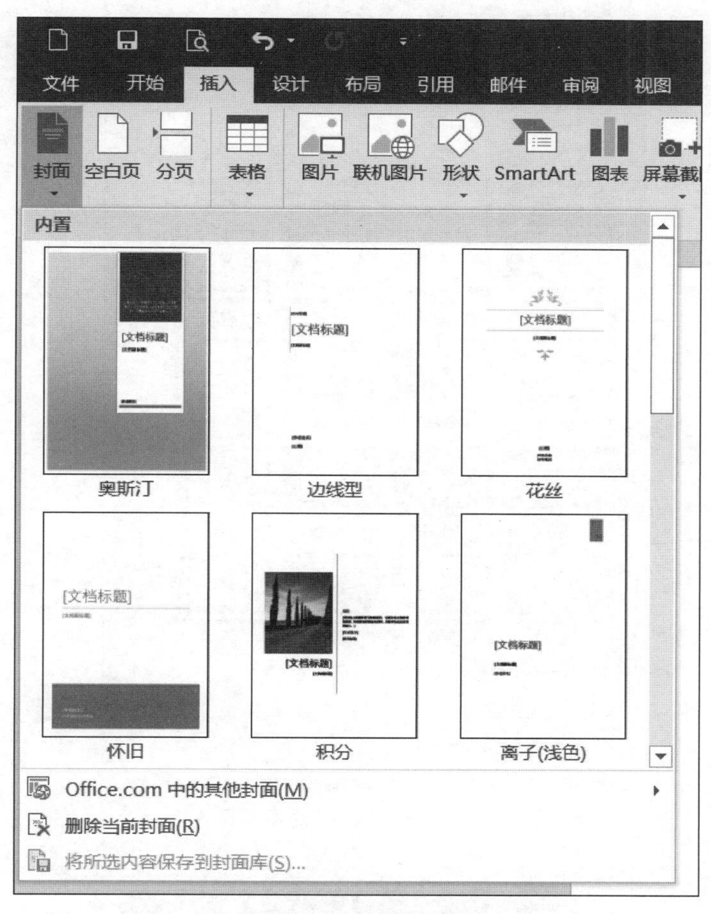

图 6.12　Word 2016 的封面库

2. 主题设置

使用主题可快速改变 Word 2016 文档的整体外观,包括字体、字体颜色和图形对象的效果等。方法为:打开 Word 2016 文档窗口,单击“设计”选项卡“主题”组中的“主题”下拉按钮,在打开的“主题”下拉列表中选择合适的主题,如图 6.13 所示。

3. 页面设置

页面设置主要包括文字方向、页边距、纸张方向、纸张大小、分栏等的设置,以及分隔符、行号、断字等的设置。方法为:在“布局”选项卡的“页面设置”组中单击相应命令按钮,如图 6.14 所示。

(1) 文字方向:可以设置文字方向为水平方向、垂直方向、所有文字旋转 90°/270°,以

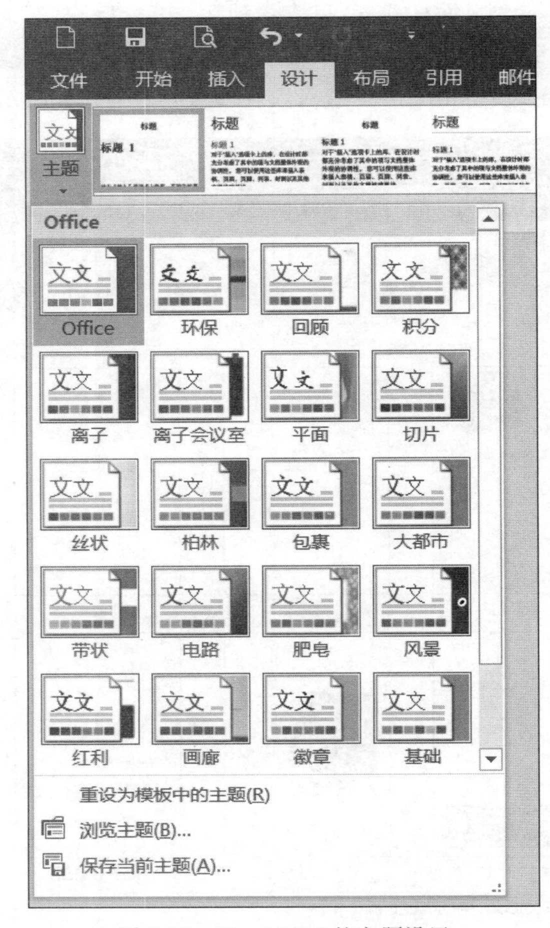

图 6.13　Word 2016 的主题设置

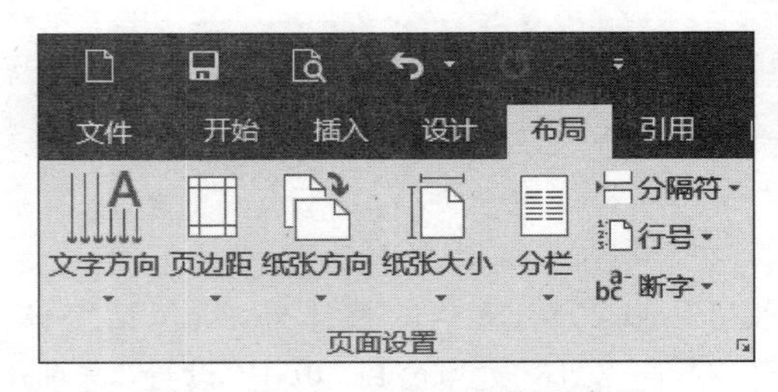

图 6.14　Word 2016 的页面布局

及将中文旋转 270°等。

(2) 页边距：包括上、下、左、右边距。边距是指文档正文到各页边留白的长度。

(3) 纸张方向：包括横向、纵向。

(4) 纸张大小：根据需要选择纸张大小，如 A4、B5 等。

(5) 分栏：可将文档分为多栏显示，以展现文档的特殊效果。分栏效果可以是一栏、两栏、三栏、多栏、偏左、偏右等。

(6) 分隔符：包括分页符、分栏符、自动换行符、分节符。分页符就是人工分页符，使用 Ctrl＋Enter 键输入；分栏符指示分栏符后面的文字内容从下一栏开始；自动换行符的作用是换行但不分段，使用 Shift＋Enter 键；分节符是为了文档的不同节有不同的格式，包括多种类型。

(7) 行号：是给文档各页的文本内容左侧增加行编号，以利于阅读和校正。Word 2016 默认无行号，可以设置整篇文档连续编号、每个页面重新编号、每个节重新编号、某段禁止编号等。

(8) 断字：为保证文章右侧整齐，Word 2016 提供了断字功能。即在一行的结尾，一组数字或英文单词太长而不能完全放下时，将其拆成两节，并用短线相连。Word 2016 提供了“手动断字”和“自动断字”两种方式。

6.5 制作表格

6.5.1 创建表格

使用“插入”选项卡“表格”组中的命令即可创建表格。如果表格行列数较小，例如小于 10×8 的表格，可通过“插入表格”中绘制虚拟表格的方式实现；如果表格行列数较大，则可以选择“插入表格…”命令，此时弹出“插入表格”对话框，可以根据需要输入列数和行数；如果单击“绘制表格”，则可以使用鼠标绘制表格；当表里的内容有复杂的计算或逻辑关系时，可通过“Excel 电子表格”命令引入 Excel 的功能创建表格；如果单击“快速表格”，系统将根据选择创建已经具有某些格式的表格。

6.5.2 编辑表格

1. 选定单元格

选定单元格：将鼠标指针移到单元格内部的左侧，指针变成向右的黑色箭头，单击可以选定一个单元格，拖动可以选定多个单元格。

选定表行：将光标移到页左选定栏，指针变成向右的箭头，单击可以选定一行，继续向上或向下拖动，可以选定多行。

选定表列：将光标移至表格的顶端，指针变成向下的黑色箭头，在某列上单击可以选定一列，向左或向右拖动，可以选定多列。

选定表中矩形块：从矩形块的左上角向右下角拖动，鼠标扫过的区域即被选中。

选定整表：当光标移向表格内，表格外的左上角会出现一个“全选”按钮，单击可以选定整个表格。

2. 插入和删除行/列/单元格

在需要插入新行或新列的位置选定一行(一列)或多行(多列)(将要插入的行数(列

数)与选定的行数(列数)相同)。将鼠标指针放到表格内部任意位置,Word 2016 会感应到,功能区自动出现“表格设计”选项卡,其中包括“设计”和“布局”选项卡。“设计”选项卡用于设置表格的外观,如选择表格的样式,设置表格的边框和底纹,以及绘制表格或擦除表格边框等;“布局”选项卡用于选择表格的行、列、单元格及整个表格,以及设置表格属性,插入/删除表格的行、列、单元格及整个表格,合并、拆分单元格,拆分表格,设置单元格属性、对齐方式、内容排序以及输入公式等。如图 6.15 所示。

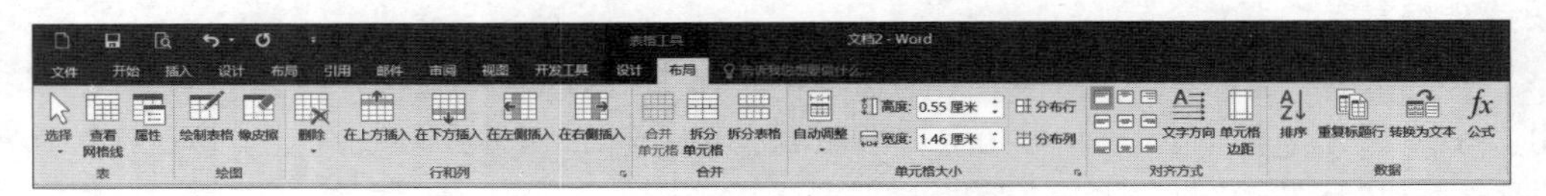

图 6.15　Word 2016 的表格工具

3. 拆分、合并单元格

在“表格工具-布局”选项卡中,使用“合并”组中的“合并单元格”或“拆分单元格”按钮,可对选中单元格进行合并或拆分操作,也可以使用“拆分表格”按钮对表格进行拆分或合并。

拆分表格:将插入点放在需拆分行的任意单元格中,在“表格工具-布局”选项卡的“合并”组中单击“拆分表格”按钮,即可实现拆分。表格只能进行拆分,不能进行列拆分。如果要合并两个表格,可将两个表格的文字环绕方式设置为“无”,然后删除两个表格之间的段落标记。

4. 编辑表格内容

表格中数据的编辑,包括文字的增、删、更改、复制、移动、字体、字号以及对齐方式的设置等,操作同正文操作类似。当输入单元格的数据超出单元格的宽度时,系统会自动换行,增加行的高度,而不是自动变宽或转到下一个单元格(这一点同 Excel 不同,请读者注意)。当然,也可以通过改变表格宽度来调整表格内容,使之达到最理想的效果。

6.5.3　格式化表格

1. 单元格的对齐方式

通过“表格工具-布局”选项卡中的“对齐方式”组,可设置选中的单元格的对齐方式。也可以选中单元格后右击,在弹出的快捷菜单中选择“单元格对齐方式”命令,从其级联菜单中选择相应对齐方式的图标即可。

2. 使用“表格样式”格式化表格

设置一个美观的表格往往比创建表格还麻烦。为了加快表格的格式化速度,Word 2016 提供了“表格样式”功能,该功能可以快速格式化表格,方法为:选中表格,在“表格工具-设计”选项卡的“表格样式”组中选择所需样式即可。Word 2016 还在“表格工具-设计”选项卡中提供了表格边框、底纹的设计功能。

使用“表格属性”对话框，可对表格本身、行、列、单元格进行格式设置，方法为：选中表格后右击，在弹出的快捷菜单中选择“表格属性”命令，弹出“表格属性”对话框，如图 6.16 所示。

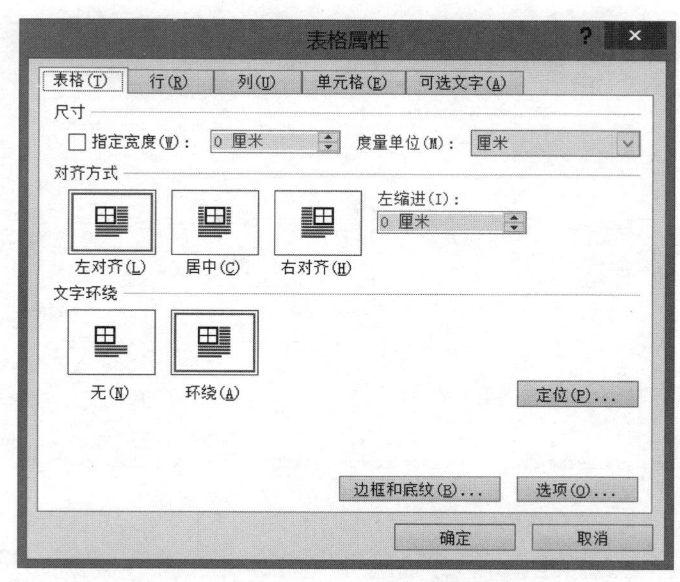

图 6.16　Word 2016 的“表格属性”对话框

6.5.4　表格计算与排序

1. 单元格命名

Word 2016 的表格就是一个单元格阵列，单元格是组成表格的基本单位。单元格的命名规则同 Excel 2016 相同，单元格的名称由列标和行号来标识，列标在前，行号在后，如 B3 单元格，表示第 2 列第三行的单元格。

2. 数据计算

Word 2016 提供公式计算功能，方法为：选中单元格，单击“表格工具-布局”选项卡“数据”组中的“公式”按钮，弹出“公式”对话框，可根据需要输入或选择公式。

使用公式时应注意：①公式开头必须有“＝”，否则系统报错；②公式应在英文半角状态下输入，字母不区分大小写；③公式计算中的 4 个方向参数，是 ABOVE、BELOW、LEFT、RIGHT，分别表示向上、向下、向左和向右运算的方向；④公式引用的数据源发生变化后，计算的结果并不会自动改变，需要用户手动进行公式更新。方法为：单击需要更新的公式数据，右击，在弹出的快捷菜单中选择“更新域”命令。

3. 数据排序

Word 2016 表格可以基于某一列或多列排序。排序方式包括升序和降序，最多可按照 3 个列排序，列选择排序方式时相互不受影响。方法为：在“表格工具-布局”选项卡的“数据”组中选择“排序”按钮，弹出“排序”对话框，如图 6.17 所示。

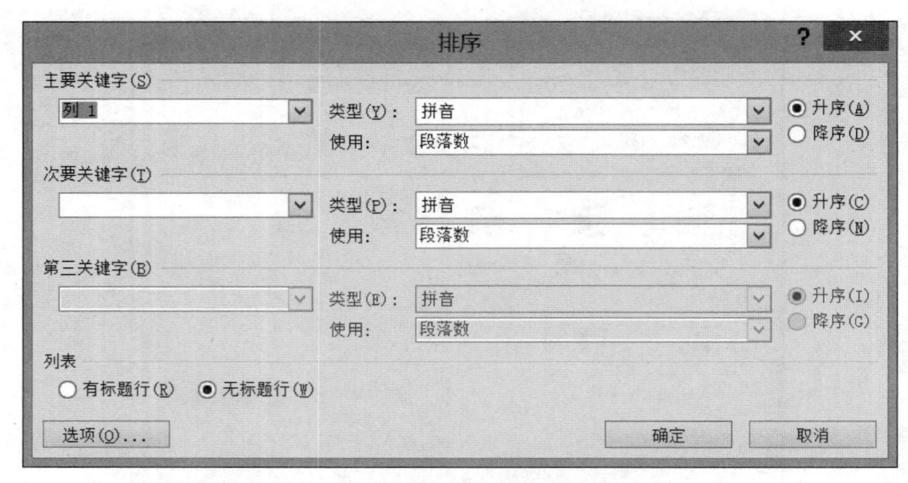

图 6.17　Word 2016 的“排序”对话框

根据需要选择主要关键字、次要关键字和第三关键字，排序时也可以设定当前列表中“有标题行”或“无标题行”。之所以出现多个关键字，是因为在排序时，可能会出现关键字取值相同的情况，此时如果需要严格排序，就需要继续选择第二甚至第三个关键字。举例说明：为给学生排出期末考试名次，首先按照文化课总分排名，文化课总分相同情况下，再按日常绩效分数排名。

6.6　图 文 混 排

6.6.1　插入剪贴画和图片

Word 2016 自带了一个内容丰富的剪辑库，包括多种媒体类型，如插图、照片、音频、视频等，可以方便地将需要的剪贴画插入到文档中。也可以插入硬盘或其他外存中的图片到文档中。

1. 插入剪贴画

(1) 确定要插入图片的位置，单击“插入”选项卡“插图”组中的“剪贴画”按钮，在窗口右侧弹出 “剪贴画”对话框。

(2) 在其中选择需要的剪贴画类别，然后从类别中选择需要的媒体文件类型，插入即可。

2. 插入图片文件

还可以把一个已经编辑好的图片文件(如从网上、数码相机或扫描仪中得到的图片)插入到 Word 2016 中。步骤如下。

(1)将光标定位在要插入图片的位置。

(2)单击“插入”选项卡“插图”组中的“图片”按钮,弹出“插入图片”对话框,选择所需图片,单击“插入”按钮即可。

6.6.2 图片格式化和图文混排

Word 2016 提供“图文混排”技术,可以在文档中插入各种图形和对象,使得文档图文并茂,更加吸引读者。实际上,Word 2016 大大增强了图片处理技术,使用 Word 即可设计出漂亮的图片。选中某图片并单击时,系统功能区中自动增加“图片工具-格式”选项卡,如图 6.18 所示,其中提供了删除背景、修改颜色、设置艺术效果、修改图片样式、改变图片位置、排列图片、设置图片大小等功能,非常强大。

图 6.18 Word 2016 的图片工具

1. 浮动式对象和嵌入式对象

浮动式对象周围有 8 个尺寸柄,可以放置到页面的任意位置,并允许与其他对象组合,还可以与正文实现多种形式的环绕。嵌入式对象只能放置到有文档插入点的位置,不能与其他对象组合,可以与正文一起排版,但不能实现环绕。

2. 图片的编辑

1) 选定图片

编辑图片时,首先要单击选定对象。选定对象时,对象周围会出现 8 个尺寸柄。

2) 调整对象的大小

单击选定的对象,用光标指向尺寸柄,光标指针变成双向的箭头,拖动就可以随意改变对象大小。

3) 对象的移动

用鼠标左键按住浮动式对象,可以将其拖放到页面的任意位置,用鼠标左键按住嵌入式对象,可以将其拖放到有插入点的任意位置。还可以利用剪贴板,使用“剪切”与“粘贴”的方法实现对象的移动。

另外,可以使用键盘微调图片位置。方法是:单击要微调的图片,使用 Ctrl+←(↑、→、↓)方向键可以分别向左(向上、向右、向下)轻微移动图片。

4）图片的复制

复制图片的方法主要有两种：一种是拖动对象的同时按住 Ctrl 键，就可以实现对象的复制。另一种方法是利用剪贴板，使用“复制”与“粘贴”的方法实现对象的复制。

5）图片的删除

选定图片后，按 Delete 键就可以删除图片，还可以使用“编辑”菜单中的“清除”命令或“剪切”命令。“剪切”的图片进入剪贴板，可以将其移动到其他位置，而“清除”或按 Delete 键删除的图片则被永久删除。

6）组合图形

组合图形的方法如下。

① 按住 Shift 键，依次单击要组合的图形。

② 右击，在弹出的快捷菜单中选择“组合”命令，再从其级联菜单中选择“组合”命令，这样就可以将所有选中的图形组合成一个图形，作为一个图形对象进行处理。

3. 设置图片的环绕方式

浮动式对象与正文之间的关系比较灵活，既可以浮于文字之上，也可以衬于文字之下，还可以与文字进行多种形式的环绕排版。

改变对象环绕方式的方法如下。

（1）右击要设置环绕方式的图片，在弹出的快捷菜单中选择“大小和位置”命令，打开“布局”对话框，如图 6.19 所示。

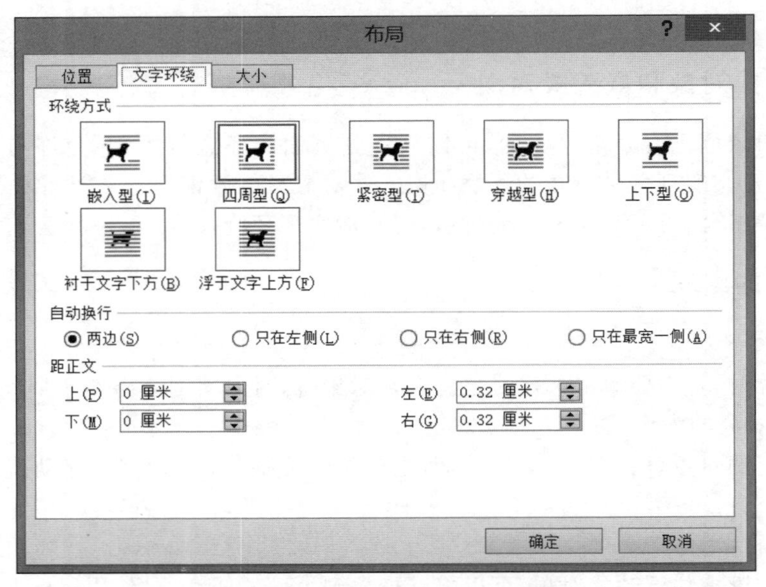

图 6.19　Word 2016 的“布局”对话框

（2）在“布局”对话框中单击“文字环绕”选项卡。

（3）“环绕方式”一栏中列出了多种环绕方式，分别为嵌入型、四周型、紧密型、穿越型、上下型、衬于文字下方、浮于文字上方等，选择其中的一种，单击“确定”按钮即可实现环绕效果。

6.6.3 插入和编辑艺术字

艺术字的使用可以使打印出来的文档更加美观。艺术字默认的插入形式是浮动式的,可以放置到页面的任意位置,实现与文字的环绕,还可以与其他浮动式对象进行组合。方法为:在“插入”选项卡的“文本”组中选择“艺术字”按钮,即可根据要求插入艺术字。

6.6.4 绘制图形

在 Word 中不仅可以插入图片,还可以绘制图形。Word 提供了一些绘图工具,利用这些工具可以绘制直线、长方形、椭圆等多种多样的基本图形,由这些图形再组合成一整幅图片。方法为:在“插入”选项卡的“插图”组中选择“形状”,然后选择自选图形、线段、箭头、矩形和椭圆等基本图形。要画出正方形或圆形,在拖动的同时需按住 Shift 键。

6.6.5 文本框

文本框是一种特殊的带有边框的文本,通过它以把文字放置在页面的任意位置,实现和其他图形重叠、环绕、组合等各种效果。Word 2016 提供了很多常用的文本框样式,如奥斯汀提要栏、次转型提要栏等,也可以自行绘制横排文本框和竖排文本框。方法为:在“插入”选项卡“文本”组中单击“文本框”命令,即可根据需要选择文本框类型。

6.6.6 插入数学公式

利用公式工具,Word 2016 可以插入复杂的数学公式,例如:

$$\iint f(x,y)\mathrm{d}x\mathrm{d}y$$

方法为:单击“插入”选项卡“符号”组中的“公式”按钮,系统首先显示一些内置的编辑好的公式,供选用。如果创建新公式,则单击“插入新公式”按钮,转入“公式工具-设计”选项卡,此处可编辑新公式。

6.7 文档保护

6.7.1 防止文档内容丢失

1. 自动保存功能

在默认情况下,Word 2016 每隔 10 分钟自动保存一次文档,可以根据需要调整时间间隔。方法为：单击功能区中的“文件”选项卡，选择“选项”命令，单击“保存”选项卡，选中“保存自动恢复信息时间间隔”复选框，然后在“分钟”框中键入或选择用于确定文件保存频率的数字。

2. 自动备份功能

为避免原文档损坏带来损失，可以使用备份副本的方式。方法为：单击“文件”选项卡，选择“选项”命令，单击“高级”选项卡，在“保存”标题下选中“始终创建备份副本”复选框，然后单击“确定”按钮。

每次保存文档时，系统自动创建一个备份副本，扩展名为 wbk。备份副本保存位置同原始文档相同。原文件中会保存当前所保存的信息，而备份副本中会保存上次所保存的信息。每次保存文档，备份副本都将替换上一个备份副本。

6.7.2 保护文档安全

1. 设置打开密码

有些文档非常重要，为了防止其他用户查看，可设置打开密码。方法为：①打开文档，在“文件”选项卡中选择 “信息”命令，在中间窗格中单击“保护文档”按钮，在弹出的下拉列表中单击“用密码进行加密”选项，打开“加密文档”对话框；②在“密码”文本框中输入密码，单击“确定”按钮，弹出“确认密码”对话框，在其中的“重新输入密码”文本框中再次输入密码，单击“确定”按钮。

再次打开文档时，系统会弹出“密码”对话框，要求输入密码。此时需要输入正确的密码才能打开文档。如果要取消加密，则先用原密码打开该文档，然后在上述设置界面中删除密码即可。

2. 设置修改密码

有些文档，允许用户打开查看内容，但不允许修改，此时就可设置修改密码。方法为：①打开文档，在“文件”选项卡中选择“另存为”命令，在对话框中单击“工具”按钮，然后在弹出的下拉菜单中选择“常规选项”命令，弹出“常规选项”对话框；②在“修改文件时的密码”文本框中输入密码，单击“确定”按钮，弹出“确认密码”对话框，再次输入密码，单击“确定”按钮，返回“另存为”对话框，单击“保存” 按钮保存设置。

再次打开文档时会弹出“密码”对话框，此时需在“密码”文本框中输入正确密码，才能打开并编辑文档。如果不知道密码，其他用户只能单击“只读”按钮，以只读方式打开文档，从而在一定程度上保护文档内容。

6.8 文档打印

Word 2016 的文档打印技巧包括打印及打印预览功能。Word 2016 采用“所见即所得”的字处理方式，在页面视图模式下，窗体的页面与实际打印的页面是一致的。打印之前，可以用“打印预览”命令了解页面的整体效果。单击工具栏上的“打印”按钮，可以从文件首页开始打印。要进行比较复杂的打印设置，则必须使用菜单命令完成，步骤如下。

（1）单击“文件”选项卡中的“打印”命令，打开“打印”对话框。

说明：若计算机没有安装打印机驱动程序，则无法执行“打印”命令。所以，打印文档之前，不仅要连接打印机与计算机，还要确认已安装打印机驱动程序。

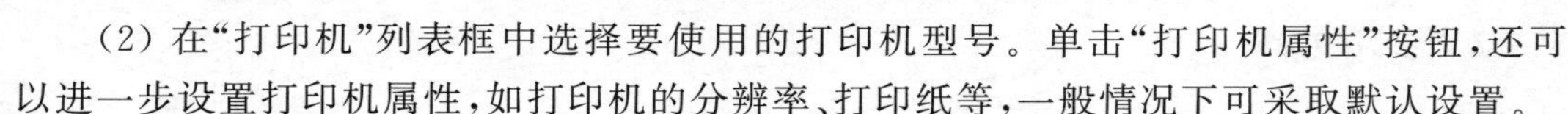

（2）在“打印机”列表框中选择要使用的打印机型号。单击“打印机属性”按钮，还可以进一步设置打印机属性，如打印机的分辨率、打印纸等，一般情况下可采取默认设置。

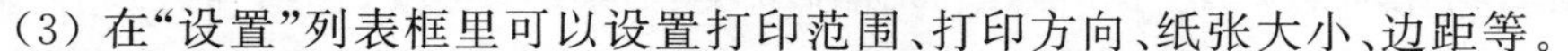

（3）在“设置”列表框里可以设置打印范围、打印方向、纸张大小、边距等。

选择打印哪些页面时，有 4 个选择：打印所有页（整个文档）、打印所选内容、打印当前页面（光标插入点所在页）以及打印自定义页码范围。要打印连续的多页，如 5～20 页，则在页码范围框中输入“5-20”，要打印不连续的多页，如 1、3、5、8 页，则在页码范围框中输入“1,3,5,8”。注意页码之间的符号应在英文、半角状态下输入，否则系统会提示“打印范围无效！”。

6.9 Word 2016 的高级应用

需要掌握的 Word 2016 高级应用技巧，包括邮件合并、目录生成、审阅和修订文档。

6.9.1 邮件合并

在日常工作中，有时需要编辑会议通知、录取通知书（一般需要很多份）之类的文档。这类文档除了姓名、通信地址等小部分内容不同外，其他内容完全相同。利用 Word 2016 提供的邮件合并功能，即邮件合并域，可以很轻松地完成此类工作。邮件合并功能包括两类文档：主文档和数据源。

6.9.2 目录

对于一个长文档，目录是不可缺少的。在 Word 文档中，使用目录功能可以自动将文档中使用的内部标题样式提取到目录中。方法为：在“引用”选项卡的“目录”组中单击“目录”按钮，在弹出的下拉列表中选择目录样式，或者选择“插入目录”命令，打开“目录”对话框，自己定义目录样式。

在默认情况下，目录是以链接的形式插入的，按 Ctrl 键并单击某条目录项可访问相应的目标位置。

6.9.3 审阅和修订文档

1. 使用批注

批注是文档审阅者对文档提出的个人意见，审阅者可以批注的形式将自己的见解插入到文档中，供作者参考。方法为：在“审阅”选项卡选中需要添加批注的文本，单击“批注”组中的“新建批注”按钮。右击批注框，在弹出的快捷菜单中选择“删除批注”命令，可删除批注。

2. 修订文档

Word 2016 提供了文档修订功能，自动跟踪对文档的所有更改，包括插入、删除和格式更改，并对更改的内容作出标记。方法为：在“审阅”选项卡的“修订”组中单击“修订”按钮。再次单击“修订”按钮即可撤销修订状态。

6.10 本章小结

本章详细讲解了 Word 2016 基本的录入、编辑、图文混排、表格制作功能，文档背景设置、页面设置等操作，还有丰富的审阅功能，如拼写和语法检查、字数统计、批注、修订、比较、保护等功能。编写完文档后，Word 2016 还可以将文档另存为 pdf、html 等格式，方便用户便捷传输文档，或将 Word 文件转为 html 网页格式。Word 2016 还提供了打印预览功能，打印之前可以提前查看文档打印效果。Word 2016 的引用功能、邮件合并等功能，可以大大提高高级用户的工作效率。

习 题 6

1. 单选题

（1）不能关闭 Word 2016 应用程序的操作是________。

A. Alt＋F4 键

B. 双击应用程序窗口左上角的控制图标

C. 单击“文件”选项卡中的“关闭”命令

D. 单击窗口的“关闭”按钮

（2）关于 Word 2016 的保存功能，错误的叙述是________。

A. 可单击快速访问工具栏的“保存”按钮保存当前文档

B. 提供自动保存功能,以避免文档意外损失

C. 保存已经存在的文档时,可新建一个文件夹,将文档保存在其中

D. 使用 Ctrl+S 键可以保存当前文档

(3) 用 Word 2016 编辑文本时,________方法不能选定一个段落。

A. 在文本区双击该段落

B. 在选定栏双击该段落

C. 在文本区三击该段落

D. 先单击该段落首,然后再按住 Shift 键单击该段落尾

(4) 关于 Word 2016 的样式,叙述错误的是________。

A. 用户可自己定义一个样式

B. 系统提供了许多内部样式,供用户选择

C. 样式是指一组已命名的字符和段落格式

D. 样式的文件类型与普通文档的文件类型一样

(5) 有关 Word 2016 格式刷的使用,说法错误的是________。

A. 格式刷的作用是进行格式的复制操作

B. 选定某文字区域后,单击开始选项卡的“格式刷”按钮即可使用格式刷

C. 如果希望多次使用格式刷,可双击 “格式刷”按钮

D. 格式刷的复制格式只能使用一次

(6) 在 Word 2016 中,打印输出的方式灵活实用,不正确的是________。

A. 可选定内容进行单独打印　　B. 可实现双面打印

C. 只能选择连续的某些页打印　　D. 可指定打印一份或多份

(7) 一位同学正在撰写毕业论文,并且要求只用 A4 规格的纸输出,在打印预览中,发现最后一页只有一行,她想把这一行提到上一页,最好的办法是________。

A. 改变纸张大小　　B. 增大页边距

C. 减小页边距　　D. 将页面方向改为横向

(8) 要使 Word 2016 能使用自动更正经常输错的单词,应使用________。

A. 拼写检查　　B. 同义词库　　C. 自动拼写　　D. 自动更正

(9) 在 Word 2016 中,要使文档各段落的第一行左边空出两个汉字位,可以对文档的各个段落进行________。

A. 首行缩进　　B. 悬挂缩进　　C. 左缩进　　D. 右缩进

(10) 关于 Word 2016 的视图,________视图以图书的分栏样式显示,用起来最接近平时读书的效果。

A. 阅读版式　　B. 大纲　　C. Web 版式　　D. 页面

2. 多选题

(1) 关闭 Word 2016 的方法有________。

A. 单击应用程序标题栏右侧的“关闭”按钮

B. 右击标题栏空白处,在弹出的快捷菜单中选择“关闭”命令

C. 按下 Alt+F4 组合键

D. 执行“文件”选项卡下的“关闭”命令

(2) 在 Word 2016 中，________ 会出现“另存为”对话框。

A. 当对文档的第二次及以后的存盘单击快速访问工具栏的“保存”图标按钮时

B. 当前文档具有只读属性，执行“保存”命令时

C. 当文档首次存盘时

D. 当对文档的存盘采用“另存为”命令方式时

(3) Word 2016 中的主要功能不包括________。

A. 文字编辑　　B. 图文混合排版

C. 视频编辑　　D. 数据处理

(4) Word 2016 中段落的对齐方式包括________。

A. 左对齐　　B. 居中对齐　　C. 分散对齐　　D. 上对齐

(5) 在 Word 2016 中，页面背景包括________。

A. 水印　　B. 页面颜色　　C. 页面边框　　D. 主题颜色

(6) 在 Word 2016 中实现段落缩进的方法有________。

A. 用鼠标拖动标尺上的缩进符　　B. 用“开始”选项卡中的“段落”组命令

C. 用“插入”选项卡中的“分隔符”命令　　D. 用 F5 功能键

(7) 在 Word 2016 中，如果要删除整个表格，在选定整个表格的情况下，下一步的正确操作是________。

A. 按 Delete 键

B. 选择“表格工具”选项卡的“删除行”或“删除列”命令

C. 选择“表格工具”选项卡的“删除表格”命令

D. 按 Backspace 键

(8) 在 Word 2016 中，有关页边距的说法，错误的是________。

A. 用户可以同时设置左、右、上、下页边距

B. 设置页边距影响原有的段落缩进

C. 可以同时设置装订线的距离

D. 页边距的设置只影响当前页或选定文字所在的页

(9) 在 Word 2016 中，字符格式化包括________操作。

A. 设置字符的双删除线、下画线　　B. 设置字符的字体、字号及首字下沉

C. 设置字符的提升、降低等位置效果　　D. 以不同颜色突出显示文本

(10) 关于 Word 2016 的“样式”，说法不正确的是________。

A. 用户可以删除自己定义的样式　　B. 用户可以创建自己的样式

C. 用户不可以修改系统的样式　　D. 用户可以删除系统内置样式

3. 填空题

(1) 在 Word 2016 中，将光标放到页左选定栏，如要选定一段，则需________击左键。

(2) Word 2016 应用程序窗口中，要设置段落的对齐格式，则需通过________选项卡

的“段落”组中的命令实现。

(3) 在 Word 2016 中选择大块文本的方法是：先在起始位置单击，然后按下________的同时单击要选定文本的末尾位置。

(4) 在 Word 中，按 Ctrl＋A 键，则________。

(5) 在 Word 2016 编辑过程中，欲把整个文本中的“计算机”都删除，最简单的方法是使用“开始”选项卡中“编辑”组的________命令。

(6) 在 Word 2016 中，要删除插入点之后的一个字符时，可以按________。

(7) 在 Word 2016 中，按住________后拖动就可以改变非最大化窗口在屏幕上的位置。

4. 判断题

(1) 双击 Word 2016 的标题栏可以在最大化和非最大化之间切换。 (　　)

(2) Word 2016 文档可以保存为“纯文本”类型。 (　　)

(3) 使用“文件”选项卡中的“导出”命令，可以更改文件的保存类型。 (　　)

(4) 在 Word 中，“字数统计”命令只能统计整篇文档的字数，不能统计部分内容的字数。 (　　)

(5) 用 Word 编辑文本时，要删除文本区中某段文本的内容，可选取该段文本，再按 Delete 键。 (　　)

(6) 使用“剪切”命令和按 Delete 键删除的文本都将进入剪贴板。 (　　)

(7) “查找和替换”功能不能查找和替换文档中的符号。 (　　)

(8) Word 2016 文档的页眉页脚在奇数页和偶数页可以设置不同的形式。 (　　)

(9) 对 Word 2016 中的“分隔符”命令，在其中可以选择向文档中插入“分页符”“换行符”或“分栏符”。 (　　)

(10) 在 Word 2016 中，嵌入式图片可以与正文实现多种形式的环绕。 (　　)

5. 简答题

(1) 常用的 Office 2016 专业版有哪些组件？各有什么作用？

(2) Word 2016 的主要功能是什么？

(3) 什么是 SmartArt？请简要说明其功能。

(4) Word 2016 有哪些视图形式？各有什么功能？

(5) 防止 Word 2016 文档内容丢失，有哪些方法？

(6) 什么是邮件合并？邮件合并的步骤是什么？

(7) 在 Word 2016 中，如何自动生成目录？

第7章 Excel 2016 的应用

学习目标：

掌握 Excel 2016 的窗口组成，掌握工作簿、工作表、行、列、单元格的定义及使用；掌握数据的输入方法及格式化方法；掌握公式及函数应用的方法；掌握数据可视化工具的使用方法；掌握数据清单的概念及基于数据清单的重要高级功能，包括排序、筛选、分类汇总、合并计算等。

7.1 Excel 2016 概述

7.1.1 Excel 2016 的主要功能

Excel 2016 是一款优秀的电子表格软件，其主要功能如下。

（1）表格制作。

（2）图形、图表功能。

（3）数据处理和数据分析。

同时，该软件也可以采用公式和函数自动处理数据，对工作表中的数据进行排序、筛选、分类汇总、统计和查询等操作，具有较强的数据统计分析能力。

7.1.2 Excel 2016 的窗口组成

Excel 2016 是标准的 Office 2016 组件，窗口形式同 Word 2016 类似，主要包括标题栏、选项卡、选项组（也称组）和状态栏。此外，Excel 窗口中还有特有的编辑栏、工作表编辑区等。下面简单介绍编辑栏和工作表编辑区。

1. 编辑栏

编辑栏从左向右依次是名称框、工具按钮和编辑区，用于显示或编辑单元格的内容。名称框显示当前单元格的地址（也称单元格的名称），或在输入公式时用于从其下拉列表中选择常用函数。

在单元格中编辑数据或公式时，名称框右侧的工具按钮区就会出现撤销按钮、输入按钮和编辑公式按钮，分别用于撤销和确认刚才在当前单元格中的操作，以及输入和编辑公式。编辑区(或称公式栏区)用于显示当前单元格中的内容，可以直接在此处对当前单元格进行输入和编辑操作。

2. 工作表编辑区

工作表编辑区是 Excel 2016 窗口中由暗灰线组成的表格区域，由单元格组成，用于存放用户数据，制作表格和编辑数据都在这里进行，是用户的基本工作区域。

7.1.3 工作簿和工作表

1. 工作簿

Excel 2016 文件称为工作簿(Book)，扩展名为 xlsx。工作簿由有多个工作表(Sheet)构成。工作表是不能单独存盘的，因为它不是一个独立的文件，而是一个独立文件的组成部分。

2. 工作表

启动 Excel 2016 后，系统默认打开的工作表数目是 1 个。要改变这个数目，可以单击“文件”选项卡，弹出“Excel 选项”对话框，在其“常规”选项卡中可以改变“包含的工作表数”后面的数值(数字为 1～255)，这样就设置了以后每次新建工作簿时打开的工作表数目。每次改变后，重新打开一个新的工作簿时才有效。

工作表是行、列组成的二维表格，用于组织和分析数据。如果在编辑过程中删除了某工作表，则该操作是不能撤销的。一个工作表最多有 16384(2^{14})列和 1048576(2^{20})行。列编号从 A 开始，行编号从 1 开始。每个工作表都有一个名称，称为工作表标签。在新建的 Excel 工作簿中，工作表的初始名为 Sheet1。

3. 工作表的操作

多个工作表可以同时被选中，也可以同时在多个工作表中输入信息。方法是先选中第一个工作表，然后按下 Ctrl 键，再选择其他的工作表。可以重命名工作表，删除工作表，添加工作表，移动或复制工作表，也可以修改工作表的标签颜色。如果需要，还可以生成当前工作表的副本。假设当前被选中的工作表名字为 Sheet1，则副本工作表的名字为 Sheet1(2)。

移动工作表的方法为选中工作表，将其拖动至目标位置；复制工作表的方法为选中工作表，按住 Ctrl 键，然后将其拖动至目标位置。另外，可以对工作表进行可见性设置。所谓可见性，指的是某工作簿中的某工作表是否允许显示。当工作簿只有一张可视的工作表，是无法将该工作表设为隐藏的。

删除工作表时，Excel 2016 会根据工作表中是否有数据产生不同的反应。如果工作表是空的(没有数据)，删除时系统不会有任何反应；但是如果工作表中有数据(即使是不重要的测试数据),系统也会给出提醒,告知用户“工作表删除属于永久性删除”。实际上,用户需要记住如下结论:Excel 工作簿中至少要保留一张可视的工作表。

7.1.4 单元格/单元格区域、行/列

1. 单元格

工作表中行、列交叉的地方称为单元格,是工作表最基本的数据单元,是电子表格软件中处理数据的最小单位。在 Excel 2016 中,之所以称为“最小”,是因为多个单元格可以合并,但是单独的单元格是不可拆分的。

2. 单元格名称

也就是单元格的地址,由单元格所处的列名和行名组成。例如 B34,表示的单元格是第 2 列和第 34 行交叉处的单元格。单元格被选中的表现是单元格周围带有一个粗黑框。

3. 单元格区域

多个相邻单元格组成的矩形区域称为单元格区域。表示方法为区域左上角单元格地址 + “:” + 区域右下角单元格地址。例如 B2:C3,表示从单元格 B2 到单元格 C3 的矩形区域,共 4 个单元格。

4. 基本操作

1) 选择操作

选择单元格及单元格区域的操作,详见表 7.1。

表 7.1 单元格及单元格区域的操作

选择内容	具体操作
单个单元格	单击相应的单元格,或用箭头移动到相应的单元格
某个单元格区域	单击选定该区域的第一个单元格,然后拖动直至选定最后一个单元格
工作表中所有单元格	单击“全选”按钮(指行标和列标交叉处)
不相邻的单元格或单元格区域	先选定第一个单元格或单元格区域,然后按住 Ctrl 键,再选定其他的单元格或单元格区域
较大的单元格区域	单击选定区域的第一个单元格,然后按住 Shift 键,再单击该区域的最后一个单元格
整行	单击行标
整列	单击列标
相邻的行或列	沿行号或列标拖动;或选定第一行或第一列,然后按住 Shift 键,再选定其他行或列
不相邻的行或列	先选定第一行或第一列,然后按住 Ctrl 键,再选定其他行或列

续表

选择内容	具体操作
增加或减少活动区域的单元格	按住 Shift 键，并单击新选定区域的最后一个单元格，在活动单元格和单击的单元格之间的矩形区域将成为新的选定区域
单元格中的文本	先选定并双击该单元格，然后再选择其中的文本

2）插入与删除

通过“开始”选项卡的“单元格”组，可进行各种插入、删除及格式设置操作。进行插入操作时，可插入单元格、工作表行、工作表列及工作表；进行删除操作时，也可删除单元格、工作表行、工作表列以及工作表。选中某个行或列时，可以右击选择“插入”命令插入一行或一列。如果同时选择了多行或多列，则可同时插入新的多行或多列。

3）查找和替换

查找和替换功能可以在工作表中快速地定位要找的信息，并且可以有选择地用其他值代替。“查找”功能可以在工作表中快速搜索需要的数据，“替换”功能可以自动用新的数据代替查找到的数据。在 Excel 2016 中，既可以在一个工作表中进行查找和替换，也可以在多个工作表中进行查找和替换。基本步骤是先选定要搜索的单元格区域(若要搜索整张工作表，则单击任意单元格)，然后选择“开始”选项卡“编辑”组中的“查找和选择”命令。

7.2 Excel 2016 的基本操作

7.2.1 输入和编辑数据

1. 支持的数据类型

Excel 单元格中可以接受的数据类型有文本类型(字符、文字)，数字(值)，日期和时间，公式与函数等。输入数据时，系统自动判断数据类型，并进行适当的处理。单元格中不能接受图像及声音信息。

2. 向单元格中输入信息的方式

(1) 单击需要输入数据的单元格，直接输入数据；此时输入的内容将直接显示在单元格和编辑栏中。

(2) 单击单元格，然后单击编辑栏，可以在编辑栏中输入或编辑当前单元格的内容。

(3) 双击单元格，单元格内部出现光标，移动光标到所需位置，即可输入和修改数据。

3. 文本型数据及输入

在 Excel 2016 中，文本可以是字母、汉字、数字、空格和其他字符，也可以是它们的组

合。在默认状态下，所有文本型数据在单元格中均是左对齐的。

输入时注意以下几点。

① 在当前单元格中，一般文字，如字母、汉字等直接输入即可。

② 如果把数字作为文本输入(如身份证号码、电话号码、“＝6＋7”、3/5 等)，应先输入一个半角字符的单引号“'”，再输入相应的字符。如输入“'370123198708023214”“'＝6＋7”“'3/5”等。

4. 数字(值)型数据及输入

数字(值)型数据除了包括数字 0～9，还包括＋(正号)、－(负号)、(、)、,(千分位号)、.(小数点)、/、$ 、%、E、e 等特殊字符。数字型数据默认右对齐，数字与非数字的组合均作为文本型数据处理。

输入数字型数据时，应注意以下几点。

① 输入分数时，应在分数前输入 0(零)及一个空格，如分数 2/3 应输入“0 2/3”。如果直接输入“2/3”或“02/3”，则系统将把它视作日期，认为是 2 月 3 日。

② 如果希望输入假分数，例如 5/3，输入方法也是“0 5/3”，回车后单元格中将显示“1 2/3”，也可以直接在单元格中输入“1 2/3”，效果相同。

③ 输入负数时，应在负数前输入负号，或将其置于括号中。如－8 应输入－8 或(8)。但是如果在单元格中输入(－8)，系统将不再认为它是负数，而是文本数据了。

④ 在数字间可以用千分位号“,”隔开，如输入“12,002”。

5. 日期和时间型数据及其输入

Excel 2016 将日期和时间视为数字处理。系统规定 1900 年 1 月 1 日对应整数 1，1900 年 1 月 2 日对应整数 2……以此类推，2021 年 4 月 21 日对应整数 44307。工作表中的时间或日期的显示方式取决于所在单元格中的数字格式。在默认状态下，日期和时间型数据在单元格中右对齐。

输入时应注意以下几点。

(1) 一般情况下，日期分隔符使用“/”或“-”。例如，2021/4/21、2021-4-21、21/Apr/2021 或 21-Apr-2021 都表示 2021 年 4 月 21 日。

(2) 如果只输入月和日，Excel 2016 就取计算机内部时钟的年份作为默认值。例如，在当前单元格中输入 4-21 或 4/21，按回车键后显示 4 月 21 日，当再把刚才的单元格变为当前单元格时，编辑栏中显示 2021-4-21(假设当前是 2021 年)。

6. 同时向多个单元格输入相同数据

先选定相应的单元格，然后输入数据，最后按 Ctrl＋Enter 键即可。

7. 数据清除和容器删除

数据清除：数据清除的对象是数据，而不是单元格本身。选取一个单元格或单元格区域后，使用“开始”选项卡“编辑”组中的 “清除”命令，可以“全部清除”“清除格式”“清除内容”“清除批注”和“清除超链接(不含格式)”。

容器删除：删除的对象是单元格、行、列或工作表。删除后选取的单元格等容器及其内部的数据都从工作表中消失。进行数据删除操作时，系统将询问删除后相邻单元格的如何移动。

8. 数据的复制和移动

有两种实现复制的操作，一种是使用剪贴板，另一种是使用拖曳技术。

使用剪贴板的方法同 Word 2016 中完全一样，不同之处是被复制的单元格(或区域)四周出现闪烁的虚线。只要虚线存在，就可以粘贴多次。如果仅需要粘贴一次，选定目标单元格后，直接按 Enter 键即可。

使用拖曳技术实现复制的过程为：选定源区域，按下 Ctrl 键后，将光标指针指向四周边界，此时鼠标指针变成右上角带一个小十字的空心箭头，拖动到目标区域释放即可完成复制。

数据的移动方法同复制类似，也可以采用以上两种技术，只是在拖曳时不要按下 Ctrl 键。拖曳时光标的形状变成十字箭头形。

9. 数据的选择性粘贴

一个单元格中含有多种特性，如内容、格式、批注等。可以使用选择性粘贴复制它的部分特性。步骤为：先将数据复制到剪贴板，再选择待粘贴目标区域的第一个单元格，选择“开始”选项卡“剪贴板”组中的“粘贴”命令，可完全粘贴，如果单击“粘贴”命令下方的箭头，可粘贴剪贴板中部分内容，还可以选择其中的“选择性粘贴”命令，进行更加个性化的选择。“选择性粘贴”对话框如图 7.1 所示。

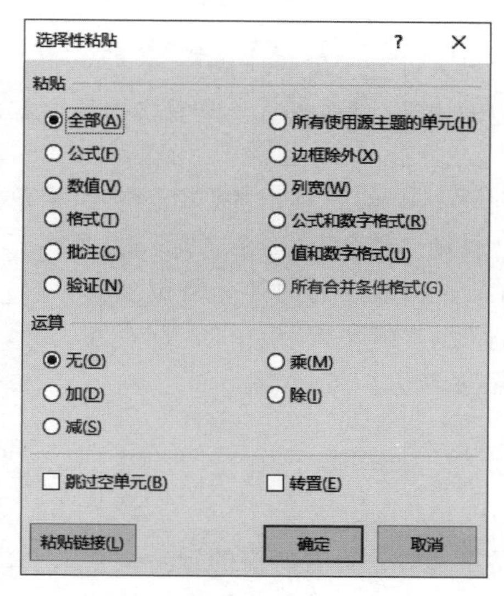

图 7.1 “选择性粘贴”对话框

7.2.2 批注

批注是根据实际需要为单元格中的数据添加的注释,附加在单元格中。可以隐藏批注,也可以删除批注。给单元格添加批注的方法如下。

① 选中需要添加批注的单元格。

② 右击此单元格,在弹出的快捷菜单中选择“插入批注”命令。

③ 在弹出的批注框中输入批注文本。

④ 输入文本后,单击批注框外部的工作表区域。

也可以利用“审阅”选项卡“批注”组中的“新建批注”命令新建批注。同时,Excel 2016 还提供删除批注,以及查看“上一条”“下一条”批注的功能。

7.3 数据格式化

7.3.1 工作表的格式化

Excel 2016 可以对工作表内的数据及外观进行修饰,制作出既符合日常应用习惯又美观的表格。如可设置数字显示格式,设置文字的字形、字体、字号和对齐方式,设置表格边框、底纹、图案颜色等,也可以调整单元格的行高和列宽。

1. 调整列宽

列宽的调整有 4 种方法。

方法 1:拖动列标右边界来设置所需的列宽。

方法 2:双击列标右边的边界,使列宽适合单元格中的内容(即与单元格中内容的宽度一致)。

方法 3:选定相应的列,在“开始”选项卡的“单元格”组中单击“格式”按钮,在弹出的快捷菜单中选择“列宽”或“自动调整列宽”命令,如图 7.2 所示。

方法 4:复制列宽,如果要将某一列的列宽复制到其他列中,然后选择“开始”选项卡“剪贴板”组中的“选择性粘贴”命令,然后选择“列宽”选项。

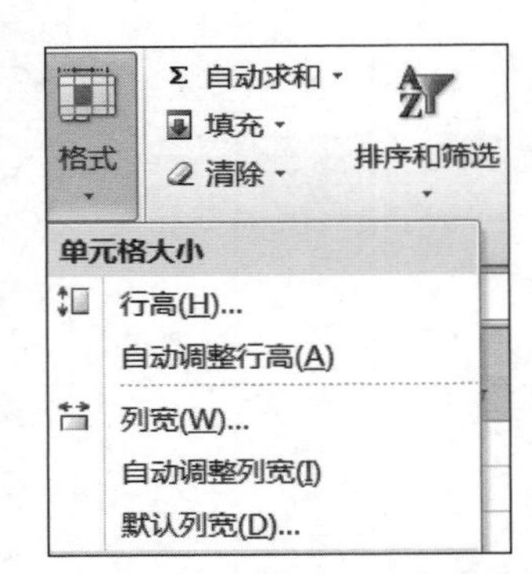

图 7.2 调整行高和列宽的格式

2. 调整行高

行高的调整有 3 种方法。

方法 1:拖动行标题的下边界来设置所需的行高。

方法 2:双击行标题下方的边界,使行高适合单元格中的内容(行高的大小与该行字符的最大字号有关)。

方法 3:选定相应的行,在“开始”选项卡“单元格”组中单击“格式”按钮，在弹出的快捷菜单中选择“行高”或“自动调整行高”命令。如图 7.2 所示。

7.3.2　文本的格式设置

1. 格式化数据

单元格的数据格式定义包括 6 部分：数字、对齐、字体、边框、填充和保护。必须先选择要格式化的单元格或单元格区域，才能进行相应的格式化操作。

在“数字”选项卡中可以对各种类型的数据进行相应的显示格式设置；在“对齐”选项卡中可以对单元格中的数据进行水平对齐、垂直对齐以及方向的格式设置；在“字体”选项卡中可以对字体、字形、大小、颜色等进行格式定义；在“边框”选项卡中可以对单元格的外边框以及边框类型、颜色等进行格式定义；在“填充”选项卡中可以对单元格底纹的颜色和图案等进行定义；在“保护”选项卡中可以进行单元格的保护设置。

2. 快速复制格式

使用“开始”选项卡“剪贴板”组中的“格式刷”按钮可快速复制单元格的格式信息，操作过程与 Word 2016 相同。

7.3.3　Excel 的数据格式

Excel 的数据格式分为表格套用格式和条件格式两种。

1. 表格套用格式

Excel 2016 提供了多种已经设置好的表格格式，这些格式可以套用到选定的工作表单元格区域。可以全部套用，也可以部分套用，用户可以修改不合适的格式。

使用自动套用格式的步骤如下。

(1) 选择要自动套用表格格式的单元格区域。

(2) 选择“开始”选项卡“样式”组中的“表格套用格式”命令，选择一种要套用的格式。

(3) 系统要求选择表格的数据来源，然后自动显示“表格工具-设计”选项卡，并出现很多对表格格式的个性化设置。

2. 条件格式

在工作表中，有时为了突出显示满足设定条件的数据，可以设置单元格的条件格式，根据选定区域各单元格中的数据是否满足设定的条件动态地为单元格自动设置格式。如果单元格中的值发生更改而不满足设定的条件，Excel 会暂停突出显示的格式。不管是否有数据满足条件，或是否显示了指定的单元格格式，条件格式被删除前会一直对单元格起作用。设置条件格式的操作方法如下。

① 选定要设置条件格式的单元格或单元格区域。

② 选择“开始”选项卡“样式”组中的“条件格式”命令，根据要求选择条件即可。

相对于前期版本，Excel 2016 在条件格式的功能上进行了重大升级，尤其是其表现手法更为丰富，条件设置也更为丰富，如图 7.3 所示。

图 7.3　Excel 的条件格式

7.4　公式及函数应用

7.4.1　公式中的运算符及优先级

公式是 Excel 2016 中非常重要的内容，由参与运算的数据和运算符组成。特别注意，Excel 2016 的公式输入时必须以“＝”开头。例如，在某单元格中输入“＝A1＋100”就是一个公式。如果没有输入等号，则无法进行运算，单元格中的内容也就不能成为一个公式。

公式中的运算符类型包括算术运算符、比较运算符、文本运算符、单元格引用运算符。下面详细介绍。

算术运算符：包括＋、－、*、/、%、^，用于完成基本的算术运算。其中百分号“%”靠近数字右端，用于实现百分比效果。例如，在单元格输入“8%”表示 0.08；在单元格中输入“＝A1%”，按回车键后将得到 A1 单元格数值信息除以 100 的结果。“^”为乘方运算，例如，在单元格中输入“＝2^5”，将返回的 2 的 5 次方，即 32；在单元格中输入“＝2^(1/3)”，将返回 2 的 3 次方根。从优先级上看，%具有最高的优先级，^次之，然后是 *、/(乘除运算)，最后是＋、－(加减运算)。

比较运算符：包括＝、＞、＜、＞＝、＜＝、＜＞，用于实现两个值的比较，结果是 True 或 False。其中“＜＞”的含义是“不等于”。注意其中某些比较运算符的写法：大于等于运算符是“＞＝”，不能写成“≥”；小于等于运算符是“＜＝”，不能写成“≤”；不等于运算符是“＜＞”，不能写成“≠”。例如，在某单元格中输入“＝5＞6”，按回车键后单元格中显示 FALSE；再例如在单元格中输入“＝5＝5”，回车后单元格中显示 TRUE。

文本运算符：& 用于连接一个或多个文本数据，以产生连续的文本。例如，在某单元格中输入如下公式“＝"热烈祝贺中国共产党建党" & "70" & "周年"”，按回车键后单元格中显示“热烈祝贺中国共产党建党 70 周年”。需要说明，Excel 2016 在执行文本连接运算时，可以将参与运算的数值数据自动转化为文本数据。例如，在某单元格中输入“＝"建党" & 70 & "周年"”，按回车键后单元格中显示“建党 70 周年”。

单元格引用运算符共有三个，分别是区域运算符(:)、联合运算符(,)和交叉运算符(␣)。这里的(␣)指的是空格。

(:)：称为区域运算符，用于合并多个单元格区域，如 B2:E5 表示 B2 到 E5 之间的所有单元格。

(,)：联合运算符，也称区域并集运算符，用于将多个引用合并为一个引用，例如(B5:B15,D5:D15)。

(␣)：交叉运算符，也称为区域交集运算符，用于产生对两个引用共有的单元格的引用，如(B7:D7 C6:C8)。

7.4.2 相对引用、绝对引用和混合引用

把单元格的数据和公式联系起来，标识工作表中单元格或单元格区域，指明公式中使用数据的位置，这就是单元格的引用，分为相对引用和绝对引用，系统默认的是相对引用。有时相对引用和绝对引用混合起来，构成一种新的引用形式，称为混合引用。

1. 相对引用

单元格引用是随公式位置的改变而改变的，公式的值将会依据改变后的单元格地址的值重新计算。例如，公式“＝C4＋D4＋E4＋F4”就属于单元格的相对引用，将之向右平移两列，则公式变为“＝E4＋F4＋G4＋H4”，将之向下平移两行，则公式变为“＝C6＋D6＋E6＋F6”，将之向右下移动两行两列，则公式变为“＝E6＋F6＋G6＋H6”。

2. 绝对引用

公式中的单元格或单元格区域地址不随着公式位置的改变而发生改变。不论公式的单元格位置如何变化，公式中引用的单元格位置都是其在工作表中的确切位置。绝对单元格引用的形式是：在每一个列标号及行号前面增加一个“$”符号，例如，“＝1.06 年 * C4”，其中的“C4”就属于绝对引用。

3. 混合引用

指单元格或单元格区域地址部分是相对引用，部分是绝对引用。如 $B2 或 B$2。

4. 三维地址引用

三维地址引用是增加了工作表维度的引用方式。之所以称为“三维”，是因为单元格地址本身就包括列标和行号两个维度，再加上工作表这个维度，就变成“三维”了。也就是说，在 Excel 中引用单元格时，不仅可以引用同一工作表中的单元格，还可以引用不同工作表中的单元格，甚至还可以引用不同工作簿的单元格，其引用格式为：[工作簿]＋工作表名！＋单元格引用。

例如，[Book2]Sheet1！E3 表示工作簿 Book2 的 Sheet1 工作表的第三行第 5 列单元格。假设当前工作表是 Sheet1，如果要求工作表 Sheet1、Sheet2 和 Sheet3 的所有 A5 单元格之和，并将之保存到 Sheet1 的 A6 单元格，则在该单元格中应输入如下公式：＝Sheet2！A5＋Sheet3！A5＋A5。

这里需要注意，工作表名称和单元格名称键的符号“！”。“！”的作用是用于分隔工作表名称和单元格名称，不能省略，也不能更换为其他符号。

7.4.3 函数调用

函数是 Excel 中预先建立好的公式，以“＝”开头，拥有固定的计算顺序结构和参数类型。使用时，只需给出函数参数，Excel 就可以按照固定的计算顺序计算并显示结果。函数一般由函数名和参数组成，函数名代表函数的用途，参数根据函数的计算功能不同，可以是数字、文本、逻辑值、数组、错误值或单元格引用。指定的参数都必须为有效参数值，参数也可以是常量公式或其他函数。函数可以有一个或多个参数，也可以嵌套使用。调用函数时可以手工输入，也可以使用插入函数对话框。如果函数不能正确计算出结果，Excel 将显示错误值。

Excel 提供了大量的内置函数，共几百个，例如，“＝SUM(B2：E2)”表示一个求和函数。Excel 2016 提供了专门的“公式”选项卡，内含“函数库”组、“定义的名称”组、“公式审核”组和“计算”组。“函数库”组提供了大量的函数名称，包括财务、逻辑、文本、日期、查找与引用、数学与三角函数等。“定义的名称”组可给单元格及单元格区域起名字，并管理这些名字，公式中也可以使用这些名字；“公式审核”组用于追踪公式的效果，包括追踪引用单元格、追踪从属单元格、移去箭头、显示公式、错误检查、公式求值等。

下面介绍几个常用的函数。

在数学运算中，经常用到求和值、求平均值、求最大或最小值等计算要求，很多时候还会用到求三角函数的值，如求正弦、余弦、正切、余切函数等，有时还会用到求绝对值、求平方根、求幂运算等。这些运算在 Excel 中都是通过函数来实现的，简单列举如下。

(1) 三角函数：包括正弦函数 SIN()、余弦函数 COS()、正切函数 TAN()等。

举例：在单元格中输入＝SIN(100)，按回车键后单元格中显示－0.506。

在单元格中输入＝COS(100)，按回车键后单元格中显示 0.862。

在单元格中输入＝TAN(100)，按回车键后单元格中显示－0.587。

(2) 常用数学函数：包括绝对值函数 ABS()、平方根函数 SQRT()、幂运算函数 POWER()等。

举例：在单元格中输入=ABS(−100)，按回车键后单元格中显示 100。

在单元格中输入=SQRT(100)，按回车键后单元格中显示 10。

在单元格中输入=POWER(2,3)，按回车键后单元格中显示 8。POWER()函数是乘幂函数。

在单元格中输入=POWER(2,−3)，按回车键后单元格中显示 0.125。

其他常用的数据函数还包括阶乘函数 FACT()、乘积函数 PRODUCT()、求圆周率函数 PI()、求随机数函数 RAND()、求和函数 SUM()、求平均值函数 AVERAGE()等。

举例：在单元格中输入=SUM(100,200,300)，按回车键后单元格中显示 600。

在单元格中输入=AVERAGE(100,200,300)，按回车键后单元格中显示 200。

(3) 条件函数、计数函数与条件计数函数

条件判断函数 IF()函数的作用是：如果指定条件的计算结果为 True，则函数返回第一个值，否则返回第二个值。语法格式为 IF(logical_test,[value_if_true],[value_if_false])，logical_test 为必选参数，其计算结果可能是 True，也可能是 False；value_if_true 是计算结果为 True 时返回的值，value_if_false 是计算结果为 False 时返回的值。例如"=IF(100>90,"男","女")"，返回值是"男"。

计数函数 COUNT()：用于计算包含数字的单元格以及参数列表中数字的个数。使用该函数可以获得区域或数字数组中数字输入项的个数，函数语法为 COUNT(value1,[value2],…)。例如，如果输入"=COUNT(A2:A20)"的返回值为 5，说明单元格区域 A2:A20 中有 5 个单元格包含数字。

条件计数函数 COUNTIF()：返回统计区域内满足给定条件的单元格个数。语法格式为：COUNTIF(range,criteria)，其中 range 代表要统计的单元格区域，criteria 为指定的条件表达式。例如，如果输入"=COUNTIF(B2:B20,"男")"用于计算单元格区域 B2:B20 中的男生人数；再如"=COUNTIF(H2:H20,">80")"用于计算单元格区域 H2:H20 中取值大于 80 的单元格个数。需要说明，当参数 criteria 中出现比较运算符或文本数据时，条件要用双引号括起来。

求和函数 SUM()：语法格式为 SUM(number1,number2,…)，其中 number1、number2 等为需要求和的参数。计算时需要注意，如果参数为数组或地址引用，则只计算其中的数字，其中的空白单元格、逻辑值、文本或错误值将被忽略。如果参数中有不能转化为数字的文本，将会导致出错。例如，"=SUM(A1:B4,100)"用于计算单元格工作表中 A1:B4 区域以及常数 100 的和。

条件求和函数 SUMIF()：单条件求和函数的语法格式为 SUMIF(range,criteria,[sum_range])，用于对区域内符合指定条件的值求和。其中 range 参数是必选的，是用于条件计算的单元格区域，每个区域中的单元格都必须是数字或名称、数组或包含数字的引用，空格和文本值将被忽略。criteria 是必选的，用于确定对哪些单元格求和，形式可以为数字表达式等，任何文本条件、或任何含有逻辑值或数学符号的条件都要用双引号括起来；如果条件为数字，则不用使用双引号。sum_range 参数是可选的值，代表要求和的实

际单元格,如果该参数被省略,Excel 会对 range 参数中指定的单元格求和。例如,"=SUMIF(A2:A20,">100")"的作用是求单元格区域 A2:A20 中取值大于 100 的单元格的和;而"=SUMIF(A2:A20,">100",B2:B20)"的作用是判断单元格区域 A2:A20 中哪些单元格的取值大于 100,并求单元格区域 B2:B20 中对应单元格的和值。

(4) 字符串提取函数

从一个字符串中提取需要的子串,是文本处理的常用操作,其中 LEFT()函数用于从文本串的左侧开始提取,RIGHT()函数用于从文本串的右侧开始提取,MID()函数用于从指定的左侧某位开始提取。

LEFT()函数的语法格式为 LEFT(text,num_chars),第一个参数 text 是文本串,第二个参数 num_chars 是从左边第一位开始要提取的字符个数。例如,"=LEFT("升学必胜",2)"的返回值是"升学"。

RIGHT()函数的语法格式为 RIGHT(text,num_chars),第一个参数 text 是文本串,第二个参数 num_chars 是从右边第一位开始要提取的字符个数。例如,"=RIGHT("升学必胜",2)"的返回值是"必胜"。

MID()函数的语法格式为 MID(text,start_num,num_chars),第一个参数 text 是文本串,第二个参数 start_chars 是从左边第几位开始提取字符,第三个参数 num_chars 是要提取的字符个数。例如,"=MID("370123199912121247",7,4)"的返回值为 1999;再如"=MID("祝你升学成功",3,4)"的返回值是"升学成功"。

(5) 排位函数

排位函数是根据需要对一组数字进行排序,并给出具体排位数字。语法格式为:RANK(number,ref,order),其中 number 表示需要找到排位的数字,ref 为数据区域,即为包含一组数字的数组或引用,order 用于说明排位方式,0 或省略表示降序排列,如果不为 0,则按升序排列。例如,公式"=RANK(G2,G1:G100)"的作用是计算 G2 单元格中数据在区域 G1:G100 中的降序排名。

Excel 还提供了很多函数,可查阅相关的专业书籍使用。

7.4.4 公式的出错信息

公式不能正确计算出来,Excel 2016 将显示一个错误值,提示信息显示出错原因。说明如下。

######:单元格中数字、日期或时间比单元格的宽度大,或单元格的日期时间公式产生了一个负值。例如,在单元格 E18 中输入"2021-6-26",在单元格 E19 中输入公式"=E18-44374",按回车键后单元格 E19 中显示"###########"。因为 Excel 2016 默认"1900-1-1"为它所能支持的最小日期,对应的数值为 1.0,"1900-1-2"对应的数值为 2.0,则"2021-6-26"对应的数值为 44373.0。如果执行公式"=E18-44373",系统将返回一个特殊的"日期":1900-1-0,该"日期"对应的数值为 0.0。如果日期执行减法运算后的结果小于 0,Excel 便不再支持。

#VALUE!:使用了错误的参数或运算符类型,或公式出错。例如,在单元格 E18

中输入“abc”，公式“＝E18＋3”。

＃DIV/0！：公式中出现0做除数的现象。

＃NAME?：公式中应用了Excel不能识别的文本，如公式“＝SUM(AC，BD)”。

＃N/A！：函数或公式中没有可用数值。

＃REF！：单元格引用无效。

＃NUM！：公式或函数的某个数字有问题。

＃NULL！：试图为两个并不相交的区域指定交叉点，如公式“＝AVERAGE(E4：F10 G8：H10)”。

7.5 数据可视化工具：图表和迷你图

7.5.1 图表的概念

将数据清单中的数据以形象直观的方式展现出来，方便使用和理解，这就是图表存在的价值。通过图表，用户能够对复杂数据有更清晰的把握，对数据大小、变化趋势以及数据之间的差别有更明显的认识。这实际上是数据可视化的具体实现，从挖掘数据价值的角度来看，图表的存在具有重要意义。

图表的数据来源是工作表。首先选择需要展示的数据，即选择数据源，这样图表和数据源之间就建立了一种链接关系。当工作表中的数据发生变化时，图表中对应的数据系列也会自动发生变化。需要注意，用户无法修改图表中的数据系列。

1. 图表分类

Excel图表分为两种，一种是嵌入式图表，它和创建图表的数据源放置在同一张工作表中；另一种是独立图表，它是一张独立的图表工作表。嵌入式图表和独立图表是可以相互转换的。在Excel 2016中，可以使用“插入”选项卡中的“图表”组创建简单图表，如图7.4所示。

例如，根据图7.5(a)所示的学生成绩数据，可以得到图7.5(b)的柱状图图表。

2. 图表结构

下面基于图7.5(b)简要说明图表的结构。一个完整的图表由图表区、绘图区、标题和图例等部分组成。

图表区：相当于在Excel的工作表中开辟一个绘画区域，图表的其他部分都在图表区内。图表区的作用是告诉Excel这是一个图表对象。如果没有选择数据，则图表区为空，此时的图表实际上是一个空的图表。

绘图区：绘图区是图表的核心部分，它又包括数据系列、坐标轴、网格线、坐标轴以及数据标签等。所谓数据系列，指的是用某种唯一的颜色和形状来表示对应工作表中的一行或一列数据。一个图表可以包含一个或多个数据系列，每个数据系列都与图例对应。对于三维效果的图表来说，绘图区还包括图表的背景墙和图表的基底等。

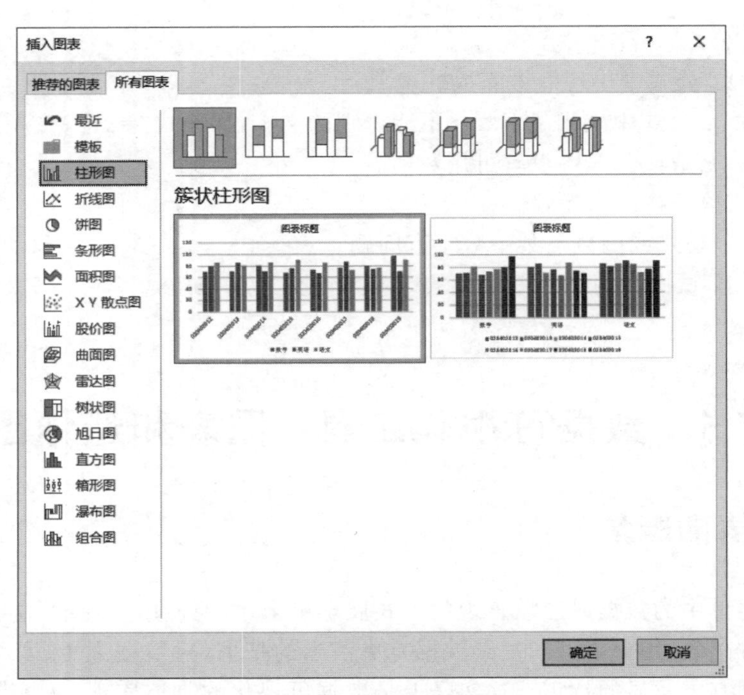

图 7.4　Excel 2016 的图表

	A	B	C	D	E	F	G	H	I	J	K	L
1	学生成绩表											
2	序号	学号	姓名	专业	出生日期	性别	年龄	数学	英语	语文	平均分	总成绩
3	1	020402012	张平	法学	1987/5/7	女	20	70	80	86		
4	2	020402013	朱毅	法学	1989/4/12	女	20	71	86	81		
5	3	020402014	王海	法学	1984/7/20	男	20	81	71	86		
6	4	020402015	李英	法学	1988/6/23	女	20	68	76	90		
7	5	020402016	李应	法学	1986/8/15	女	20	73	67	85		
8	6	020402017	王涛	法学	1987/12/1	男	20	77	87	72		
9	7	020402018	赵骑	教育	1986/12/14	男	21	80	74	77		
10	8	020402019	李勇奇	教育	1983/4/17	男	24	97	70	90		
11												
12		男生数：										
13		最高分：										

(a) 学生成绩

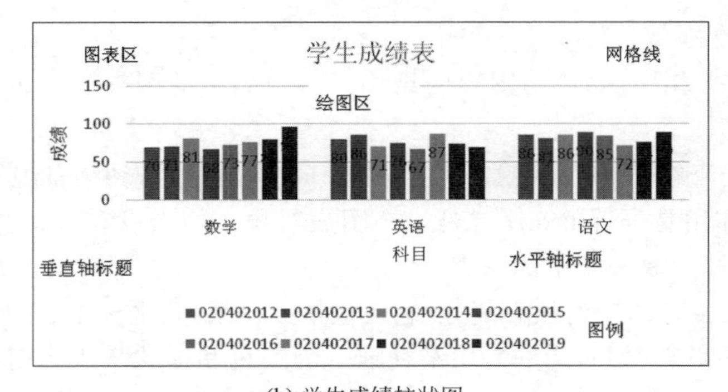

(b) 学生成绩柱状图

图 7.5　基于数据生成图表示例

图例：用于标识图表中各数据系列的含义，由图例项和图例项标识组成。不同图例项的颜色或形状不同。

图表标题：用于说明图表的含义，一般放在图表区顶部居中的位置。如图7.5(b)中的“学生成绩表”。

坐标轴：是一个用于绘制图表数据系列大小的参考框架。以二维效果图表为例，坐标轴分为纵轴(垂直轴)和横轴(水平轴)。水平轴一般表示时间或分类，垂直轴一般表示数据的大小。在Excel中，水平轴和垂直轴是可以相互转换的。

数据标签：用于在数据系列的数据点上显示对应的数值。

网格线：是为了方便对比各点数据的值而给出的水平参考线。

7.5.2 图表的创建和编辑

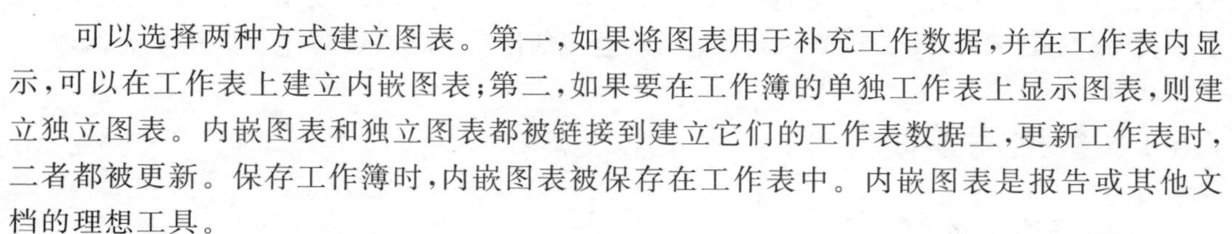

可以选择两种方式建立图表。第一，如果将图表用于补充工作数据，并在工作表内显示，可以在工作表上建立内嵌图表；第二，如果要在工作簿的单独工作表上显示图表，则建立独立图表。内嵌图表和独立图表都被链接到建立它们的工作表数据上，更新工作表时，二者都被更新。保存工作簿时，内嵌图表被保存在工作表中。内嵌图表是报告或其他文档的理想工具。

建立图表后，还可以进行修改，如图表的大小、类型或数据系列。值得注意的是，图表与建立它的工作表数据之间建立了动态链接关系。当改变工作表中的数据时，图表会随之更新。

图表的类型包括柱形图、折线图、饼图、条形图、面积图、曲面图、雷达图等，不同的图表类型有不同的应用范围及应用场景，可以根据需要选择。

建立图表的基本步骤如下：①用户建立数据清单，其中包括标题行及内容；②根据图表创建需要，从数据清单中选择所需数据。选择不连续的各列时，注意首先按下Ctrl键再选择；③根据展示需要选择合适的图表类型，系统即可根据选择的数据生成图表；④根据展示需要调整图表格式，包括横轴、纵轴、图例、修正图表类型、选择图表样式、切换行列、重新选择数据、移动图表位置、更改图表颜色等。

7.5.3 格式化图表

图表格式的设置主要包括对标题、图例等进行字体、字形、字号、图案、对齐方式等的设置，以及对坐标轴格式的重新设置。双击图表中的标题、图例、分类轴、网格线或数据系列等部分，打开相应的对话框，就可以在其中设置图表格式。

7.5.4 迷你图

迷你图类似图表，但更为简单，可以在一个单元格中显示指定单元格区域内一组数据的变化。Excel 2016中有三种迷你图样式：折线图、柱形图和盈亏图。选择完成需要生成迷你图的数据后,即可根据需要选择迷你图样式,生成迷你图。

显示迷你图时,可以根据需要选择是否显示数据的各类标记,包括高点、低点、首点、尾点、负点以及标记(所有点)。同时,还可以选择迷你图的样式,个性化迷你图的颜色及各类标记的颜色。

需要强调,同图表不同,迷你图是存在于一个单元格中的数据可视化的小工具,使用灵活方便,对显示数据的变化趋势非常有效。

7.6 数据分析处理简介

数据分析是 Excel 2016 非常重要的高级功能,能对数据进行更为深入的分析处理。Excel 2016 中专门设置了"数据"选项卡,其中包括"获取外部数据""连接""排序和筛选""数据工具"及"分级显示"组。重要的数据分析功能包括排序、筛选、数据有效性、分类汇总等。

7.6.1 数据清单简介

1. 数据清单的概念

Excel 2016 的数据清单具有类似数据库的特点,可以实现数据的排序、筛选、分类汇总、统计、查询等操作,具有数据库的组织、管理和处理数据的功能。因此,Excel 数据清单也称 Excel 数据库。数据清单具有二维表性质,其中行表示记录,列表示字段。数据清单的第一行必须为文本类型,为相应列的名称;另外,第一行的下面是连续的数据区域,每一列包含相同类型的数据。

2. 创建数据清单的基本规则

① 一个数据清单占用一个工作表。

② 数据清单是一片连续的数据区域,不允许出现空行和空列。

③ 每一列包含相同类型的数据。

7.6.2 数据的排序

在数据清单(或工作表)中输入的数据往往是没有规律的。在数据处理中,经常需要按某种规律排列这些数据。Excel 2016 可以按字母、数字或日期等数据类型排序,排序有"升序"或"降序"两种方式,升序就是从小到大排序,降序就是从大到小排序。在 Excel 2016 中,可以使用一列数据作为一个关键字段排序,也可以使用多列数据作为关键字段排序,最多可以按 64 列进行多字段排序,根据需要选择按升序还是降序排序。

按一个字段(此字段称为关键字段)的大小排序,方法如下。

① 单击数据清单中关键字段所在列的任意一个单元格。

② 单击“数据”选项卡“排序和筛选”组中的“升序”按钮或“降序”按钮。

使用该方法时需要注意：选择关键字段所在列时，一定不是选择数据清单所在工作表的对应列。如果通过单击列标题而选择某列后执行以上操作，往往得不到排序效果，因为此操作选择的是工作表的整列，而不是选择数据清单中的该列的部分内容。

另一个方法如下。

① 单击数据清单中关键字段所在列的任意一个单元格。

② 单击“数据”选项卡“排序和筛选”组中的“排序”命令，弹出“排序”对话框，如图 7.6 所示。

③ 在“主要关键字”下拉列表中选择所选列的字段名，并且在它的右侧选择排序依据和次序。

④ 如果需要添加新关键字，单击“添加条件”按钮即可。可添加多个条件。

⑤ 单击“确定”按钮。

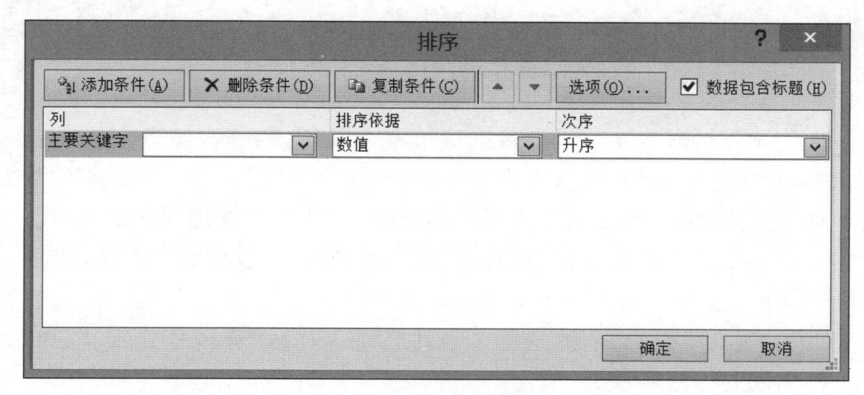

图 7.6 “排序”对话框

由图 7.6 可以看出，利用“排序”对话框进行排序时，不仅可以依据一列(字段)进行排序操作，还可以依据多列(字段)进行排序操作。之所以进行多列(字段)排序操作，是因为仅根据一个列(字段)排序时，有可能因为该列中存在相同数据而导致无法最终排序，此时可以再选择其他列作为排序依据。例如，在班级成绩表中，班主任希望首先根据总分进行排名，但有几位学生的总分都是相同的，此时可以再根据平时表现成绩进行排名。

7.6.3 数据的筛选

筛选是根据用户给定的条件，从数据清单中找出并显示满足条件的记录，不满足条件的记录被隐藏。Excel 2016 提供了两种筛选清单命令：筛选和高级筛选。与排序不同，筛选并不重排清单，只是暂时隐藏不必显示的行。

1. 筛选

筛选也称为“自动筛选”，单击需要筛选的数据清单中的任一单元格，在“数据”选项卡

"排序和筛选"组中单击"筛选"命令，即可开始执行筛选过程。执行筛选命令后，数据清单每个字段名右侧均出现一个下拉箭头，单击箭头即可设置筛选条件。可以自定义筛选方式，最多可对一列定义两个条件，它们可以是"与"的关系，也可以是"或"的关系，如图 7.7 所示。单击"清除"按钮，则清除当前的排序或筛选状态。

图 7.7 "自定义自动筛选方式"对话框

可以多次使用筛选命令。假设某数据清单有 100 行，第一次筛选完成后有满足条件的 60 行数据显示出来；如果在被选出来的 60 行数据中再次筛选，显示出来的数据既要满足第一次筛选的条件，又要满足第二次筛选的条件，这两个条件是"与"的关系。

举个实际的例子。上例数据清单中的 100 行数据是学生的基本数据，列标题包括学生姓名、性别、年龄、总分等。第一次筛选的选筛选条件是"选择女学生"，第二次筛选的筛选条件是"总分超过 300 分"，显然，这两个条件可以合并为"选择总分超过 300 分的女学生"，两个条件之间是"与"的关系。

2. 高级筛选

有时需要设置更复杂的筛选条件。使用自动筛选设置多列条件时，多列之间的条件只能是"与"的关系，而实际应用时列之间不仅有"与"的关系，还有"或"的关系。高级筛选则是功能更为强大的筛选命令，可以设置更复杂的筛选条件，条件之间的逻辑关系也更复杂。可以在"高级筛选"对话框中设置条件区域和结果区域，单击"数据-排序和筛选-高级"选项，即可弹出图 7.8 所示的"高级筛选"对话框。

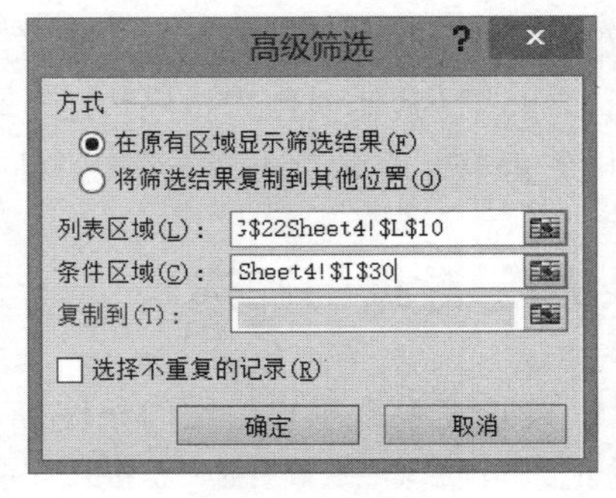

图 7.8 "高级筛选"对话框

在高级筛选中，可以选择在原有区域显示筛选结果，还是将结果复制到其他位置。还可以选择列表区域(即数据源)和条件区域(即筛选条件所在位置)。需要说明，不管是列表区域，还是条件区域，其对单元格区域的引用均采用绝对引用方式。设定高级筛选条件时注意：当多个条件在一列上时，这些条件之间是"或"的关系；当多个条件在一行上时，条件之间是"与"的关系。

7.6.4 数据的分类汇总

分类汇总是把数据清单中的数据分门别类地统计处理。不需要自己建立公式，Excel 2016 会自动对各类别的数据进行求和、求平均等多种计算，并且把汇总结果以“分类汇总”和“总计”方式显示出来。Excel 2016 中分类汇总可进行的计算有求和、平均值、最大值和最小值等。注意，数据清单中必须包含带有标题的列，并且数据清单必须先要对分类汇总的列排序，这个列称为分类字段。

进行分类汇总的步骤如下。

① 先对分类字段进行排序。

② 单击“数据”选项卡“分级显示”组中的“分类汇总”命令，弹出图 7.9 所示的“分类汇总”对话框。

③ 在“分类字段”下拉列表中选择分类字段，这是要分类汇总的字段名；在“汇总方式”下拉列表中选择汇总方式，例如求和或求平均值等。

需要说明，执行“分类汇总”命令之前，要先对分类字段(列)进行排序。如果没有执行排序操作，Excel 2016 很可能无法达到用户预期的汇总目标。这是因为，如果不提前对分类字段排序，那些具有相同列取值的行很可能无法移到一起，进行汇总时就无法得到期望的效果。

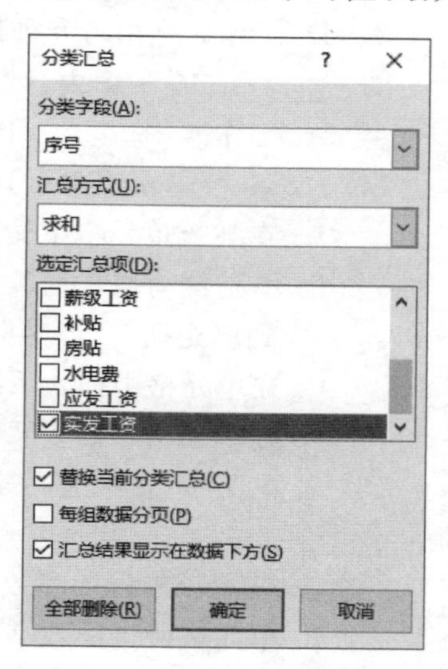

图 7.9 “分类汇总”对话框

7.7 本章小结

本章详细讲解了 Excel 2016 的单元格、行、列、工作表、工作簿的定义、格式及使用方法，读者可利用公式、函数对数据进行深入计算和分析。本章讲解了利用图表和迷你图对原始数据进行统计、分析、预测，对数据进行可视化操作；还详细讲解了数据排序、筛选、分类汇总等高级操作，方便读者发现数据背后的规律及特点。

习 题 7

1. 单选题

(1) 有关 Excel 2016 的说法中，错误的是________。

A. Excel 2016 的主要功能是大型表格制作功能、图表功能和数据管理功能

B. Excel 2016 工作簿的默认扩展名是 xlsx，也可以重新命名扩展名

C. Excel 2016 一次只能打开一个工作簿

D. 一个 Excel 工作簿是由多个工作表组成的

(2) 有关 Excel 2016 的工作簿和工作表,说法错误的是________。

A. 工作表以文件的形式保存在硬盘上

B. 工作簿以文件的形式保存在硬盘上

C. 系统生成新的工作簿时,其工作表的数量可由用户在 1～255 之间设定

D. 工作表是由行和列组成的二维表格,用户可以修改其标签

(3) ________是一个由行和列交叉排列的二维表,用于组织和分析数据。

A. 工作簿　　B. 工作表　　C. 单元格　　D. 单元格区域

(4) Excel 2016 的有关叙述中,错误的是________。

A. 在某个单元格中输入"0 3/5",按回车键后显示 3/5

B. 填充自动增 1 的数字序列的操作是:单击填充内容所在的单元格,将光标移到填充柄上,当光标指针变成黑色十字形时,拖动到所需的位置,松开光标

C. 在单元格中插入系统当前时间,可以按 Ctrl+Shift+;(分号)键

D. 在单元格中插入系统当前日期,可以按 Ctrl+;(分号)键

(5) 若在某一工作表的某一单元格中出现错误值"#VALUE!",可能的原因是________。

A. 使用了错误的参数或运算对象类型,或公式自动更正功能不能更正公式

B. 单元格所含的数字、日期或时间比单元格宽,或单元格的日期时间公式产生了一个负值

C. 公式中使用了 Excel 2016 不能识别的文本

D. 公式被零除

(6) 关于 Excel 的数据筛选功能,下列说法正确的是________。

A. 筛选后的表格中只含有符合筛选条件的行,其他行被删除

B. 筛选后的表格中只含有符合筛选条件的行,其他行被暂时隐藏

C. 筛选条件只能是一个固定的值

D. 筛选条件不能由用户自定义,只能由系统确定

(7) 下列输入到单元格中不正确的 Excel 公式是________。

A. =A1+B1+SQRT(M1+M2)　　B. SUM(A1:B1)

C. =H15^2+H51^4+123　　D. ="中国"&"山东"&"济南"&3

2. 多选题

(1) 在 Excel 2016 工作表中,单元格的引用地址有________。

A. 绝对引用　　B. 相对引用　　C. 交叉引用　　D. 混合引用

(2) 下列有关 Excel 2016 中选择连续单元格区域的操作,正确的有________。

A. 单击该区域的第一个单元格,然后按住 Shift 键,再单击该区域的最后一个单元格

B. 单击该区域的第一个单元格,然后按住 Ctrl 键,再单击该区域的最后一个单

元格域

C. 单击该区域的第一个单元格，然后拖动，直至选定最后一个单元格

D. 单击该区域的第一个单元格，然后按住 Alt 键，再单击该区域的最后一个单元格

(3) 在 Excel 2016 工作表中，下列正确的公式形式有________。

A. =B3 * Sheet3! A2　　　　B. =B3 * %A2

C. =B3 * "Sheet3" $ 3A2　　　　D. =B3 * $ A2

(4) 下列有关 Excel 2016 的操作，说法正确的是________。

A. 在某个单元格中输入"'=8+1"，按回车键后显示 9

B. 在某个单元格中输入"2/28"，按回车键后显示分数 1/14

C. 在 Excel 2016 中进行单元格复制时，可以只复制其格式

D. 若要在某工作表的第 D 列左侧一次插入两列，则首先选定第 D、E 列

(5) 在 Excel 2016 中，属于正确的地址引用的是________。

A. A4　　　　B. $ A4　　　　C. 4 $ A%　　　　D. %A $ 4

(6) 下列有关 Excel 2016 的知识，正确的是________。

A. Excel 2016 的工作簿不可以隐藏

B. Excel 2016 的工作表可以隐藏，但是至少要保留一个不被隐藏

C. Excel 2016 的行、列可以隐藏

D. Excel 2016 中的工作表可以全部隐藏

(7) 要在 Excel 2016 的 C11 单元格中放置 A1、A2、B1、B3 共 4 个单元格数值的平均值，正确的公式写法是________。

A. =AVERAGE(A1:B3)　　　　B. =AVERAGE(A1,A2,B1,B3)

C. =(A1+A2+B1+B3)/4　　　　D. =AVERAGE(A1:A2, B1:B3)

(8) 在 Excel 2016 中，关于分类汇总的说法，正确的是________。

A. 不能删除分类汇总

B. 分类汇总可以嵌套

C. 汇总方式可以是求和，也可以是求均值

D. 进行分类汇总前，必须先对数据清单进行排序

(9) 在 Excel 2016 中，获取外部数据的数据源________。

A. 可以从 Access 中的表对象中导入数据

B. 可以从网页或文本文件导入数据

C. 可以从 XML 文件中导入数据

D. 可以从 SQL Server 中导入数据

3. 填空题

(1) Excel 2016 的编辑栏由名称框、________和编辑区构成。

(2) 利用 Excel 2016 生成的文件是一种电子表格，该文件又称为________，它由若干个________构成。

(3) 向 Excel 工作表中输入数据时,键入前导符________表示要输入公式。

(4) 在 Excel 中,若只需打印工作表的一部分数据时,应先________。

(5) Excel 2016 中提供“冻结”功能,如需要冻结某工作表的前 4 行和前两列,需要选中________单元格,然后选择“视图”选项卡“窗口”组中的“冻结窗格”命令。

4. 判断题

(1) 在 Excel 2016 中,若在某工作表的第五行上方插入两行,则先选定第五、六两行。 (　　)

(2) 在 Excel 2016 中,一旦建立图表,其标题的字体、字形是不可改变的。 (　　)

(3) Excel 2016 可以把正在编辑的工作簿保存为文本文件。 (　　)

(4) Excel 2016 的排序是根据数据清单中的一列或多列的大小重新排列记录的顺序。 (　　)

(5) Excel 2016 中分类汇总后的数据清单不能再恢复原工作表的记录。 (　　)

5. 简答题

(1) 请简述 Excel 2016 的工作簿和工作表的关系。

(2) Excel 2016 的公式中有哪些运算符,各自有什么作用?

(3) 什么是函数?请简述函数的组成。

(4) 简述 Excel 2016 中清单的排序、筛选和分类汇总功能。

(5) 什么是图表?图表有哪些类型?图表由几部分组成?各部分有什么作用?

6. 操作题

启动 Excel 2016,打开“学生成绩表.xlsx”文件,如图 7.10 所示。对数据表“学生成绩表”中的数据,按以下要求操作。

(1) 使用 AVERAGE()函数计算表中每个学生的“平均分”。

(2) 使用 SUM()函数计算表中每个学生的“总分”。

(3) 在 C13 单元格中计算总成绩中的最高分。

(4) 在 C12 单元格中使用 COUNTIF()函数统计男生人数。

	A	B	C	D	E	F	G	H	I	J	K	L
1	学生成绩表											
2	序号	学号	姓名	专业	出生日期	性别	年龄	数学	英语	语文	平均分	总成绩
3	1	020402012	张平	法学	1987/5/7	女	20	70	80	86		
4	2	020402013	朱毅	法学	1989/4/12	女	20	71	86	81		
5	3	020402014	王海	法学	1984/7/20	男	20	81	71	86		
6	4	020402015	李英	法学	1988/6/23	女	20	68	76	90		
7	5	020402016	李应	法学	1986/8/15	女	20	73	67	85		
8	6	020402017	王涛	法学	1987/12/1	男	20	77	87	72		
9	7	020402018	赵骑	教育	1986/12/14	男	21	80	74	77		
10	8	020402019	李勇奇	教育	1983/4/17	男	24	97	70	90		
11												
12		男生数:										
13		最高分:										

图 7.10　学生成绩表

第8章 PowerPoint 2016 的应用

学习目标：

掌握演示文稿软件 PowerPoint 2016 的视图方式；掌握幻灯片的内容编辑方法；掌握利用背景、幻灯片及主题设置幻灯片外观的方法；掌握幻灯片的放映方法；掌握演示文稿的打包、格式转换、广播幻灯片及打印幻灯片的方法。

8.1 PowerPoint 2016 概述

8.1.1 PowerPoint 2016 演示文稿

PowerPoint 2016 是 Office 2016 的一个重要组件，用于创建和编辑演示文稿。一个演示文稿是由若干张幻灯片组成的，其默认扩展名为 pptx，Office 2003 版本及以前的演示文稿的扩展名为 ppt，当前 PowerPoint 2016 也支持该扩展名。

利用 PowerPoint 2016 创建的文档文件称为演示文稿。幻灯片是演示文稿的基本组成部分，就是一张包含各种文字、图形、图像内容的页面，还可以在其中插入表格、图表、公式、剪贴画、艺术字、组织结构图等对象。为了加强演示效果，幻灯片中还可以插入声音或视频剪辑等多媒体对象，还可以给这些对象设置动画效果。

一般来说，一个演示文稿包含若干张幻灯片。制作完演示文稿后，可以播放演示文稿，以查看演示效果。为了突出效果，可以为每张幻灯片设置进场效果，称为设置幻灯片的切换效果。同时，PowerPoint 2016 还可以创建高度交互式的多媒体演示文稿，播放演示文稿时不仅可以选择多种演示类型，还可以利用超链接技术及动作设置技术改变幻灯片的播放次序。

制作完演示文稿后，可以进行发布。一个演示文稿可以打包成 CD，可以另存为 wmv 或 mp4 格式的视频文件，也可以另存为便携式 pdf 文件。

8.1.2 PowerPoint 2016 视图方式

1. 视图方式及其特点

PowerPoint 2016 提供了 5 种演示文稿视图，即普通视图、大纲视图、幻灯片浏览视图、备注页视图和阅读视图，还提供了3种母版视图类型，即幻灯片母版、讲义母版和备注母版。本节主要介绍演示文稿视图。

1）普通视图

是系统默认的视图方式，由导航缩略图窗格、幻灯片窗格和备注窗格组成。

导航缩略图窗格位于普通视图的左侧，在其中可以看到演示文稿中所有幻灯片的顺序和文字内容。在该窗格中可以实现幻灯片的复制、移动与删除，方便查看整体效果。

幻灯片窗格是对幻灯片编辑的主要场所，只显示一张幻灯片，可以在单张幻灯片中添加图形、图像、动画、影片和声音等，并能创建超级链接。幻灯片上的两个虚线框是在创建新幻灯片时出现的，称为占位符，作为放置幻灯片标题、文本、图表、组织结构图等对象的位置，实际上它们是预设了格式、字形、颜色、图形、图表位置的文本框，占位符的位置和布局由选择的模板决定，用户可以根据需要删除占位符，或进行格式修改。

备注窗格是为幻灯片增加备注内容的场所，备注内容是演讲者自行添加的与观众共享的备注或信息。播放演示文稿时，备注内容不显示，但可以打印出来，作为讲演者的讲稿使用。备注内容中也可以包含图片，但图片形式的备注只能在备注页视图下添加。

2）大纲视图

大纲视图在左侧窗格中以大纲形式显示幻灯片中的标题文本，通过该视图很容易把握整个演示文稿的设计主题。同普通视图类似，大纲视图也由大纲窗格、幻灯片窗格和备注窗格三部分组成。

左侧的大纲窗格方便查看、编辑幻灯片中的文字内容。用户在左侧大纲窗格中输入或编辑文字时，右侧的幻灯片中能实时显示对应的变化。右侧的幻灯片窗格和备注窗格同普通视图类似。

3）幻灯片浏览视图

在幻灯片浏览视图中可通过缩略图直观查看所有幻灯片，方便地实现幻灯片的增删、复制、移动，还可以完成幻灯片动画设计、放映时间和切换方式的设置，但不能对幻灯片内容进行直接修改。

4）备注页视图

这里可以完成备注内容的输入和编辑，但不能编辑幻灯片内容。通过备注页视图可以查看演示文稿同备注信息一起打印的效果。每个页面都包含一张幻灯片和演讲者备注，可以在备注页视图中编辑。

5）阅读视图

该视图是在PowerPoint窗口中播放演示文稿，以查看动画及切换效果。该视图模式下只保留幻灯片窗格、标题栏和状态栏，其他编辑功能被屏蔽，目的是幻灯片制作完成后的简单放映浏览。

2. 视图方式切换

切换视图方式有两种方法，一是可以打开“视图”选项卡，选择相应的视图方式，如图8.1所示；二是可以通过状态栏右侧的视图方式切换按钮来实现。

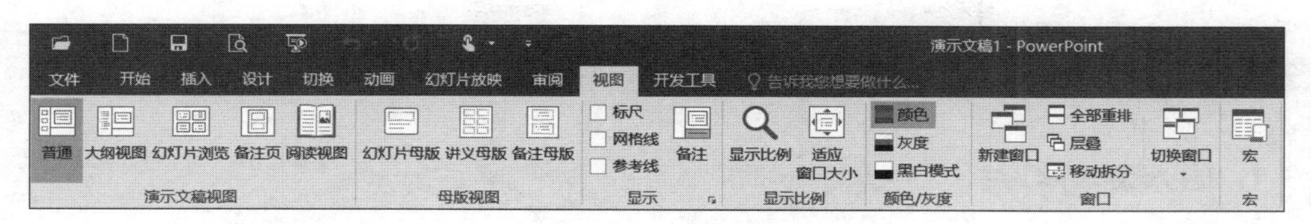

图 8.1 视图方式切换

8.2 编辑幻灯片内容

掌握演示文稿的编辑功能是使用 PowerPoint 2016 的基础。所谓编辑演示文稿，就是编辑幻灯片的内容，包括幻灯片的新建、复制、移动、隐藏、选择等，以及向幻灯片中插入文字及各种对象。

8.2.1 新建演示文稿

演示文稿是若干幻灯片的有序集合，因此建立演示文稿的过程就是制作一张张幻灯片的过程。演示文稿中的幻灯片不能单独存在，不能作为单独的文件保存。

建立演示文稿有多种方式，可以根据需要选择合适的方式。

1. 方式 1——基于样本模板新建演示文稿

样本模板是 PowerPoint 2016 自带的一些模板，其中既包含内容，又包含格式。如果基于样本模板创建演示文稿，可以很快得到一个符合需要的文档。在此基础上修改和编辑演示文稿，可以大大提高制作效率。操作方法为：选择“开始”选项卡的“新建”命令，单击“演示文稿”按钮，即可选择需要的模板。模板文件的扩展名是 potx，基于样本模板既可以创建演示文稿，也可以创建新的自定义模板。

2. 方式 2——基于主题新建演示文稿

主题是主题颜色、主题字体和主题效果三者的组合，可以作为一套独立的选择方案应用于文件设计。使用主题可以简化专业设计师水准的演示文稿的创建过程，使演示文稿具有统一的风格。操作方法为：选择“开始”选项卡的“新建”命令，单击“主题”按钮，即可选择需要的主题。

3. 方式 3——新建空白演示文稿

这是最简单的创建演示文稿的方法。选择“开始”选项卡的“新建”命令，然后单击“空白演示文稿”按钮，即可创建一个没有任何内容的空白幻灯片。

8.2.2 幻灯片基本操作

1. 插入新幻灯片

首先将要插入的新幻灯片之前的那张幻灯片定位为当前幻灯片，然后打开“开始”选项卡的“幻灯片”组，选择“新建幻灯片”命令即可。新建幻灯片时，可复制选定幻灯片，也可以从其他来源重用幻灯片。插入新幻灯片的快捷键是 Ctrl＋M。

2. 选择幻灯片

如果选择单张幻灯片，单击它即可。如果选择多张连续幻灯片，可先选定第一张幻灯片，然后按住 Shift 键，再单击最后一张要选择的幻灯片；如果选择多张不连续的幻灯片，需按住 Ctrl 键，再选择需要的幻灯片。

3. 复制或移动幻灯片

在幻灯片浏览视图中适合完成幻灯片的移动和复制操作，该操作可以通过剪贴板实现，也可以用拖动的方法实现。拖动时按住 Ctrl 键，可以实现复制幻灯片操作。

4. 删除幻灯片

选中要删除的幻灯片后按 Delete 键，或在普通视图的幻灯片窗格中选定幻灯片，然后右击，在弹出的快捷菜单中选择“删除幻灯片”命令，即可删除幻灯片。

5. 隐藏幻灯片

执行“隐藏幻灯片”命令，可以隐藏当前幻灯片。被隐藏的幻灯片在播放时不出现，但并没有删除，仍存在于演示文稿中，可以通过再次执行“隐藏幻灯片”命令取消其隐藏状态。注意，被隐藏幻灯片的编号不变，上面将覆盖一道斜杠。其操作方法为：在普通视图的“幻灯片”窗格中选定幻灯片，然后右击，在弹出的快捷菜单中选择“隐藏幻灯片”命令。

另外，选择“幻灯片放映”选项卡“设置”组中的“隐藏幻灯片”命令，也可以隐藏选中的幻灯片。再次执行“隐藏幻灯片”时，则可取消该操作。

8.2.3 在幻灯片中插入文字

对使用了版式的幻灯片，可以单击其中的占位符，光标定位在占位符内部即可直接输入文字，输入完毕在占位符外侧单击即可。占位符内部的文本格式进行了预先格式设置，也可以根据需要修改，也可以删除不必要的占位符。要在占位符以外的区域输入文本，必须首先插入一个横排或竖排文本框，然后在其中输入需要的文本，具体操作方法同 Word 2016。

移动和复制幻灯片中的文本与在 Word 2016 中的操作基本类似，只需要区分移动和复制的文本是整个文本框还是其中的一部分。如果移动或复制整个文本框，选择时要单击文本框的边框，选中整个文本框，否则需要在文本框内选择文本，这与 Word 2016 中在正文区域选择文本的操作是相同的。

请注意占位符的应用。占位符是一种带有虚线边框的框，在该框中可以放置标题、正文，或图表、表格、图片等对象。可以选择、移动、改变大小、复制、删除、旋转、对齐占位符，也可以设置占位符样式。在幻灯片母版视图中也可以插入占位符。“占位”实际有“预留位置”的含义，即根据需要选择预留的位置放置什么内容。需要注意，通过“插入”选项卡是无法插入占位符的，因为它还不是一个真实的对象。

8.2.4 在幻灯片中插入对象

在幻灯片中可以插入表格、图像、插图、链接、文本、符号和各种媒体，操作方法类似 Word 2016，“插入”选项卡如图 8.2 所示。

图 8.2 “插入”选项卡

插入表格时，可以直接绘制，也可以插入 Excel 电子表格。插入表格后，如果将光标放在表格的任意位置，功能区中将出现“表格工具”选项卡，通过该选项卡可以进一步设置表格的格式，添加行列，合并/拆分单元格等。

插入的图片分为插入图像和插图两类。在“图像”组中可以插入图片、联机图片、屏幕截图及相册；在“插图”组中可以插入形状、SmartArt 和图表；在“文本”组中可以插入文本框、页眉和页脚、艺术字、日期和时间、幻灯片编号及某些对象；在“符号”组中可以插入公式和符号；在“媒体”组中可以插入视频和音频。需要注意，“图像”组中插入的主要是位图(栅格图像)，而“插图”组中插入的主要是图形(线条图)。

同 Word 2016、Excel 2016 相比，PowerPoint 2016 的“插入”选项卡增加了“媒体”组，可以插入音频和视频对象。音频和视频的表现力相对文本及图片来说更强一些。

8.3 设置幻灯片外观

编辑完幻灯片的内容后，还需要优化调整其外观，使之更加符合需求。幻灯片的外观设置包括背景设置、主题设置以及模板的应用等。

8.3.1 设置背景

在“设计”选项卡的“背景”组中可以使用“背景样式”设置所选幻灯片的背景。单击

“背景样式”按钮后，系统弹出多种背景样式。单击“设置背景格式”按钮，弹出图 8.3 所示的“设置背景格式”对话框。在其中可设置填充效果，以及对背景图片进行各种调整。

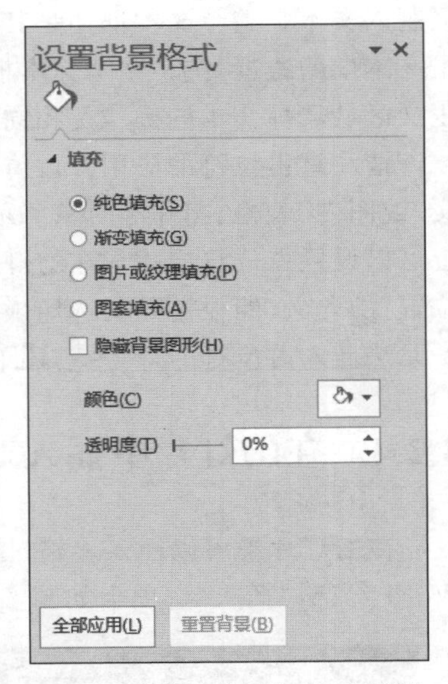

图 8.3 “设置背景格式”对话框

幻灯片背景有多种填充效果，包括纯色填充、渐变填充(一种颜色逐渐过渡到另一种颜色)，以及利用图片、纹理、图案填充等。需要注意，如果需要隐藏背景图形，可以单击图 8.3 中的“隐藏背景图形”左侧的小方框。

8.3.2 幻灯片主题

所谓幻灯片主题，是指对幻灯片中的标题、文字、图片、背景等设定一组配置，包括主题颜色、主题字体和主题效果。PowerPoint 2016 提供了多种内置主题，包含配色方案、背景、字体样式和占位符位置。通过应用所选主题，可以快速统一整个演示文稿的外观。方法为选择“设计”选项卡中“主题”组中的某幻灯片主题。主题可以应用于所选幻灯片，也可以应用于所有幻灯片(默认)。使用幻灯片主题时，如果需要修改颜色、字体、效果等，可选择对应“颜色”“字体”和“效果”命令。

设计幻灯片时，幻灯片的颜色配置是较重要的设计任务。选中幻灯片后，在“设计”选项卡“主题”组中选择“颜色”命令，即可改变当前主题的颜色配置。同样，切换到“幻灯片母版”选项卡中时，亦可通过“背景”组中的“颜色”命令修改主题颜色。如果对系统内置的颜色方案不满意，还可以利用“颜色”命令中的“自定义主题”命令新建主题颜色，如图 8.4 所示。

前文提到，系统提供的主题可以创建只包含一张幻灯片的演示文稿。创建完成后，还可以根据需要选择其他主题。

8.3.3 母版

母版是一张预先设定好背景颜色、文本颜色、字体大小等的特殊幻灯片，利用母版可以统一控制演示文稿中某些幻灯片的文字安排、图形外观及风格等，母版中的背景项目、内容和格式设置会反映到它所控制的每一张幻灯片中。PowerPoint 2016 提供了 3 种母版：幻灯片母版、讲义母版和备注母版。

幻灯片母版控制除标题幻灯片之外的其他幻灯片上所键入的标题和文本格式与类型，包括某些文本特征(如字体、字号和颜色)，背景色和某些特殊效果(如阴影和项目符号样式)等。如果要修改多张使用相同母版的幻灯片的外观，只需在幻灯片母版上做一次修改即可。PowerPoint 将自动更新已有的幻灯片，并对新添加的幻灯片应用这些更改。标题母版专门控制标题幻灯片的格式，仅影响使用了“标题幻灯片”版式的幻灯片。讲义母

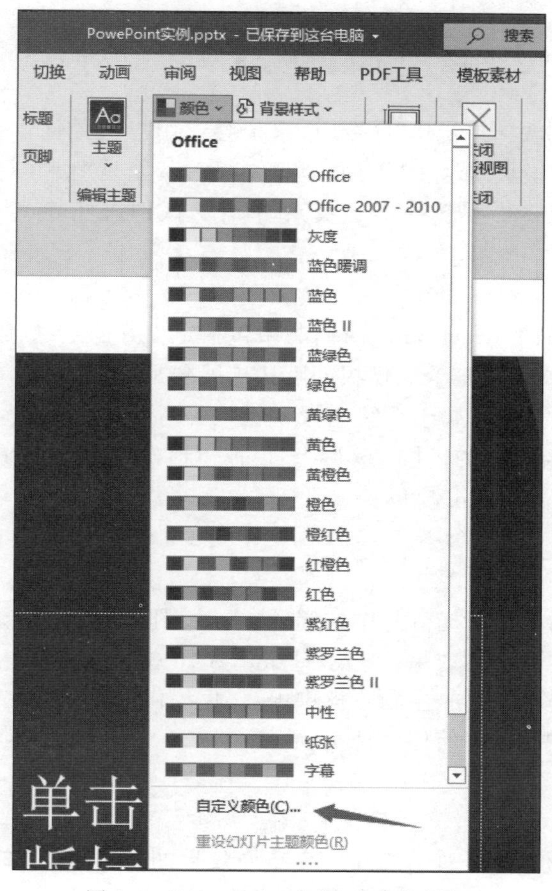

图 8.4　PowerPoint 主题-自定义颜色

版控制打印的演示文稿讲义的外观,可以设置页眉、页脚和讲义格式。备注母版控制备注页的版式及备注文字的格式。

操作方法为:单击“视图”选项卡中的“母版视图”,其中包括对幻灯片母版、讲义母版和备注母版的设计,如图 8.1 所示。选择“视图”选项卡“母版视图”组中的“幻灯片母版”命令,弹出图 8.5 所示的“幻灯片母版”选项卡。在该选项卡中可以插入新的幻灯片母版,为母版插入版式,修改母版的主题效果、背景样式等。

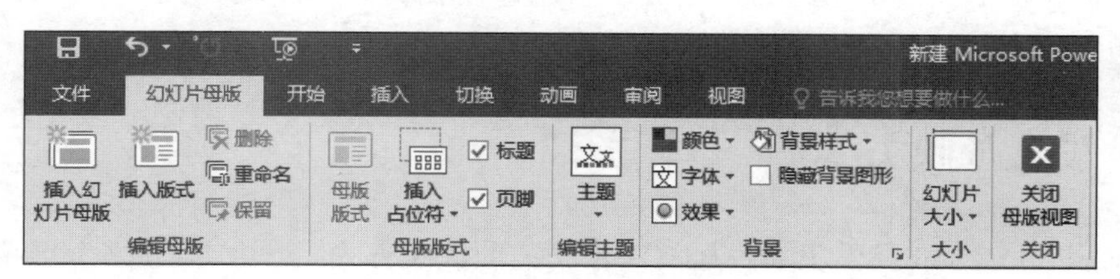

图 8.5　PowerPoint 2016 的幻灯片母版

8.3.4 演示文稿的模板、主题和版式

执行“文件”选项卡中的“新建”命令时，系统会让用户选择创建方式，包括创建“空白演示文稿”、利用“样本模板”或“主题”创建演示文稿，甚至是“根据现有内容新建”演示文稿。这里的“样本模板”和“主题”是什么关系，有什么区别，是值得探讨的问题。

1. 样本模板

模板是一种特殊的 PowerPoint 文件，其中包括定义好的主题、版式、母版、颜色等，以及一些建议性的演示文稿内容等。模板的默认扩展名是 potx。

样本模板是模板的一种，属于系统内置模板。所谓内置模板，就是在安装 PowerPoint 2016 时一起安装到计算机中的模板。实际上，模板包括内置模板、用户自定义模板，以及可从网络上即时下载的 office.com 模板。

2. 主题

也称幻灯片主题，是指对幻灯片中的标题、文字、图片、背景等项目设定一组配置，包括主题颜色、主题字体和主题效果。PowerPoint 2016 提供了多种内置主题，可快速统一演示文稿的外观。同模板不同，主题不提供内容，仅提供格式。同一个演示文稿中的幻灯片可以使用同一种主题，也可使用多种主题。

3. 版式

也称幻灯片版式布局，是对幻灯片内容布局效果的一种设置方法。选中幻灯片后右击，在弹出的快捷菜单中选择“版式”命令，即可选择系统提供的若干版式布局效果。切换到“幻灯片母版”选项卡后，在“编辑母版”组中有“插入版式”，也可以修改幻灯片的版式布局。

8.4 设置幻灯片放映

用户制作演示文稿的最终目的是放映。通过设置幻灯片放映，可以审查当前演示文稿是否满足需求。

8.4.1 设置放映方式

PowerPoint 2016 提供了 3 种播放演示文稿的放映方式：演讲者放映(全屏幕)、观众自行浏览(窗口)、在展台浏览(全屏幕)。设置方法为：选择“幻灯片放映”选项卡的“设置幻灯片放映”命令，打开“设置放映方式”对话框，设置放映方式，如图 8.6 所示。

- 演讲者放映：演讲者具有完全控制权，全屏显示演示文稿。

- 观众自行浏览：幻灯片在计算机屏幕窗口内播放，适用于小规模演示，此时观众可以移动、复制、删除、编辑和打印幻灯片。
- 在展台浏览：自动反复播放演示文稿，适用于无人值守的情况。

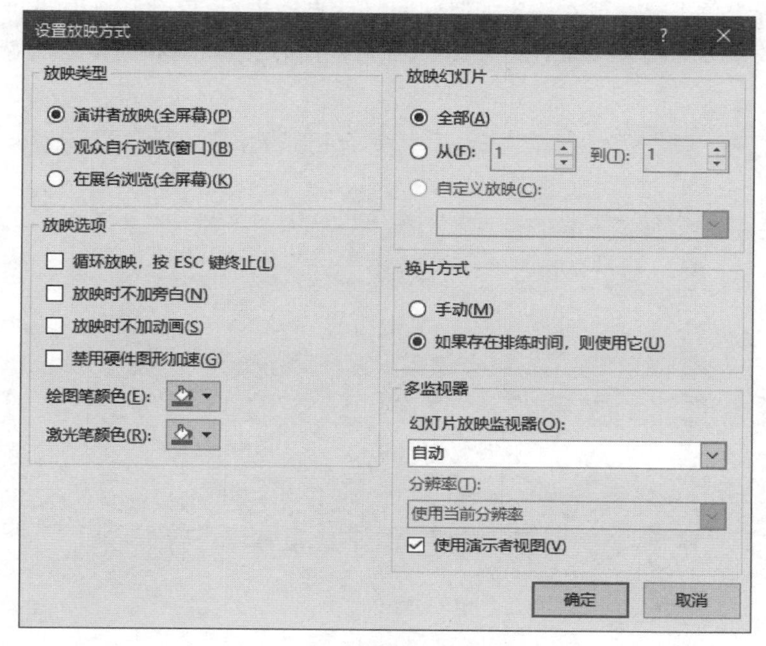

图 8.6 “设置放映方式”对话框

设置放映方式时，还可以根据需要设置参与放映的幻灯片，可以是全部幻灯片，也可以是连续的部分幻灯片，还可以是自定义放映的某些幻灯片。选择换片方式时，可以选择手动换片，也可以选择“如果存在排练时间，则使用它”。这里的排练时间，是通过“幻灯片放映”选项卡“设置”组中的“排练计时”命令生成的。

8.4.2 幻灯片的切换

幻灯片切换指的是从一张幻灯片变换到另一张，也叫换页。换页方式的设置方法为：在“切换”选项卡的“切换到此幻灯片”组中设置，如“切出”“淡出”“溶解”等效果。在“打开”选项卡中还可以设置声音效果、持续时间及换片方式等。

设置的切换效果可应用到当前幻灯片，也可应用到所有幻灯片，在一个演示文稿中可以设置多种切换方式。为一张幻灯片设置好切换效果后，还可以将其推广至所有其他幻灯片，方法为：选择“切换”选项卡中的“全部应用”命令。

8.4.3 设置动画

利用“动画”选项卡中的“动画”命令，可以为幻灯片上的文本、图形、图像、图表和其他对象设置播放时的动画效果。设置动画不仅可以控制对象的进入方式,也可以控制对象的进入顺序。

不同的对象可以设置不同的动画效果,一个对象可以设置多种动画效果。动画启动方式可以设置为单击鼠标或在一定的时间间隔后自动进行,启动动画时也可以添加声音效果。动画效果分为 4 种类型:进入效果、强调效果、退出效果和动作路径效果,如图 8.7 所示。

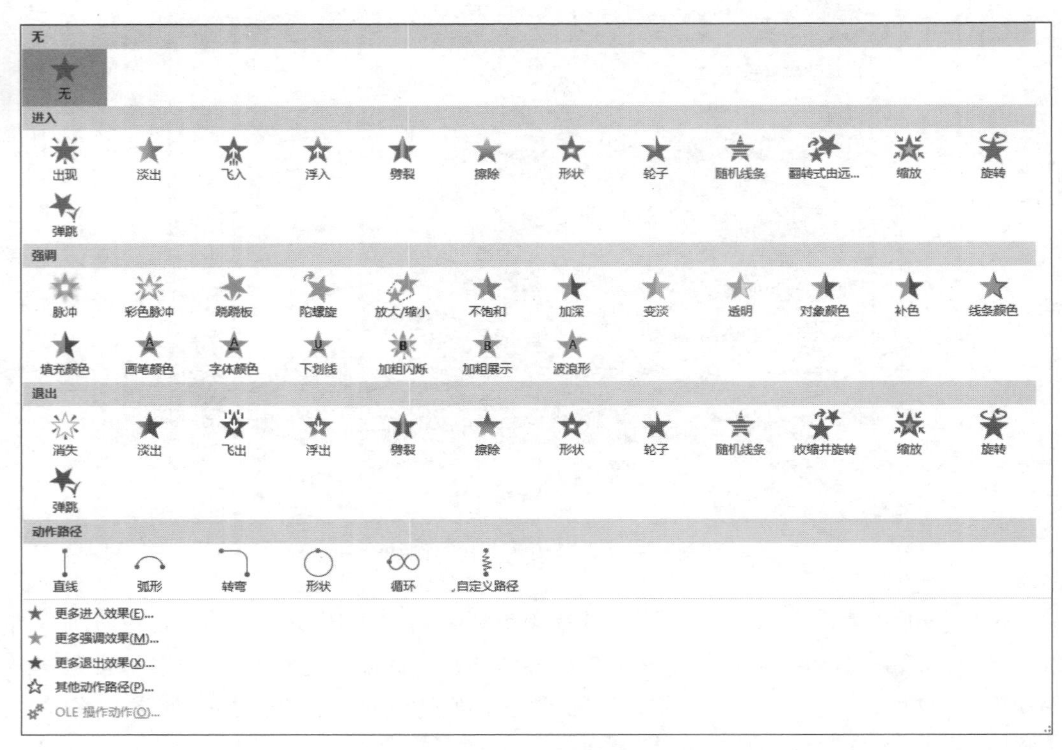

图 8.7　动画效果类型

PowerPoint 2016 提供动画刷功能,即可将一个对象的动画效果复制到另一个对象中。方法为:先选中被复制对象,选择“动画”选项卡“高级动画”组中的“动画刷”命令,鼠标指针变成小刷子的形状,选中目标对象,按住左键刷一下即可。

8.4.4　幻灯片放映

制作完演示文稿后,需要放映一下,以展示效果。方法为:在“幻灯片放映”选项卡“开始放映幻灯片”组中选择相应命令。放映时,可使用绘图笔在幻灯片上作标记,并确定这些标记是否保存。在播放过程中,可使用菜单命令控制,也可按 Esc 键终止。如图 8.8 所示。

PowerPoint 2016 提供了多种放映方式,包括从头开始(F5)、从当前幻灯片开始(Shift+F5)、联机演示(即允许其他人通过 Web 浏览器查看幻灯片放映),也可以自定义

图 8.8　幻灯片放映选项卡

幻灯片放映(自由选择播放哪些幻灯片,以及播放顺序)。在“设置”组中可以设置幻灯片放映方式、是否隐藏幻灯片、排练计时、录制幻灯片演示等。这里的“录制幻灯片演示”可以在播放演示文稿时配以旁白、演示速度等。

8.4.5　超级链接和动作设置

利用超级链接技术和动作设置可以制作具有交互功能的演示文稿。单击链接锚点即可跳转到一个新的位置,或者执行一个提前设置好的动作。

1. 超级链接

也称超链接,用于从演示文稿某幻灯片位置快速跳转到其他位置,使用它可以在自己的计算机甚至网络上快速切换。方法为:选中锚点,选择“插入”选项卡“链接”组中的“插入链接”命令,弹出“插入超链接”对话框,如图 8.9 所示。在“现有文件或网页”“本文档中的位置”“新建文档”及“电子邮件地址”中可以选择跳转位置。注意,PowerPoint 2016 中的超级链接不能跳转到幻灯片的某个对象。

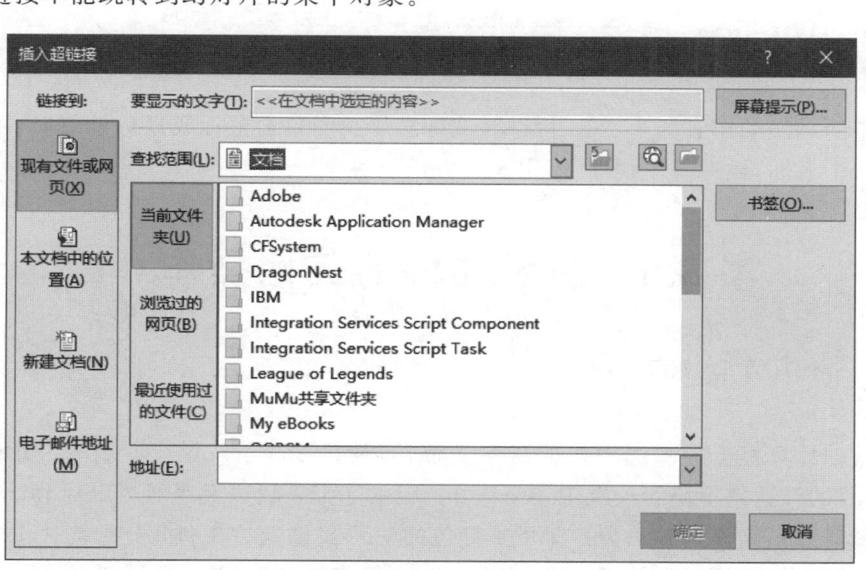

图 8.9　“插入超链接”对话框

2. 动作设置

放映演示文稿时,由演讲者操作幻灯片上的对象,去完成下一步事先安排的工作,称这项工作为该对象的动作。方法为:在“插入”选项卡“插图”中选择“形状”命令,在弹出的下拉列表框中选择“动作按钮”命令,选中某按钮后,弹出“操作设置”对话框;或者选中该幻灯片中某个文字或对象,选择“插入”选项卡“链接”组中的“动作”命令,也弹出“操作设置”对话框,如图 8.10 所示。

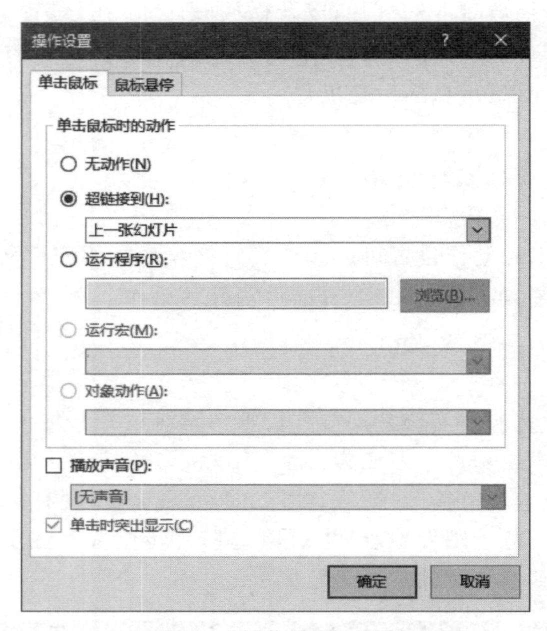

图 8.10 “操作设置”对话框

其中的触发动作有两个:单击鼠标、鼠标悬停。当单击鼠标或鼠标悬停时,可设置超链接到某个目标,运行某个程序/宏以及播放声音等。

8.5 演示文稿的其他操作

8.5.1 演示文稿的打包

在其他计算机上放映编辑好的演示文稿,可使用 PowerPoint 的“打包”功能。打包后,无论目的计算机上是否安装 PowerPoint、版本是否一致以及是否安装字体,都可以实现无故障播放。其操作方法为:打开要打包的演示文稿,在“文件”选项卡中选择“导出”命令,然后选择“将演示文稿打包成 CD”命令,右侧出现“打包成 CD”命令,执行该命令后弹出“打包成 CD”对话框,选择相应操作即可。如图 8.11 所示。

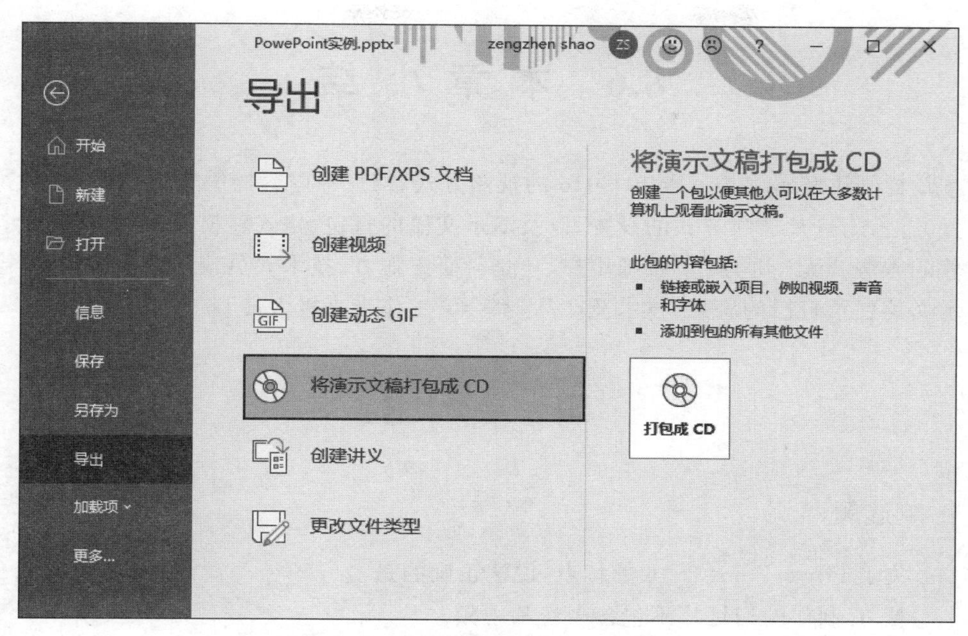

图 8.11　将演示文稿打包成 CD

8.5.2　演示文稿的格式转换

演示文稿可以保存为多种类型,方法为：选择"文件"选项卡的"另存为"命令,选择保存类型,如 ppsx 格式、potx 格式、pdf 格式,甚至是 gif、jpg、rtf、wmv、mp4 格式等。保存为 ppsx 格式时,双击文件可直接播放演示文稿,而不是进入 PowerPoint 的编辑状态。

另一个方法是,选择"文件"选项卡的"导出"命令,在弹出的命令列表中选择"更改文件类型",也可将演示文稿转换为其他文件格式。

8.5.3　打印幻灯片

演示文稿中的幻灯片可以通过打印机打印输出,在各种视图方式下都可以打印。在 PowerPoint 2016 中,可以用彩色、灰度或黑白打印整个演示文稿中的全部或部分幻灯片、大纲、备注和观众讲义。

打印时,可设置打印范围为全部、当前幻灯片或选定幻灯片;打印内容可以选择"幻灯片""讲义""大纲视图"和"备注页"。它们的各自特点如下。

幻灯片：每页纸上只打印一张幻灯片。

讲义：每页纸上可打印 1、2、3、4、6、9 张幻灯片,但不打印备注。

大纲：打印大纲,即只打印文本内容。

备注页：每页纸上打印一张,包括幻灯片内容和备注。

8.6 本章小结

本章详细讲解了 PowerPoint 2016 的视图方式、幻灯片内容的编辑方法，幻灯片外观的设置方法，幻灯片放映方式的设置，以及演示文稿的打包、格式转换、广播幻灯片及打印幻灯片的方法。无论是学生、教师用户，还是科研工作者、技术人员或是商务人士，学会利用演示文稿展示自己的思想、技术及产品，都会给工作带来极大便利。

习　题　8

1. 单选题

(1) 关于 PowerPoint 2016 的特点，说法正确的是________。

A. 其制作的幻灯片不包含声音和视频

B. PowerPoint 不支持 OLE

C. PowerPoint 可以将演示文稿存为 html 格式

D. 幻灯片上的对象、文本、形状、图像均可以设置动画

(2) 在 PowerPoint 2016 中，从首页开始播放演示文稿的快捷键是________。

A. Enter　　B. F5　　C. Alt+ Enter　　D. F7

(3) 关于 PowerPoint 2016 的动画设计，说法正确的是________。

A. 不可以调整动画顺序

B. 包括进入、退出、强调及动作路径效果

C. 一个对象只能设计一个动画效果

D. 以上都对

(4) 在演示文稿中设置“超级链接”不能链接的目标是________。

A. 另一个演示文稿　　B. 同一演示文稿的幻灯片

C. 其他应用程序的文档　　D. 幻灯片中的某个对象

(5) 在 PowerPoint 2016 中，________以缩略图的形式显示演示文稿中的所有幻灯片，用于组织和调整幻灯片的顺序。

A. 普通视图　　B. 备注页视图

C. 幻灯片浏览视图　　D. 阅读视图

(6) PowerPoint 中有关母版的说法，正确的________。

A. 使用母版的作用是使演示文稿中各幻灯片的风格保持一致

B. 模板就是母版

C. 母版就是版式

D. 一张母版只能应用于一张幻灯片

2. 多选题

(1) 在 PowerPoint 2016 中,关于幻灯片中插入的声音,下列说法正确的是________。

A. 可以来自于剪贴画音频　　B. 可以自己录制声音

C. 不可以循环播放　　D. 不可以跨幻灯片播放

(2) 在 PowerPoint 2016 中,有关背景格式的设置,正确的是________。

A. 可以纯色填充　　B. 可以渐变填充

C. 可以图片或纹理填充　　D. 可以隐藏背景图形

(3) 在 PowerPoint 2016 的幻灯片放映视图中放映演示文稿,结束放映的方法有________。

A. 按 Esc 键

B. 右击,在弹出的快捷菜单中选择"结束放映"

C. 按 Ctrl+E 键

D. 按回车键

(4) 在 PowerPoint 2016 中,为对象设置动作时,"动作设置"对话框的两个选项有________。

A. 单击鼠标　　B. 鼠标悬停　　C. 双击鼠标　　D. 鼠标定位

(5) 在 PowerPoint 2016 中,有关"节"的概念,正确的是________。

A. 默认情况下,一个演示文稿只有一个节

B. 可以新增节,也可以删除节

C. 可以移动节,可以折叠节

D. 删除节一定会删除节内的幻灯片

(6) 在 PowerPoint 2016 中,有关幻灯片"版式"的说法,正确的是________。

A. 新建幻灯片时,可以进行版式选择

B. 对已经存在的幻灯片,可以重新设置版式

C. 对新建幻灯片,不能进行版式设计

D. 对已经存在的幻灯片,不可重新设置版式

(7) 下列属于 PowerPoint 2016 提供的母版类型有________。

A. 幻灯片母版　　B. 大纲母版

C. 讲义母版　　D. 备注母版

(8) 在 PowerPoint 2016 中,关于建立超级链接,下列说法正确的是________。

A. 纹理对象可以建立超级链接　　B. 图片对象可以建立超级链接

C. 背景图案可以建立超级链接　　D. 文字对象可以建立超级链接

(9) 有关 PowerPoint 2016 演示文稿更改文件类型的说法,错误的是________。

A. 可以创建视频文件

B. 不能将演示文稿的幻灯片和备注导入 Word 文件

C. 可以将演示文稿打包

D. 可以创建音频文件

(10) 有关 PowerPoint 2016 演示文稿打印的说法，错误的是________。

A. 默认打印整个演示文稿，也可以根据要求选择打印哪些幻灯片

B. 可以以讲义的方式打印演示文稿，每页纸固定打印 4 张幻灯片

C. 可以以备注页的方式打印演示文稿

D. 不能以大纲的方式打印演示文稿

3. 填空题

(1) PowerPoint 2016 的普通视图包含 3 部分：导航缩略图窗格、幻灯片窗格和________。

(2) 在 PowerPoint 2016 中，使用________选项卡中的命令来设置幻灯片的切换效果。

(3) 在 PowerPoint 2016 的幻灯片窗格中，选择需要动画显示的对象，然后选择________选项卡中的各种动画命令，可以快速创建动画效果。

(4) 为幻灯片设置背景样式时，若将新的设置应用于所有幻灯片，应单击“设计背景格式”对话框中的________命令。

(5) 如果希望在演示过程中终止幻灯片的演示，则随时可按________键终止。

4. 判断题

(1) 在幻灯片浏览视图模式下可以改变某张幻灯片的背景格式。 (　　)

(2) PowerPoint 中绘图笔的颜色是不能更改的。 (　　)

(3) 演示文稿一般按原来的顺序依次放映。有时需要改变这种顺序，可以借助超级链接。 (　　)

(4) “演讲者放映”方式采用全屏幕方式放映演示文稿。 (　　)

(5) 在 PowerPoint 2016 中，选择“文件”选项卡中的“新建”命令，可以插入一张新幻灯片。 (　　)

5. 简答题

(1) PowerPoint 2016 的主要功能是什么？

(2) PowerPoint 2016 有哪些视图模式？有什么特点？如何切换？

(3) 幻灯片的动画效果有哪些类型？如何设置幻灯片的动画效果？

(4) 什么是超级链接？如何设置幻灯片中的超链接？

(5) 打印演示文稿时，如何设置打印范围及打印版式？

第9章 计算机网络基础与网页设计

学习目标：

掌握计算机网络的起源与发展，组成、功能及设备，计算机网络的组成等；了解计算机网络协议及体系结构的概念；了解 Internet 的起源及发展，掌握 Internet 的组成、IP 地址与子网掩码、域名系统、接入方式及应用；掌握网站与网页的基本概念，掌握基本的 HTML 语言；了解网站发布及设计原则。

9.1 计算机网络基础

9.1.1 计算机网络的起源与发展

当前人类正处于计算机网络时代，各种活动都离不开网络。计算机网络时代的特征是数字化、网络化及信息化。计算机网络是一组具有独立功能的计算机通过通信设备及传输媒体被相互连接（物理基础）起来，在通信软件（必备条件）的支持下，实现计算机间的资源共享、信息交换或协同工作的系统。计算机网络是计算机技术与通信技术相结合的产物。

计算机网络的发展历程包括以下四个阶段。

（1）以数据通信为主的第一代计算机网络。早在 1954 年，美国军方将雷达探测信号传输到远端的某个 IBM 计算机上存储和使用，再将处理好的数据通过通信线路回传到各自的终端设备。这是最早期的计算机网络的雏形，是一种单个计算机和数据终端通信的联机系统，称为第一代计算机网络。

（2）以资源共享为主的第二代计算机网络。1968 年，美国国防部高级研究计划署开始将分散在不同地区的几台计算机连接起来，构建了 ARPA 网（ARPANET）。建立该网络最初是出于军事目的，希望在现代化战争中保证网络能够进行稳定的信息交换。1972 年，世界上 50 多所大学和研究机构开始与 ARPANET 连接，1983 年入网的计算机已经超过 100 台。ARPANET 的建成标志着计算机网络的发展进入了第二代，通常认为它也是 Internet 的前身。

第二代计算机网络同第一代计算机网络的区别在于：一是第二代计算机网络中的通信双方都是自主的计算机，本身具备自主处理能力，而第一代计算机不具备自主处理能力；二是计算机网络以资源共享为主，而不是以数据通信为主。

(3) 体系结构标准化的第三代计算机网络。Internet 成功之后，世界上不少公司开始推出自己的网络体系结构，最知名的有 IBM 的 SNA(System Network Architecture)和 DEC 公司的 DNA(Digital Network Architecture)。随着技术及社会需求的不断发展，各种类型的网络体系结构需要进行互联互通，但是当时不同的网络很难互联，于是国际标准化组织在 1977 年开始专门研究网络通信体系结构，并成立了一个委员会。1983 年，该委员会提出了著名的开放系统互连参考模型(Open System Interconnection，OSI)。该模型为计算机网络的发展提供了一个可供全世界公司及用户共同遵守的规则，使计算机网络的发展走上了标准化的道路，因此我们把体系结构标准化的计算机网络称为第三代计算机网络。

(4) 以 Internet 为核心的第四代计算机网络。20 世纪 90 年代以后，Internet 的建立将分散在世界各地的计算机网络和计算机连接起来，形成了一个覆盖全世界的最大的网络。随着美国信息高速公路计划(National Information Infrastructure，NII)的提出和实施，Internet 的发展更加迅猛，并且将全世界带入了以网络为核心的信息时代。目前，计算机网络的发展特点是高速互联、智能与更广泛的应用。

网络已经成为现代人生活的一部分。可以预见，未来网络仍是建构智慧社会的核心基础设施。像车联网、物联网、工业互联网、智慧医疗、智能家居等新业务需求的出现，使得未来网络呈现出一种泛在化的趋势，并且不断在各个领域加速发展。同时，未来的计算机网络也一个国家战略新兴产业的重要方向，将会支撑更多、更智能的服务和应用。

9.1.2 网络协议及体系结构

1. 计算机网络协议

计算机网络中的计算机要保证有条不紊地进行数据交换、资源共享，各个独立的计算机系统之间必须达成某种默契，严格遵守事先约定好的一整套通信规程，包括严格规定要交换的数据格式、控制信息的格式和控制功能以及通信过程中事件执行的顺序等，这些通信规程称为网络协议(Protocol)。

2. 网络协议的三个组成要素

(1) 语法：即用户数据与控制信息的结构及格式。

(2) 语义：即需要发出何种控制信息，以及完成的动作与做出的响应。

(3) 时序：是对事件实现顺序的详细说明。

说明：当前使用的协议是由一些国际组织制定的，生产厂商按照协议开发产品，把协议转化为相应的硬件或软件。

网络协议是分层的。分层的原因如下：①有助于网络的实现和维护；②有助于技术的发展；③有助于网络产品的生产；④有利于促进标准化工作。

3. 开放式系统互联通信参考模型(Open System Interconnection,OSI)

OSI是1977年国际标准化组织提出的概念,1984年成为国际标准。OSI分为7层,由低到高依次为物理层、数据链路层、网络层、传输层、会话层、表示层和应用层。

(1) 物理层:位于OSI的最底层,提供一个物理连接,所传数据的单位是比特(b),其功能是对上层屏蔽传输媒体的区别,提供比特流传输服务。也就是说,有了物理层后,数据链路层及以上各层都不需要考虑使用的是什么传输媒体,无论是用双绞线、光纤,还是用微波,都被看成是一个比特流管道。

(2) 数据链路层:负责在各个相邻结点间的线路上无差错地传送以帧为单位的数据,每一帧包括一定数量的数据和一些必要的控制信息。其功能是对物理层传输的比特流进行校验,并采用检错重发等技术,使本来可能出错的数据链路变成不出错的数据链路,从而对上层提供无差错的数据传输。换句话说,就是网络层及以上各层不再需要考虑传输中出错的问题,就可以认定下面是一条不出错的数据传输信道。把数据交给数据链路层,它就能完整无误地把数据传给相邻结点的数据链路层。

(3) 网络层:计算机网络中进行通信的两台计算机之间可能要经过多个结点和链路,也可能要经过多个通信子网。网络层数据的传送单位是分组或包,它的任务就是要选择合适的路由,使发送端的传输层传下来的分组能够按照目的地址发送到接收端,使传输层及以上各层设计时不再需要考虑传输路由。

(4) 传输层:在发送端和接收端之间建立一条不会出错的路由,对上层提供可靠的报文传输服务。与数据链路层提供的相邻结点间比特流的无差错传输不同,传输层保证的是发送端和接收端之间的无差错传输,主要控制的是包的丢失、错序、重复等问题。

(5) 会话层:会话层虽然不参与具体的数据传输,但却对数据传输进行管理。会话层建立在两个互相通信的应用进程之间,组织并协调其交互。例如,在半双工通信中,确定在某段时间谁有权发送,谁有权接收;或当发生意外时(如已建立的连接突然中断),确定在重新恢复会话时应从何处开始,而不必重传全部数据。

(6) 表示层:表示层主要为上层用户解决用户信息的语法表示问题,其主要功能是完成数据转换、数据压缩和数据加密。表示层将欲交换的资料从适合于某一用户的抽象语法变换为适合于OSI系统内部使用的传送语法。有了这样的表示层,用户就可以把精力集中在所要交谈的问题本身,而不必更多地考虑对方的某些特性。

(7) 应用层:应用层是OSI中的最高层。应用层确定进程之间的通信性质满足用户的需要,负责信息的语义表示,并在两个通信者间进行语义匹配。也就是说,应用层不仅要提供应用进程需要的信息交换等操作,还要作为互相作用的进程的用户代理,完成一些为进行语义上有意义的信息交换所必需的功能。

4. TCP/IP参考模型

TCP/IP参考模型是一种事实上的国际标准。由网络接口层、网际层、传输层和应用层组成。TCP是传输控制协议,而IP是互联网协议,也称网际协议。

TCP/IP 中常用的应用层协议如下。

(1) 超文本传输协议：HTTP,用于传递制作好的网页文件。

(2) 文件传输协议：FTP,用于实现互联网中交互式的文件传输功能。

(3) 电子邮件协议：SMTP,用于实现互联网中的电子邮件传送功能。

(4) 网络终端协议：TELNET,用于实现互联网中的远程登录功能。

(5) 域名服务：DNS,用于实现网络设备的名字到 IP 地址映射的网络服务。

(6) 路由信息协议：RIP,用于网络设备之间交换路由信息。

(7) 简单网络管理协议：SNMP,用于收集和交换网络管理信息。

(8) 网络文件系统：NFS,用于网络中不同主机间的文件共享。

9.1.3 计算机网络的组成、功能及设备

1. 计算机网络的组成

从物理连接上讲,计算机网络由计算机系统、通信链路和网络结点组成。其中计算机系统进行各种数据处理,通信链路和网络结点提供通信功能。从逻辑功能上讲,计算机网络由通信子网和资源子网组成,通信子网提供计算机网络的通信功能,由网络结点和通信链路组成,资源子网由主机、终端控制器和终端组成。

2. 计算机网络的功能

1) 数据通信

数据通信是计算机网络的基本功能之一,用于实现计算机之间的信息传送。在计算机网络中,人们可以在网上收发电子邮件,发布新闻消息,进行电子商务、远程教育、远程医疗,传递文字、图像、声音、视频等信息。

2) 资源共享

计算机资源主要是指计算机的硬件、软件和数据资源。

3) 分布式处理

对于综合性大型科学计算和信息处理问题,可以采用一定的算法,将任务分别交给网络中不同的计算机,以达到均衡使用网络资源,实现分布处理的目的。

4) 提高系统的可靠性

在计算机网络系统中,可以通过结构化和模块化设计,将大的、复杂的任务分别交给几台计算机处理,用多台计算机提供冗余,使其可靠性大大提高。当某台计算机发生故障时,不至于影响整个系统中其他计算机的正常工作,使被损坏的数据和信息得到恢复。

3. 计算机网络的设备

计算机网络系统由硬件、软件和协议三部分组成。硬件部分包括主体设备、连接设备和传输介质,软件部分包括网络操作系统和应用软件,网络中的各种协议也以软件形式表现出来。

1）主体设备

称为主机，可分为中心站（也称服务器）和工作站（客户机）。服务器主要是指提供服务的计算机，而客户机是指请求服务的计算机。

2）连接设备

包括网卡（也称网络适配器）、网桥、中继器、集线器、交换机、路由器、网关等。

（1）网卡：网卡又叫网络适配器（Network Interface Controller，NIC），是计算机网络中最重要的连接设备之一。其作用主要有：①提供固定的网络地址，称为MAC地址，该地址是全球唯一的，也称为网卡的物理地址；②接收网线上传来的数据，并把数据转换为本机可识别和处理的格式，通过计算机总线传送给本机；③把本机要向网上传输的数据按照一定的格式转换为网络设备可处理的数据形式，通过网络传送到网上。

（2）网桥：是一种以同种协议连接两个局域网（或网段）的产品。网桥工作在数据链路层，主要功能是将一个网络的数据沿通信线路复制到另一个网络中去。它可以有效地连接两个局域网，使本地通信限制在本网段内，并转发相应的信号至另一网段，网桥通常用于连接数量不多的、同一类型的网段。

（3）中继器：任何一种介质的有效传输距离都是有限的，电信号在介质中传输一段距离后，会自然衰减并且附加一些噪声。中继器的作用就是放大电信号，提供电流，以驱动长距离电缆，增加信号的有效传输距离。从本质上看，中继器可以认为是一个放大器，承担信号的放大和传送任务。

中继器属于物理层设备，用中继器可以连接两个局域网或延伸一个局域网。它连起来的仍是一个网络，与集线器处于同一协议层次。

（4）集线器（HUB）：实质是一个中继器，主要功能是对接收到的信号进行再生整形放大，以扩大网络的传输距离，同时把所有结点集中在以它为中心的结点上。HUB只是一个信号放大和中转设备，所以它不具备自动寻址能力，即不具备交换作用。它工作于OSI第一层，即“物理层”。

（5）交换机：交换机（Switch）也叫交换式集线器，是一种工作在OSI数据链路层上的、基于MAC地址识别、能完成封装转发数据包功能的网络设备。它通过重新生成信息，并经过内部处理后转发至指定端口，具备自动寻址能力和交换作用。目前，交换机还具备了一些新的功能，如对虚拟局域网的支持、对链路汇聚的支持，甚至有的具有防火墙的功能和路由功能。

交换机和集线器不同，集线器采用的是共享带宽的工作方式，而交换机是独享带宽。

（6）路由器：是一种连接多个网络或网段的网络设备，它能翻译不同网络或网段之间的数据信息，以使它们能够相互“读”懂对方的数据，从而构成一个更大的网络。它主要工作在网络层。

路由器的主要工作就是为经过路由器的每个数据帧寻找一条最佳传输路径，并将该数据有效地传送到目的站点。

它的主要功能有以下三点。

第一，网络互联。路由器支持各种局域网和广域网接口，主要用于连接局域网和广域网，实现不同网络互相通信。

第二，数据处理。提供包括分组过滤、分组转发、优先级、复用、加密、压缩和防火墙等功能。

第三，网络管理。路由器提供配置管理、性能管理、容错管理和拥塞控制等功能。

路由器产生于交换机之后，所以其与交换机也有一定联系，它们并不是完全独立的两种设备。路由器主要克服了交换机不能路由转发数据包的不足。

(7) 网关(Gateway)：也称协议转换器，是将两个使用不同协议的网段连接在一起的设备。它的作用就是对两个网段中使用不同传输协议的数据进行翻译转换。网关是实现应用系统的网络互联设备，目前市场上没有通用产品。

3) 传输介质

是网络中连接收发双方的物理通路，也是通信中实际传送信息的载体。通常评价一种传输介质的性能指标，主要包括以下内容。

传输距离：指数据的最大传输距离。传输距离越大，说明传输介质的性能越好。

抗干扰性：指传输介质防止噪声干扰的能力。信息在传输过程中往往会出现干扰现象，如雷电、电磁干扰等。抗干扰能力强的介质更能保证信号传输的可靠性。

带宽：指信道所能传送的信号的频率宽度，也就是可传送信号的最高频率与最低频率之差。信道的带宽由传输介质、接口部件、传输协议以及传输信息的特性等因素决定，它在一定程度上体现了信道的传输性能，是衡量传输系统的重要指标。通常，信道的带宽大，信道的容量也大，传输速率相应也高。

衰减性：信号在传输过程中会逐渐减弱。衰减越小，不加放大的传输距离就越长。

性价比：性价比越高，说明用户的投入越值得，对于降低网络建设的整体成本很重要。

有线传输介质包括双绞线、同轴电缆和光纤等，无线传输介质包括无线电通信、红外通信、微波通信、卫星通信等，具体内容如下。

① 双绞线。

双绞线是把两条相互绝缘的铜导线绞合在一起。绞合结构可以减少对相邻导线的电磁干扰。根据单位长度上的绞合次数不同，双绞线划分为不同规格。绞合次数越高，抵消干扰的能力就越强，制作成本也就越高。

② 同轴电缆。

同轴电缆由内导体铜芯、绝缘层、网状编织的外导体屏蔽层以及塑料保护层组成。由于屏蔽层的作用，同轴电缆具有较好的抗干扰能力。

③ 光纤。

光纤是由非常透明的石英玻璃拉成细丝做成的，利用光的全反射原理传播信号。当光从一种高折射率介质射向低折射率介质时，只要入射角足够大，就会产生全反射，这样，光就会不断在光纤中折射传播下去。

与其他传输介质相比，光纤既有优点又有缺点。

光纤的优点如下：①带宽高，目前可以达到100 Mbps～2 Gbps；②传输损耗小，中继距离长；③无串音干扰，且保密性好；④抗干扰能力强；⑤体积小，重量轻。光纤的缺点是连接光纤需要专用设备，成本较高，并且安装、连接难度大。

④ 无线电通信。

无线电频率是指从 1kHz 至 1GHz 的电磁波谱。无线电通信中的扩展频谱通信技术是当前无线局域网的主流技术。

⑤ 红外通信。

红外通信是以红外线作为传输载体的一种通信方式。它以红外二极管或红外激光管作为发射源,以光电二极管作为接收设备。红外通信成本较低,传输距离短,具有直线传输、不能透过不透明物的特点。

⑥ 微波通信。

微波是沿直线传播的,收发双方必须能直接可视,而地球表面是一个曲面,因此传播距离受到限制,一般只有 50km 左右。若采用 100m 高的天线塔,则传播距离可增大到 100km。为实现远距离传输,必须设立若干中继站。微波受到的干扰比短波通信小得多,因而传输质量较高。另外,微波有较高的带宽,通信容量较大。与远距离通信电缆相比,微波通信投资小,可靠性高,但隐蔽性和保密性差。

⑦ 卫星通信。

卫星通信以空间轨道中运行的人造卫星作为中继站,地球站作为终端站,实现两个或多个地球站之间长距离大容量的区域性通信乃至全球通信。卫星通信具有传输距离远、覆盖区域大、灵活、可靠、不受地理环境条件限制等独特优点。

9.1.4 计算机网络的分类

从不同的角度出发,计算机网络有多种分类标准。常见的分类标准有以下几种。

1. 根据网络覆盖范围分

1) 局域网(Local Area Network,LAN)

局域网的覆盖范围比较小,一般是几十米到几百米,用于连接一个房间、一个家庭、一层楼或一座建筑物。在局域网中,数据的传输速率高,传输可靠性很好。各种传输介质均可使用,建设成本比较低。

2) 城域网(Metropolitan Area Network,MAN)

是在一座城市内部建造起来的计算机通信网络,使用的技术同局域网类似。但是对媒介访问的控制方法有所不同。它一般可将一个城市内不同地点的主机、数据库以及 LAN 等互相连接起来。

3) 广域网(Wide Area Network,WAN)

用于连接不同城市之间的局域网或城域网。广域网的通信主要采用分组交换技术,常常借助电话网等传统的传输网络进行数据传输,这就使得广域网的数据传输速度比较慢,误码率也比较高。随着光纤技术的发展,广域网的速度已经大大提高。实际上,广域网的概念比较宽泛,其范围伸缩性比较强,既可以覆盖一个地区,也可以覆盖一个国家。

4) 国际互联网,又叫因特网(Internet)

是覆盖全球的最大的计算机网络,但实际上并不是一种具体的网络。因特网将世界各地的广域网、局域网等互联起来，形成一个整体，实现全球范围内的数据通信和资源共享。

2. 根据网络拓扑结构分

1）总线型网络

总线型拓扑结构采用单束数据传输线作为通信介质，所有站点都通过相应的硬件接口直接连接到通信介质，而且能被所有其他的站点接受，如图 9.1 所示。

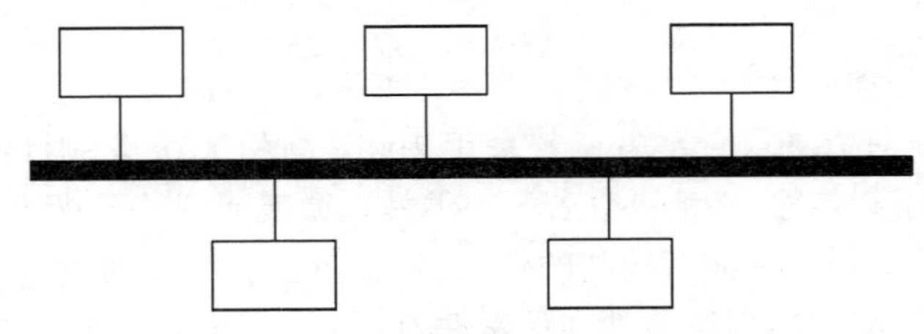

图 9.1　总线型网络拓扑结构

总线型拓扑结构在局域网中有广泛的应用，主要优点为布线容易，电缆用量小，可靠性高，易于扩充，易于安装；缺点为故障诊断及故障隔离较为困难。

2）星形网络

由中央结点和通过点到点链路连接到中央结点的各结点组成。工作站到中央结点的线路是专用的，不会出现拥挤的瓶颈现象。

星形拓扑结构包括中央结点和外围结点，通信介质为双绞线或光纤。星形拓扑结构网络中的外围结点对中央结点的依赖性很强，如果中央结点出现故障，则全部网络都不能正常工作，如图 9.2 所示。

3）环形网络

是一个环形的闭合链路，在链路上有许多中继器和通过中继器连接到链路上的结点。也就是说，环形拓扑结构网络是由一些中继器和连接到中继器的点到点链路组成的一个闭合环，网络中数据的传输方向是固定的。环形拓扑结构的优点是电缆长度短，适用于光纤传输；缺点是可靠性差，故障诊断和网络调整比较困难，如图 9.3 所示。

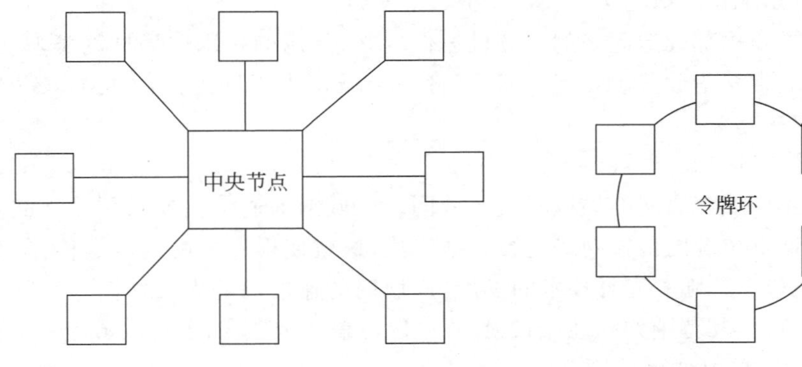

图 9.2　星形网络拓扑结构　　图 9.3　环形网络拓扑结构

环形网络也称为令牌环网络，主要采用令牌方式传输信息。令牌环网络中传输的一种特殊帧称为令牌，拥有令牌的设备允许在网络中传输数据，这样可以保证在某一时间内网络中只有一台设备可以传送信息。

4）树状网络

树状拓扑结构就像一棵"根"朝上的树。与总线型拓扑结构相比，主要区别在于总线型拓扑结构中没有"根"。这种拓扑结构的网络一般采用同轴电缆，用于军事单位、政府部门等上、下界限相当严格和层次分明的部门。树状拓扑结构的优点是容易扩展，故障也容易分离处理；缺点是整个网络对根的依赖性很大，一旦网络的根发生故障，整个系统就不能正常工作，如图 9.4 所示。

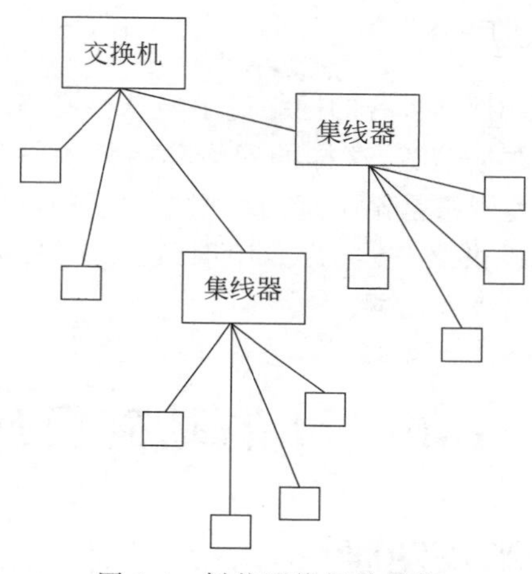

图 9.4　树状网络拓扑结构

5）混合型网络

混合型拓扑结构是一种综合性的拓扑结构。组建混合型拓扑结构的网络能够取长补短，有利于发挥网络拓扑结构的优点，克服相应的局限，如图 9.5 所示。

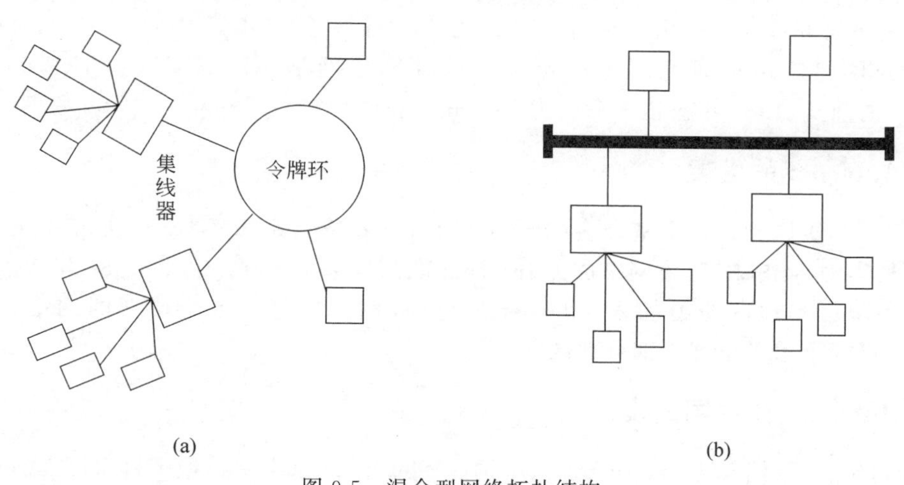

图 9.5　混合型网络拓扑结构

3. 根据传输介质分

按照传输介质来分，计算机网络可以分为有线网和无线网。

有线网采用双绞线、同轴电缆、光纤及电话线作为传输介质。双绞线和同轴电缆是当前广泛使用的网络连接方式，它们的安装较为简单，但是传输距离相对较短。以光纤作为传输介质的计算机网络传输距离远，可靠性高，传输率高，抗干扰能力强，但是成本稍高一些。

无线网以无线电波或红外线为传输介质，其特点是联网方式非常灵活多变，但是费用高一些，可靠性和安全性也有待提高。还有一种经常使用的无线传输方式，叫卫星数据通信网，它是通过卫星进行通信的。

4. 根据网络的使用性质分

计算机网络有不同的使用性质，有的网络属于经营性网络，只要向其他部门或单位付费，就可以租用一定带宽的数据信道，这样的网络称为公用网(Public Network)，例如电信、广电联通等网络。另一类网络是某个部门根据本部门的特殊需求建造的，这种网络为内部提供服务，基本不对外提供服务，称为专用网(Private Network)。如军队、政府、电力、银行系统的内部网络都属于专用网。

9.2 Internet 的基础及应用

9.2.1 Internet 的起源及发展

1. Internet 的起源

从 20 世纪 60 年代末开始，Internet 的发展经历了 ARPANET 的诞生、NSFNET 的建立、美国国内互联网的形成以及 Internet 在全球的形成和发展等阶段。1968 年，美国国防部高级研究计划局提出了研制 ARPANET 的计划，第二年就建成了一个由加州大学洛杉矶分校和斯坦福研究所等站点组成的计算机网络 ARPANET。ARPANET 是 Internet 的前身，1983 年被正式命名为 Internet，我国称它为因特网或国际互联网。

2. Internet 的发展

1985 年，美国国家科学基金会(National Science Foundation，NSF)决定建立美国的计算机科学网 NSFNET，该网络成为 Internet 的第二个主干网。20 世纪 80 年代以来，由于世界各国家和地区纷纷加入 Internet 的行列，使其成为一个全球性的网络。目前，Internet 已经覆盖了全球大部分地区。

3. Internet 在中国的发展

20 世纪 80 年代末期，Internet 进入中国。1989 年，北京中关村地区科研网 NCFC 开始建设。1994 年，我国最高域名 CN 服务器建成，同时还建立了 E-mail 服务器、News 服务器、

FTP 服务器、WWW 服务器和 Gopher 服务器等，NCFC 开始连入 Internet。同年，我国提出建设国家信息公路基础设施的“三金”工程（金桥、金卡、金关），并于 1998 年初成立了信息产业部，诞生了 ChinaNet、ChinaGBN、CERNet 和 CSTNet 四大网络。CERNet 为中国教育和科研计算机网，其英文为 China Education and Research Network；ChinaNet 为中国公用计算机互联网，ChinaGBN 为中国金桥信息网，而 CSTNet 为中国科技网。

Internet 在中国的发展大致可分为以下三个阶段。

第一阶段（1987～1993 年）：这一阶段是电子邮件使用阶段，我国通过电话拨号与国外连通电子邮件，实现了与欧洲及北美地区的 E-mail 通信。

第二阶段（1994～1995 年）：这一阶段是教育科研网发展阶段，我国通过 TCP/IP 连接实现了 Internet 的全部功能。到 1995 年初，中科院物理高能所将卫星专线改用海底电缆，通过日本进入 Internet。这时，我国才算是真正加入了 Internet 行列之中。

第三阶段（1996 年以后）：这一阶段是商业应用阶段，此时的中国已广泛融入了 Internet 大家族，ChinaNet 在北京、上海设立了两个枢纽站点，与 Internet 相连，并在全国范围建造 ChinaNet 的骨干网。1996 年 9 月，国家原电子部的 ChinaGBN 开通，各地的 Internet 服务提供商（Internet Service Provider，ISP）开始兴起。

9.2.2 Internet 的组成

1. Internet 的组成

Internet 是一个全球范围的广域网，使用 TCP/IP，由复杂的物理网络将分布在世界各地的各种信息和服务连接在一起。物理网络由各种网络互联设备、通信线路以及计算机组成。网络互联设备的核心是路由器（一种专用的计算机），也就是说，Internet 是通过路由器将物理网络互联在一起的虚拟网络。

计算机之间的通信实际上是程序之间的通信。Internet 上参与通信的计算机可以分为两类：一类是提供服务的程序，叫做服务器（Server），另一类是请求服务的程序，叫做客户机（Client）。Internet 采用了客户机/服务器模式，IE 浏览器、Outlook 电子邮件程序等都是客户端软件。

2. TCP/IP

Internet 采用 TCP/IP 互联。其中有两个主要协议，即 TCP 和 IP。TCP/IP 采用的通信方式是分组交换方式。所谓分组交换，简单地说就是数据在传输时分成若干段，每个数据段称为一个数据包，TCP/IP 的基本传输单位是数据包。IP 负责数据的传输，而 TCP 负责数据的可靠传输。

9.2.3 IP 地址与子网掩码

1. IP 地址

Internet 是通过路由器将物理网络互联在一起的虚拟网络。在一个具体的物理网络中，每台计算机都有一个物理地址，物理网络靠此地址来识别其中每一台计算机。在Internet中，为解决不同类型物理地址的统一问题，IP层采用了一种全网通用的地址格式，为网络中的每一台主机分配一个Internet地址，从而将主机原来的物理地址屏蔽掉，这个地址就是IP地址。

IP地址由32位二进制位组成，通常分为网络地址和主机地址两部分。IP地址也称为网际地址，由4组二进制数字组成，每组8位，各组之间用"."分开。例如：

11001010.01100011.01100000.10001100，相当于202.99.96.140。

IP地址分为5类：A类地址、B类地址、C类地址、D类地址、E类地址。分类的原则是按照每个网络中所含的主机数，其中A类地址网络中所含的计算机数目最多。常用的IP地址有三类，即A类、B类和C类，它们均由网络号和主机号两部分组成，规定每一组都不能用全0和全1(二进制)，因为全0通常表示网络本身，全1表示网络广播。为了区分三类地址，A、B、C三类地址的最高位分别是0、10、110，如图9.6所示。

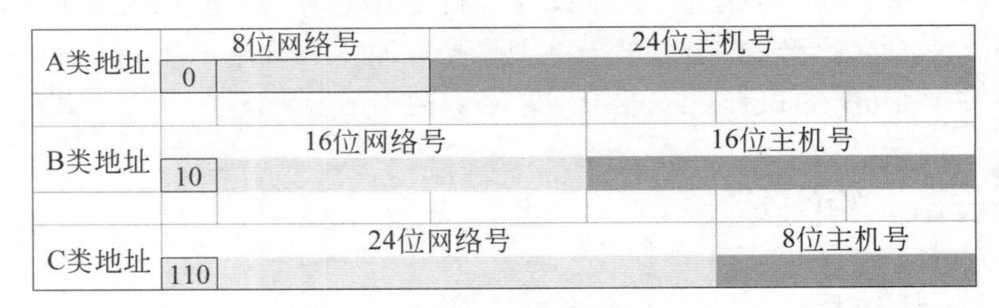

图9.6　IP地址编码示意图

由图9.6可以看出：

A类IP地址：前8位表示网络号，后24位表示主机号，最前面一位为0。用点分十进制表示地址时，前8位二进制所能表示的网络数范围为1～127(实际使用的是1～126)。

B类IP地址：前16位表示网络号，后16位表示主机号，最前面两位为10。用点分十进制表示地址时，第一个8位二进制所能表示的数的范围是128～191。

C类IP地址：前24位表示网络号，后8位表示主机号，最前面三位为110。用点分十进制表示地址时，第一个8位二进制所能表示的数的范围是192～223。

上述IP地址实际上称为IPv4。随着Internet的迅速发展，IPv4定义的地址空间已经被耗尽，于是IPv6开始登上历史舞台。IPv4采用了32位的二进制地址，大约有43亿个IP地址，而IPv6中采用了128位的二进制地址长度，其所能提供的地址数量是天文数字。

2. 子网掩码

子网掩码可以判断两台计算机的IP地址是否属于同一子网。将两台计算机的IP地址与子网掩码进行"与"运算(AND)后，如果得到的结果相同，说明两台计算机属于同一子网，可以进行直接通信，否则就不属于同一子网。

之所以设置子网掩码，是为了充分利用有限的IP地址资源。一个机构在申请IP地址时,其最小单位为C类网络,该类网络中最多有254个可用的IP地址,有的机构不需要这么多IP地址,而有的机构却不够用。因此,考虑将一个网络分为多个更小的网络。以IPv4地址对应的子网掩码为例,子网掩码也由32位二进制数组成,其形式如下。

1111….1111 000….000

也就是说,子网掩码由连续的“1”和连续的“0”组成。左侧连续的“1”对应IP地址的网络号(包括子网络号),右侧连续的“1”对应IP地址的主机号。因此,A类IP地址的默认子网掩码为255.0.0.0,B类IP地址的默认子网掩码为255.255.0.0,C类IP地址的默认子网掩码为255.255.255.0。

如果要划分为多个子网,可以利用IP地址主机号的1位或者多位,将一个网络分成多个子网。

9.2.4 Internet的域名系统

1. 域名的定义和结构

在Internet上,IP地址是全球通用的地址,但是数字表示的IP地址不容易记忆。因此,TCP/IP设计了一种字符型的计算机命名机制,以方便记忆,这就是域名系统。也就是说,在网络域名系统中,Internet上的每台主机不但具有自己的IP地址(数字表示),而且还有自己的域名(字符表示)。如新浪网的IP地址是202.205.46.129,其域名为www.sina.com.cn。每个域名由几个域组成,域之间用“.”分开。最右的域称为顶级域,其他的域称为子域。一般格式如下。

主机名.商标名(企业名).单位性质.国家代码或地区代码

Internet制定了一组正式的标准代码,作为第一级域名,以下是常用的第一级域名:com代表商业组织,edu代表教育机构,gov代表政府部门,int代表国际性组织,mil代表军事机构,net代表网络服务机构,org代表非营利性组织。可以发现,以上域名基本都是由3个字母组成的,称为组织域名。

还有一类域名称为地理型名,由世界各国和地区的简称组成,一般由两个字母组成,以下是常用的部分国际和地区的域名:cn代表中国,au代表澳大利亚,ca代表加拿大,it代表意大利,jp代表日本,uk代表英国,kp代表韩国,us代表美国,my代表马来西亚。

中国互联网络的域名规定为:中国互联网络的域名体系最高级为cn,二级域名共40个,分为6个类别域名(ac、com、edu、gov、net、org)和34个行政区域名(如bj、sh、tj、sd)。二级域名中除了edu的管理和运行由中国教育和科研计算机网络中心负责外,其余的域名管理均由中国互联网络信息中心(CNNIC)负责。

2. 域名解析

域名解析就是域名到IP地址或IP地址到域名的转换过程,由域名服务器完成域名解析工作。域名服务器中存放了域名与IP地址的对照表(映射表),它是一个分布式的数据库。各域名服务器只负责其主管范围的解析工作。从功能上说,域名系统相当于一本电话簿，已知一个姓名就可以查到电话号码，它与电话簿的区别是域名服务器可以自动完成查找过程。

9.2.5 Internet的接入方式

Internet的接入方式比较多，下面列举常用的几种。

1. ADSL方式

ADSL方式是基于普通电话线的宽带接入技术，它可在同一对铜线上分别传送数据和语音信号，数据信号并不通过电话交换设备，无需拨号，从而减轻了电话交换机的负担。ADSL的上行速度为1Mb/s，下行速度为8Mb/s，有效传输距离在3～5km之内。

2. FTTx+LAN（局域网）方式

FTTx+LAN是一种利用光纤和五类网络线方式实现上网的方案，适用于住宅小区、写字楼、智能大厦等人员密集的场所。以小区上网为例，FTTx+LAN可实现千兆光纤到小区的中心交换机，中心交换机和楼道交换机之间以百兆光纤或五类网络线相连，楼道内部则采用综合布线技术。该方式一般采用星型拓扑结构，用户共享带宽，上网速率可达20Mbps。

纯粹的光纤用户网是用户接入网技术的发展方向，指的是局端（指提供终端接入的一方，如电信局）与用户之间完全以光纤作为传输媒体的网络。光纤用户网有很多类型，如有光纤到路边（Fiber to The Curb，FTTC）、光纤到小区（Fiber to The Zone，FTTZ）、光纤到大楼（Fiber to The Building，FTTB）、光纤到家庭（Fiber to The Home，FTTH）以及光纤到办公室（Fiber to The Office，FTTO）等，统称为FTTx。

由于FTTx接入方式的成本较高，很多情况下将FTTx和LAN结合可以大大降低成本，因此FTTx+LAN成为目前较为理想的Internet接入方式。

3. HFC方式

HFC的含义是“光纤同轴混合网”，该方式利用了现有的有线电视网络，将宽带信号直接接入已经布好线的有线电视网，非常适合家庭用户使用。用户在利用该方式时，每个家庭安装一个接口盒，一端连接电视，另一端连接调制解调器，调制解调器连接电脑，这样用户就可以访问Internet了。

4. FTTH方式

FTTH为“光纤到户”方式，是指将光网络单元安装在用户家里，由上端设备光线路终端通过光纤将信号传输到用户家中。这种连接方式需要光调制解调器（俗称“光猫”），由光猫通过网线连接到用户计算机或者路由器中，进行一些设置后，输入宽带账号及密码即可使用网络。

5. WLAN 方式

无线局域网(WLAN)是一种基于无线传输的局域网技术。利用射频技术、电磁波等方式取代有线局域网络,利用它可以高速接入互联网络。无线接入技术主要有以下几种类型:蜂窝技术、数字无绳技术、点对点微波技术、卫星技术、蓝牙技术等。

9.2.6 Internet 的应用

Internet 的资源非常丰富,功能也非常多,多数功能是免费的。从功能上来看,Internet 服务基本可以分为 3 类:共享资源、交流信息、发布和获取信息。下面进行简单介绍。

1. 电子邮件(E-mail)服务

电子邮件是 Internet 上使用最多、应用范围最广的服务之一,可以传递和存储电子信函、文件、数字传真、图像和数字化语音等各种类型的信息。其最大特点是突破了传统邮件的时空限制,人们可以在任何地方、任何时间收发邮件,速度很快,大大提高了工作效率。电子邮件是通过"存储-转发"方式为用户传递邮件的。

电子邮件系统是 Internet 上一种典型的客户机/服务器系统,主要包括电子邮件客户机、电子邮件服务器以及支持 Internet 上电子邮件服务的各种服务协议。其中电子邮件客户机是 E-mail 使用者用来收、发、创建、浏览电子邮件的工具。电子邮件客户机上运行着的电子邮件客户软件可以帮助用户撰写合法的电子邮件,并将写好的邮件发送到相应的邮件服务器,协助用户在线阅读或下载电子邮件。电子邮件系统的工作原理如图 9.7 所示。电子邮件地址的格式为 username@hostname。username 是邮箱用户名,hostname 是邮件服务器名,符号@表示"at",其含义是"在某台主机上的某用户"。

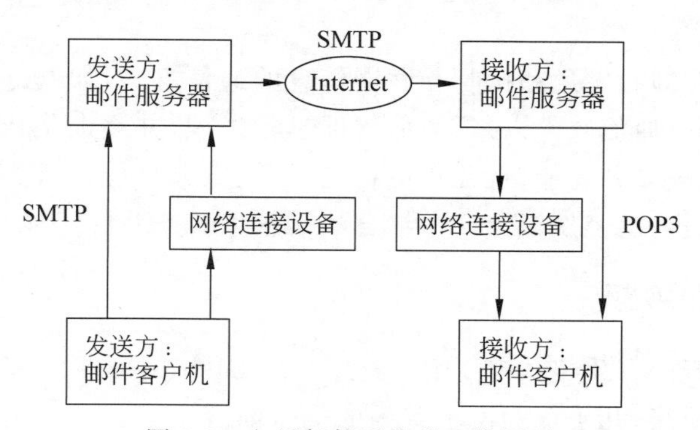

图 9.7 电子邮件系统的工作原理

电子邮件中使用的协议有 SMTP(Simple Mail Transfer Protocol)、POP(Post Office Protocol)以及 MIME(Multipurpose Internet Mail Extensions)。其中:

SMTP:用于将电子邮件从客户端传输到服务器,以及从某个服务器传输到另一个服务器。该协议只能传输普通文本,不能传输图像、声音和视频等非文本信息。

POP:是一种允许用户从邮件服务器接收邮件的协议,有 POP2 和 POP3 两种版本,其中 POP3 是当前最常用的。

除了以上两类协议外,还有一个经常使用的 MIME(Multipurpose Internet Mail Extensions)协议。MIME 称为多用途互联网邮件扩展类型,规定了通过 SMTP 协议传输非文本电子邮件附件的标准,是 SMTP 协议的补充,不能取代 SMTP 协议。

常用的电子邮件客户端软件有 Outlook Express 和 Foxmail 等。Outlook Express 是 Internet 浏览器下的邮件应用程序,是一个功能强大、使用广泛的应用程序,可用来完成 E-mail 的收、发、撰写、阅读等多种操作。

2. 搜索引擎

搜索引擎是一个提供信息"检索"服务的网站,它把 Internet 上的所有信息归类,以帮助用户在浩瀚的网络信息海洋中搜寻所需信息。常用的搜索引擎有 Google、百度、Yahoo!、搜虎、网易等。

3. 文件传输服务

文件传输协议(File Transfer Protocol,FTP)是 Internet 的常用协议之一,基于 FTP 协议可以制作 FTP 程序,在计算机和远端服务器之间进行文件传输。FTP 的工作原理为:首先启动客户端的 FTP 程序,该程序通过网络与 FTP 服务器建立联系,然后即可使用 FTP 命令进行文件的上传和下载。

有些 FTP 站点是可以匿名访问的。一般来说,匿名 FTP 服务器将为普通用户创建一个通用的账户 anonymous,用户只需在口令栏内输入一个电子邮件地址,即可连接到远端服务器访问。

4. 即时通信

即时通信是能够即时发送和接收互联网消息的通信方式,如 QQ、WeChat(微信)等。自从 1998 年出现即时通信软件以来,类似软件迅猛发展,并逐渐集成电子邮件、博客、音乐、游戏、视频、搜索等多种功能,近几年更在电子商务、办公协作等方面有了进一步的发展。即时通信软件目前已经发展为一个综合的信息化服务平台。

5. 网络音乐和视频

目前网络上流行的音乐格式有 MP3、WAV、MIDI 等。其中 MP3 格式采用免费的开放标准,体积小,音质高,几乎成为网上音乐的代名词。

VOD(Video on Demand)即视频点播技术的简称,也称为交互式电视、点播系统,它集动态图像、静态图片、声音、文字等多媒体信息于一体,是为用户提供高质量、实时传输、按需点播的多媒体系统。使用 VOD 技术可以根据需要任意输入选择信息,并对信息进行相应控制,如在播放过程中留言、发表评论等,增强了用户和节目之间的互动性。

6. 流媒体应用

流媒体是指在数据网络上按时间先后顺序传输和播放的连续音频数据及视频数据。流媒体数据流具有三个特点，即连续性、实时性和时序性，时序性是指数据流具有严格的先后时间关系。

流媒体和传统的影音文件下载方式不同。以前在网络上看电影或听音乐时，必须先将整个文件下载到本地才可以，而流媒体不需要下载整个文件，只需要将其中一部分缓存到本地，实现流媒体数据"边传边播"的方式，这样就节省了下载的等待时间和数据的存储空间。

近几年，基于流媒体的应用发展非常快，主要包括视频点播、视频广播、视频监控、视频会议、远程教学等。当前流行的微博直播、抖音直播等，以及教学平台微师、腾讯课堂等，都是流媒体的典型应用。

7. 远程登录

远程登录（Telnet）是 Internet 较早的应用之一。可以通过一台计算机登录到另一台计算机上，并运行其中的程序。可以这么理解，我们的计算机是远端计算机的一个终端，用它就可以直接操控远端计算机。和 FTP 类似，使用远程登录也需要有专门的 Telnet 软件。

8. Internet 的其他服务

（1）BBS：即 Bulletin Board System，电子公告板的简称。它是一种电子信息服务系统，是提供公共发布信息的一个电子白板。通过 BBS 系统可以发表自己的看法，结交朋友等，目前 BBS 服务已经被淘汰。

（2）微博：微博是微型博客（MicroBlog）的简称，是一个基于用户关系的信息分享、信息传播以及信息获取平台。通过微博可以建立个人社区，以短小的文字更新信息，并实现即时分享。世界上最著名的微博是美国的 Twitter，新浪微博则是中国最大的微博服务网站。

（3）虚拟现实：虚拟现实（Virtual Reality）是一种在电脑世界里创造逼真现实环境的技术，使人们在虚拟环境中实现交流、购物、玩游戏、旅游观光等服务。

实际上，除了以上服务之外，Internet 还有一种最主要的服务，就是 WWW 信息浏览服务。WWW（World Wide Web），即万维网，是一个基于超文本的信息检索服务工具。它将位于全世界 Internet 上不同地点的相关数据信息有机地编织在一起。WWW 系统由 WWW 客户机（即运行于客户端的浏览器软件）、WWW 服务器和超文本传输协议三部分组成，以客户机/服务器方式工作。

9.3 网页的基本概念

9.3.1 网站与网页

网站是一组相关网页和有关文件的集合。网站一般有一个特殊的网页，作为浏览器的起点，称为主页，用来引导用户访问其他网页。网页又称为 HTML 文件，是一种可以在 WWW 上传输，能被浏览器认识和翻译成页面并显示出来的文件，通常以 htm 或 html 为扩展名。

网站内容通常包括网页和相关的资源文件，一般被存储在一个文件夹中，不同的资源分别存放在不同的文件夹下。网站建设完成后，必须发布才能被浏览者访问。所谓发布，就是将本地站点的内容传输到连接到 Internet 的 Web 服务器上，发布以后将会获得一个网站地址，浏览者通过该地址即可访问外部服务器，查看网站内容。

网页一般由文字、图片、动画、视频、超链接及某些特殊组件组成。网页的主题思想一般由文字表达，但是加入适当的图片，能使网页更加图文并茂，吸引浏览者的关注。动画是显示网页活力的主要因素，当前流行的动画制作工具(如 Fireworks、Flash 等)为网页提供了大量素材。超链接是网络最核心的技术，也是网络的命脉，其作用是将具有文字、图片、动画的网页连接在一起，使之构成一个统一的整体。

根据网页的生成方式，网页可以分为静态网页和动态网页，静态网页就是平常说的 HTML 文件。除非网页设计者自己修改网页内容，否则网页内容一般不会发生变化，所以称为静态网页。动态网页则不同，此类网页中包含程序代码，需要连接服务器端执行程序才能生成网页内容。也就是说，在生成网页内容的过程中，如果数据库的内容发生了变化，网页内容将会随之发生变化，因此其中的内容是动态的，故称为动态网页。动态网页的制作过程相对复杂，需要用到专门的动态网页设计工具，如 ASP、PHP、JSP 等。

9.3.2 服务器与浏览器

网站数据放在 Web 服务器上，Web 服务器又称为 WWW 服务器、站点服务器或网站服务器，实际上就是一个软件系统。外部服务器先接受请求，然后把响应提供给请求者。浏览网页时，必须安装浏览器软件。像 IE 浏览器、谷歌浏览器以及 Opera 浏览器等都是客户端软件，它们建立了客户端与 Web 服务器之间的联系。

浏览器和 Web 服务器之间通过 HTTP 通信。HTTP(Hypertext Transfer Protocol)称为超文本传输协议，是 Web 服务的默认协议。也就是说，通过浏览器访问 Web 站点时，即使不输入 HTTP，系统也默认使用这个协议访问服务器。这种浏览器/服务器模式简称 B/S 结构，是目前最流行的网络软件系统结构。

9.3.3 网页制作及 HTML

1. 网页制作工具

传统的记事本就可以编写 Web 页面，但是效率非常低。使用专门的 HTML 编辑器或网页制作工具，效率会有很大提升。有的专业网页制作工具具有“所见即所得”效果，创作人员可以直接针对未来生成的 Web 页面进行编辑及修改。

常用的网页制作工具有 Dreamweaver、Fireworks 和 Flash，三者并称为“网页制作三剑客”。Dreamweaver 是美国 Macromedia 公司推出的一个支持“所见即所得”的可视化网站开发工具,不仅可以开发静态网页,还支持动态网页的开发。该软件不仅可以制作网页,还可以进行网站管理。Fireworks 也是该公司出品的处理网页图片的工具,可轻松制作 GIF 动画。Flash 是当前最流行的动画制作工具,它是事实上的交互式矢量动画标准。Flash 中采用了矢量作图技术,各元素均为矢量表示,因此所占存储量非常少。

2. 网页设计的计算机语言

1) HTML

HTML 即 Hypertext Markup Language(超文本标记语言)的缩写,是由世界性的标准化组织 W3C(World Wide Web Consortium)制定的。它使用一些约定的标记对文本进行标注,定义网页的数据格式,描述 Web 页中的信息以及控制文本的显示等。

用 HTML 语言编写的网页实际是一种文本文件,可以使用任何文本处理软件(如记事本)编辑。Internet 中的每一个 HTML 文件都包括文本内容和 HTML 标记两部分,其中,HTML 标记负责控制文本显示的外观和版式,并为浏览器指定各种链接的图像、声音和其他对象的位置。多数 HTML 标记的书写格式如下。

```
<标记名>文本内容</标记名>
```

标记名写在“< >”内。多数 HTML 标记同时具有起始和结束标记,并且成对出现,但也有些 HTML 标记没有结束标记。另外,HTML 标记不区分大小写。下面是一个简单的 HTML 文件,假设其文件名为 MyFirstPage.htm,其内容如下。

```
<html>
<head>
<title> 这是我的第一个网页,欢迎您的光临!</title>
</head>
<body bgcolor = #FFCCCC color = white>
<h1>
    <img border="0" src="-335178a47eff889f.jpg" width="189" height="193"
align="left">
    <font color="#FF0000" size ="70" face ="宋体" >各位好!</font>
    <br>
    <hr>
    <font color="#FF0000">欢迎进入<B><I>我的网站</I></B>,请多提宝贵意见哦!
      </font>
    <hr>
    <br>
    <font color = "00FF00"> 问个问题吧:2 <SUP>100</SUP>等于多少?</font>
    <br>
    <hr>
    <font color = "0000FF"> 再问一个: X<SUB>1</SUB>+ X<SUB>2</SUB> =100,X<SUB>
1</SUB>=50,请问 X<SUB>2</SUB>=?</font>
      </font>
```

```
    <hr>
</h1>
<a href = "Http://www.nianshu365.com"><font size = 60>欢迎访问廿书教育!</font>
</a>
</body>
</html>
```

在 Microsoft Edge 浏览器中看到网页效果如图 9.8 所示。

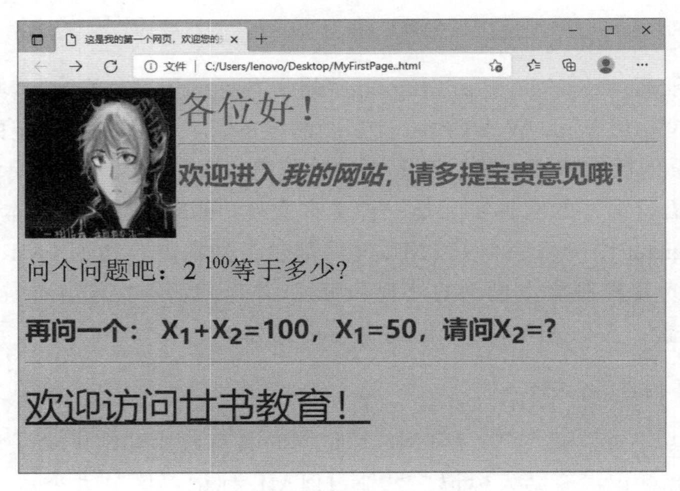

图 9.8　示例网页

下面对以上网页进行简单分析。

(1) 一般来说，HTML 文件都是以<html>开头，以</html>结尾。

(2) 头部(head)：HTML 文件的头部是由<head>…</head>标记符定义的。通常情况下，网页的标题、语言字符集信息等都是放在头部的。其中，经常使用的标记符是<title>…</title>，用于定义网页的标题，当在浏览器中打开网页时，其标题将显示在浏览器的标题栏中。如"这是我的第一个网页，欢迎您的光临！"就是网页 MyFirstPage.htm 的标题。

(3) 正文主体(body)：是 HTML 文件的核心部分，用于具体表现网页内容，由<body>…</body>标记。<body>标记符通常会用到一些属性来说明，如上例中的 bgcolor(背景色)和 color(正文颜色)，其格式如下。

```
<body bgcolor = "#n" color = "#n">…</body>
```

其中 bgcolor 及 color 的属性值可以用双引号引起来，也可不用，HTML 对此要求不严格。如果网页中使用背景图像，则用 background 属性来表示。

(4) 正文中存在着大量标记符，下面进行简单介绍。

<p>：段落标记符，用于指定 Web 文档中一个独立的段落，格式为<p align=对齐方式>…</p>，其中 align 用于控制段落的对齐方式，取值有 left、center、right，分别代表左对齐、居中对齐和右对齐。

：换行标记，用于强制文本换行，该标记符单独使用，没有结束标记。

<hr>：用于在页面中插入一条水平线，该标记符单独使用，没有结束标记。

<hn>：标题标记，是系统中已经定义好的文本样式，n 的取值是 1～6，其中 h1 的文字最大，h6 的文字最小。

<font>：字体标记，用于设置文字的属性，如文字大小、颜色、字体等，其中文字大小由 size 属性设置，颜色由 color 属性设置，字体由 face 属性设置。例如：<font size = 30 color = red face = 宋体>欢迎进入我的网站！</font>

<B>：设置文字为粗体，形式为<B>…</B>。

<I>：设置文字为斜体，形式为<I>…</I>。

<U>：设置文字为带下画线格式，形式为<U>…</U>。

<SUP>：设置文字为上标形式，形式为[…]。

<SUB>：设置文字为下标形式，形式为_…。

<img>：向网页中插入图片，可以设置图片的大小、文字的排列方式等。其中 src 属性用于说明图片文件的位置；alt 属性用于说明当用鼠标指向图片时弹出的说明性文字；height 和 weight 分别表示图片的高度和宽度，单位为像素数；border 属性用于说明图片的边框宽度，单位为像素数；align 属性用于说明图片同文本的位置关系，其取值有 top（顶端对齐）、middle（垂直对齐）、bottom（底边对齐）、left（左对齐）和 right（右对齐）。

<a>：超级链接，用于设置网页中的超级链接，其中 href 属性用于指明被链接的文件地址，其格式如下。

```
<a href = URL > 超链接文本</a>
```

需要说明，表示超链接的文本在浏览器中一般显示为蓝色，并且加上下画线。当光标指向该文本时，箭头变成手形，并且浏览器的状态栏中将显示该超链接的地址。

2）XML

XML 是 Extensive Markup Language 的缩写，即可扩展标记语言，其作用是在 Internet 上存储及传递数据。需要注意，XML 不是 HTML 的升级版，可以认为 XML 是 HTML 的补充。例如，HTML 只能用系统提供的标记符，而 XML 可以根据需要自己定义标记符。

3）CSS

CSS 是 Cascading Style Sheets 的缩写，即层叠样式表，其主要作用是对网页内容进行编排、格式化。它可以实现网页的一些特效显示、特殊效果等，目前大多数网页都使用 CSS 技术。

4）DHTML

DHTML 是动态 HTML，该技术使得网页具备动态功能，例如动态交互、动态更新等。其主要作用是利用系统提供的对象及对象的属性方法等，以实现网页的动态效果。

5）HTML 5

HTML 5 是超文本标记语言的第 5 个版本。2012 年 12 月 17 日，万维网联盟宣布 HTML 5 规范正式定稿。2013 年 5 月 6 日，HTML 5.1 正式草案公布。2014 年 10 月 29

日,万维网联盟宣布该标准规范制定正式完成。HTML 5 技术能够自动适应网页设计,支持多设备跨平台使用,为桌面和移动平台使用的无缝集成带来了便利。

6) 脚本语言

为了丰富 HTML 的功能,脚本语言可以嵌入到 HTML 代码中。根据脚本的位置不同,脚本可以分为客户端脚本和服务器端脚本,客户端脚本运行在客户端,服务器端脚本则运行在服务器端。目前较为流行的脚本语言有 JavaScript 和 VBScript 语言。

9.3.4 网页布局

一个美观的网页总是让人愿意浏览的。网页的布局设计,就是将网页元素,即文字、图形、图像等,在网页限定的范围内进行各种设置,从而将网页的设计意图表达出来。网页布局主要是通过表格和框架来实现的。

1) 表格

表格是由行列交叉形成的单元格组成。单元格中可以存放任何对象,如文字、图像、表单及各种组件等。利用表格可以将这些网页元素有组织、有条理地进行布局,形成美观的网页结构。表格操作同 Word 中类似。使用表格时往往将边框宽度设为 0,以隐藏表格边框。

2) 框架

框架是进行网页布局的另一种有效手段。它将浏览器窗口分为几个区域,每个区域都可以显示一个独立的网页。浏览器窗口中显示的网页可以看成是这些框架的集合,称为框架网页。框架网页不包含网页的实际内容,它仅仅是记录了框架网页包含几个框架。

9.3.5 网站发布及设计原则

网站发布就是把网站的内容上传到 Web 服务器上。发布网站,首先要申请域名和网页空间,设置好站点服务器,然后把制作好的本地网站文件上传到网页空间中去。

网站设计一般遵从如下原则。

(1) 设计目标明确,重点突出。设计人员需要对网站信息发布的对象进行调研,从而做到有针对性,有的放矢。另外,发布信息时要主次分明,重点突出,避免出现浏览者难以找到所需信息的状况。

(2) 主题简洁鲜明,逻辑结构清晰。设计网站主页要简单明了,直击主题。设计网站及网页时要逻辑结构清晰,最好对内容进行分类,以便于阅读和查找。

(3) 正确定位整体风格,页面布局合理。要给浏览者留下良好的综合感受,网站整体风格的设计是非常关键的。网站的整体风格包括网站的色彩版式、布局、网站标志以及内容等。

(4) 多媒体功能使用得当。多媒体信息是网页设计的重要内容,丰富的声音动画及图片可以使页面形象生动。但要注意文件不应该太大,因为需要考虑网页的加载时间。

9.4 本章小结

本章主要介绍计算机网络的基本知识及应用,包括计算机网络的起源与发展,计算机网络的组成、功能、设备及分类等。在讲解基本原理的基础上,还详细讲解了 Internet 的起源及发展、Internet 的组成、IP 地址与子网掩码、域名系统、接入方式及应用,最后详细讲解了网站与网页的基本知识。

习 题 9

1. 单选题

(1) 计算机网络是计算机技术和________的结合。
A. 广播技术　B. 传播技术　C. 通信技术　D. 以上皆是

(2) 下列传输介质中,相同体积情况下,重量最轻的是________。
A. 光纤　B. 同轴电缆　C. 非屏蔽双绞线　D. 屏蔽双绞线

(3) ________是无线传输介质。
A. 双绞线　B. 同轴电缆　C. 光纤　D. 卫星通信

(4) Internet 是通过________将物理网络互联在一起的虚拟网络。
A. 路由器　B. 网卡　C. 中继器　D. 集线器

(5) 域名地址中的 gov 表示________。
A. 政府部门　B. 商业部门　C. 网络服务器　D. 一般用户

(6) 网络中路由器的主要功能是________。
A. 信息筛选　B. 网络通路选择　C. 信号转换　D. 防止信号衰减

(7) ________不属于 Internet 服务。
A. Telnet　B. BBS　C. EMS　D. FTP

(8) 按照网络分布和覆盖的地理范围,可将计算机网络分为________。
A. 局域网、互联网和 Internet　B. 广域网、局域网和互联网
C. 局域网、城域网、广域网和 Internet　D. Internet 网、城域网和 Novell 网

(9) 在计算机网络中,有关总线型拓扑结构的说法,不正确的是________。
A. 在总线型拓扑结构中,容易扩充网络
B. 在总线型拓扑结构中,网络可靠性较高
C. 在总线型拓扑结构中,总线的负载较重
D. 在总线型拓扑结构中,当某个结点发生故障时,易导致全网瘫痪

2. 多选题

(1) 下列关于局域网拓扑结构的叙述中,正确的有________。

A. 星形结构的中心计算机发生故障时，会导致整个网络停止工作

B. 在环形结构网络中，若某台工作站发生故障，不会导致整个网络停止工作

C. 在总线型结构网络中，若某台工作站发生故障，一般不影响整个网络的正常工作

D. 星形结构网络适用于对层次要求较为严格的环境

(2) 关于 Internet，下列说法正确的是________。

A. 只有通过中国电信的 ChinaNet 才能接入 Internet

B. 一台 PC 机欲接入 Internet，必须配置 TCP/IP

C. Internet 是由许多网络互联组成的

D. Internet 在中国称为物联网

(3) 以下属于 C 类 IP 地址的是________。

A. 10.78.65.3　　B. 192.0.1.1

C. 197.234.111.123　　D. 23.24.45.56

(4) 近几年全球掀起了 Internet 热，在 Internet 上________。

A. 能够查询检索资料　　B. 能够快递货物

C. 能够传送图片资料　　D. 不能点播电视节目

(5) 以下有关 DNS 的说法，正确的是________。

A. DNS 是域名服务系统的简称，它把难记忆的 IP 地址转换成容易记忆的字母形式

B. 一个后缀为 edu 的网站，表明它是一个教育机构

C. DNS 按分层管理，cn 是顶级域名，表示中国

D. 一个后缀为 gov 的网站，表明它是一个商业组织

3. 判断题

(1) WWW 是一个基于纯文本的信息检索服务工具。　(　　)

(2) POP 通常用于把电子邮件从客户机传输到服务器，以及从某个服务器传输到另一个服务器。　(　　)

(3) 利用“回复作者”回复邮件时，回复的邮件地址与邮件内容已经填好，只需要在消息区输入回复内容即可。　(　　)

(4) FTP 是 Internet 中的一种文件传输服务，可以将文件下载到本地计算机中。　(　　)

(5) 网页是用超文本标记语言(HTML)编写的文本文件，它是网站的基本单位。　(　　)

4. 填空题

(1) Internet 上最基本的通信协议是________。

(2) 计算机网络从逻辑功能上可以分为资源子网和________。

(3) 在 Internet 中，HTTP 代表的含义是________。

(4) 为了解决 IP 地址难于记忆的问题,Internet 又设计了________。

(5) 在 Internet 上,任何一个网页或网站文件都有一个确定的地址,这个地址称为________。

(6) 在 Internet 中,当前广泛使用的 IP 地址是________位的二进制数;鉴于 IP 地址资源的稀缺性,国际上已经推出 IPv6,该版本中 IP 地址是________位的二进制数。

5. 简答题

(1) 简述计算机网络的发展历程。

(2) 从物理连接和逻辑功能上看,计算机网络由哪几部分组成?

(3) 计算机网络有哪些功能?

(4) 简述 A、B、C 三类 IP 地址的结构。

(5) 什么是网站?什么是网页?

6. 综合应用题

用户希望用 HTML 语言编写超链接,请完成以下要求。

(1) 用文本"山东女子学院"作为链接载体,请写出 HTML 语句,要求链接到 http://www.sdwu.edu.cn。

(2) 用当前目录下的图片 animal.jpg 作为链接载体,请写出 HTML 语句,要求链接到 http://www.sdwu.edu.cn。

第10章 数字多媒体技术

学习目标：

掌握数字多媒体技术的定义、特征及相关技术；了解数字多媒体技术的应用领域及常用软件；了解数字多媒体系统的组成。

10.1 数字多媒体技术概述

10.1.1 媒体与数字多媒体技术

媒体(Media)是指信息表示和传播的载体，文字、声音、图形和图像等都是媒体，它们向人们传递各种信息。多媒体(Multimedia)是多种媒体的综合。数字多媒体技术则是把数字、文字、声音、图形、图像和动画等各种媒体有机组合起来，利用计算机、通信和广播电视技术，使它们建立起逻辑联系，并能进行加工处理的技术。

数字多媒体技术有两层含义：①计算机以预先编制好的程序控制多种信息载体，如CD、VCD、DVD、录像机、立体声设备等；②计算机处理信息种类的能力，即能把数字、文字、声音、图形、图像和动态视频信息集为一体的能力。

按照国际电话电报咨询委员会的定义，媒体可以分为以下几种类型。

(1) 感觉媒体(Perception Media)。该类媒体直接作用于人的感觉器官，是能使人产生直接感觉的一类媒体。如语言、文字、音乐、声音、图形、图像、动画等。

(2) 表示媒体(Representation Media)。用于对感觉媒体进行加工、处理和传输的媒体，是人工构造的。如各种文字编码、图形图像编码等。这里需要作一下对比：文字属于感觉媒体，而文字编码就属于表示媒体了。

(3) 显示媒体(Presentation Media)。也称为呈现媒体，是进行信息输入和输出的媒体。显示媒体根据输入、输出方向不同，又分为输入显示媒体、输出显示媒体。键盘、鼠标、扫描仪、话筒等属于输入媒体，而打印机、显示器、投影仪、音响等则属于输出媒体。

(4) 存储媒体(Storage Media)。用于存储表示媒体，也可以理解为存储数字化后的感觉媒体的媒体，如硬盘、U盘、光盘、可移动硬盘等。存储媒体也称为存储介质。感觉媒体是实际的媒体，表示媒体是编码后的媒体，而存储媒体则是用于存储编码后的媒体。

(5) 传输媒体(Transmission Media)。即传输信息的物理设备,包括各类导线、电缆、光缆以及电磁波等。

10.1.2 数字多媒体技术的特征

数字多媒体技术能处理各类多媒体信息,包括文字、声音、图形、图像等,这些媒体信息作为一个整体而存在。在空间上和时间上,这些媒体都存在着相互依存的关系。通常认为,数字多媒体技术具有多样性、实时性、交互性和集成性特征。

1) 多媒体信息的多样性

在多媒体技术中,计算机处理的信息空间范围大大拓展,不再局限于数值、文本、图形和图像等形式,还强调了计算机与声音、活动图像(或称为影像)相结合。数字多媒体系统中处理的对象称为多媒体元素,是指多媒体应用中可提供给用户的媒体组成部分。

2) 多媒体技术的集成性

多媒体技术的集成性主要体现在两个方面:一是多媒体信息的集成,是指各种媒体信息应能按照一定的数据模型和组织结构集成为一个有机整体,以供媒体的充分共享和操作使用;二是操作这些媒体信息的工具和设备的集成,是指与多媒体相关的各种硬件设备的集成和软件的集成。

3) 多媒体系统的交互性

多媒体系统采用人机对话方式,实现查找、编辑及同步播放计算机中的各种信息,操作者可使用鼠标或键盘选择自己感兴趣的内容。交互性是多媒体技术有别于传统信息媒体的主要特征,为用户选择信息提供了更灵活的手段。

4) 多媒体系统的实时性

所谓实时性,是指人和多媒体系统的实时交互。各种媒体的有机结合,加上人的感觉器官同系统的实时交互,使得多媒体系统具备同步实时处理能力。由于声音和图像都是和时间相关的,因此要求多媒体技术支持实时处理,有严格的时序要求和速度要求。

10.1.3 数字多媒体相关技术

数字多媒体技术是一门综合的技术,涉及计算机技术、通信技术及现代媒体技术等。如果从硬件和软件角度来考虑,大规模、超大规模集成电路以及多任务实时操作系统也为数字多媒体技术提供了强有力的支持。同时,大容量存储技术、数据压缩和解压缩技术、超文本/超媒体技术等更是实现多媒体应用的关键与核心技术。

1) 多媒体数据压缩/解压缩技术

在数字多媒体系统中,声音、图形、图像等媒体信息需要占用大量的存储空间。如果考虑到网络传输,这些信息会导致传输速度慢,误码率高。即使在网络技术飞速发展的今天,多媒体数据的不断增长也使得传输质量越来越低。因此,有效减少媒体数据量,缩短传输时间就成为一个非常关键的问题。因此高效的压缩和解压缩算法就成为数字多媒体系统高效运行的关键技术。

2）数字多媒体输入与输出技术(媒体变化技术)

数字多媒体的输入与输出技术主要指媒体变化技术,即如何改变媒体的表现形式,主要包括媒体识别技术、媒体理解技术和媒体综合技术。所谓媒体识别技术,是指对信息进行一对一的映像识别过程,如触摸屏技术和语音识别技术等。所谓媒体理解技术,指的是对媒体信息进行更高层次的分析处理甚至理解,该技术涉及人工智能及大数据技术,如自然语言理解、图形图像识别、模式识别等。所谓媒体综合技术,是指把低维的信息变化成高维模式空间的过程,如语音合成器可以把内部的语音信息作为声音输出。

3）数字多媒体软件技术

数字多媒体软件主要包括数字多媒体操作系统和数字多媒体素材采集及编辑软件。数字多媒体操作系统是数字多媒体软件系统的核心软件,主要负责在多媒体环境下的任务调度、保证音视频同步、信息实时处理、提供多媒体信息的各种基本操作和管理等。数字多媒体素材采集及编辑软件主要负责采集并编辑多种媒体信息,如声音信号收集及编辑、图像扫描及处理、动态视频采集、剪辑、渲染、音频信号及视频信号的混合与同步等。

4）数字多媒体设备技术

数字多媒体的飞速发展使数字多媒体设备技术也得到了快速发展,而芯片技术的不断发展使得数字设备不断涌现,带来了新的体验,交互感和实质性更强。

5）数字多媒体通信技术

数字多媒体通信技术涉及语音、图像的压缩技术、多媒体信息的混合传输技术及分布式多媒体处理技术等。如流媒体技术就属于数据多媒体通信技术。

6）网络数字多媒体技术

网络数字多媒体技术涉及多媒体信息的传输。无论是传统的 HTML 文件,还是流媒体数据,甚至是虚拟 3D 环境以及 Flash 动画中的数据,它们的传输都属于网络数字多媒体技术。当前,网络数字多媒体技术还处于快速发展之中。

7）虚拟现实技术

利用计算机技术产生一个逼真的虚拟环境,使得人类能够通过感觉器官同虚拟环境交互,这就是虚拟现实(Virtual Reality)技术。虚拟现实技术是一种综合技术,它综合应用了计算机图形技术、仿真技术、传感技术、显示技术等多学科技术,是一个蓬勃发展的技术分支。

10.2 数字多媒体技术的应用领域及常用软件

10.2.1 数字多媒体技术的应用领域

数字多媒体技术近年来迅速发展,其应用领域也越来越广泛。它已经渗透到社会的各个领域,深刻影响着人们的生产、生活、娱乐和学习方式。

1）娱乐领域

多媒体技术的发展对娱乐领域起到了非常大的促进作用。游戏、直播、甚至虚拟现实等系统中的数字多媒体技术的作用非常大。这些应用对交互性、情节性以及实时性要求较强，而数字多媒体技术恰恰具备这些特点。

2）教育培训领域

教育培训领域是多媒体技术应用最为广泛的领域之一，其应用涵盖了教育培训的各个环节，如教学过程、教育产品制作、多媒体演示等。多媒体技术可以从视觉、听觉、触觉各方面刺激感觉器官，从而激发学生的学习兴趣，帮助老师把很多抽象难懂的理论知识表达得更为清晰直观，提高教学效率。另外，计算机存储容量大、处理速度快，也能够快速展示及处理教学信息。

数字多媒体技术的应用使得学生可以反复学习知识，对学生在学习过程中留存下来的个人学习数据进行统计分析，也可以优化教师的教学过程，更有利于个性化教学。

3）多媒体远程通信领域

多媒体网络是多媒体应用的一个重要方面，通过网络实现多媒体信息的传递，是多媒体时代的需求。当前很多应用，如视频会议、远程教学、视频点播、远程医疗等对多媒体网络的通信效率和质量提出了要求。在疫情时期，远程教学成为多媒体网络传输应用中发展较为突出的一个领域。

4）电子出版领域

所谓电子出版物，是指以数字代码的方式将图、文、声、像等信息存储在磁、光、电介质上，通过计算机或手机等设备阅读使用，并可复制发行的大众传播媒体。电子出版物，如电子杂志、电子期刊、百科全书、电子地图等的内容是丰富多彩的。其集成度高、存储密度高，是一般的传统纸质出版物所不能比的。

电子出版物是多媒体应用的一个重要方面，其制作编辑等过程都是借助计算机完成，因此其使用方式非常灵活方便，交互性也比较强。电子出版物的出版形式包括电子网络出版和电子书刊出版。电子网络出版以数据库和网络为基础，通过网络向计算机用户提供各种电子作品服务，其信息传播速度快，内容更新快，质量高。

5）咨询服务领域

这里的咨询服务主要指利用触摸屏查询的方式获得相应的多媒体信息。很多医院、宾馆、博物馆、图书馆、商场都使用类似形式的查询系统。查询的信息包括文字、图形、图像、音频、视频等，操作非常方便高效。

10.2.2 数字多媒体技术常用软件

1. 图形图像处理软件

首先来认识一下常用的图形图像文件格式。

(1) BMP。为 Bitmap 的缩写，又称位图格式，是一种依赖于具体设备、最为普遍的点阵图像格式，也是与 DOS 相兼容的标准 Windows 点阵式图像格式。BMP 格式的结构非常简单，没有经过压缩，一般图像的文件会比较大，不适合在网络上传输。

(2) GIF。为 Graphics Interchange Format 的缩写，即图像变换格式。GIF 的压缩比

高，占用磁盘空间较少，文件尺寸不大，适用于网络传输，分为动态 GIF 文件格式和静态 GIF 文件格式。GIF 格式的文件是 8 位图像文件，几乎所有的软件都支持该格式，其最大缺点是只能处理 256 种颜色。

(3) JPEG(JPG)格式。为 Join Photographic Experts Group 的缩写，即联合图像专家组格式，是一种保存静态图片的压缩存储格式，可以有效地保存必要的颜色信息，排除图像显示时不需要的颜色信息。JPEG 是一种有损压缩，其保存的图像质量和压缩的程度有关：选择高度压缩的形式，图像质量会降低；选择低度压缩的形式，图像的质量较好。JPEG 格式是所有压缩格式中最卓越的格式，它的色彩数高达 24 位，被广泛应用于 Internet。

(4) PSD 格式。这是 Photoshop 软件的专用格式，支持 RGB 色彩模式(默认)和 CMYK 色彩模式，其突出特点是该格式能保存图像数据的每一个细节，能够自定义颜色数目进行存储。保存数据时，PSD 格式可以保存图像中各图层中的效果和相互关系，图层之间是相互独立的。它的优点是可以单独对某层进行修改及效果设置，缺点是图像文件比较大。

(5) TIFF 格式。TIFF 格式是当前最常用的图像文件格式，既能应用于 MAC，也能用于传统 PC，该类格式的文件以 RGB 的全彩色模式存储。

(6) PNG 格式。为 Portable Network Graphics 的缩写，即便携式网络图形，是一种采用无损压缩算法的位图格式，其设计的目的是试图替代 GIF 和 TIFF 文件格式，同时增加一些 GIF 文件格式所不具备的特性。PNG 的压缩比高，生成文件所占的存储空间小。

除了以上常用的图形图像文件格式外，还有以下常用的格式：PCX 格式、CDR 格式、EPS 格式、AI 格式等。

下面介绍常用的图形图像处理软件，主要包括 Photoshop、Illustrator、Freehand、InDesign、CorelDRAW，以及美图秀秀、ACDSee 等。

(1) Photoshop。Photoshop 是 Adobe 公司出品的世界上最知名的图像处理软件之一，其功能强大，使用简单，可以进行图像扫描、图像编辑修改、图像输入与输出等，是平面设计人员及计算机美术爱好者最喜欢的软件之一。Photoshop 是点阵设计软件，其图像由像素构成，分辨率越高，则图像所占存储空间越大，可以根据需要选择分辨率。

需要说明，Photoshop 适合于图像处理而不是图形创作。即可以利用 Photoshop 的各种功能对已有的位图图像进行编辑加工，实现一些特殊效果。有关图形创作的有效工具，Adobe 公司的 Illustrator 和 Freehand 是更为知名的专业软件。

(2) Illustrator。是 Adobe 公司开发的矢量图形编辑软件，用于出版多媒体及在线图像的工业标准矢量插图软件。Illustrator 是专业的图形创作工具，提供很多方便应用的设计工具，利用这些工具可以很快设计出非常复杂多变的图形。

(3) Freehand。是 Adobe 公司出品的功能强大的平面矢量图形设计软件，适合于进行广告创作、机械制图、建筑制图等。另外，Freehand 可以进行图像格式转换，具备良好的兼容性。

(4) InDesign。是 Adobe 公司的专业排版软件，可实现高度的可扩展性。通过使用该软件可以自定义杂志、期刊、广告、报纸等的出版方案。

(5) CorelDRAW。是加拿大 Corel 公司推出的专业矢量绘图软件。它融合了绘画与插图,具备文本操作、绘图编辑、桌面出版设计等功能,具备强大的文件转换、效果输出等功能。CorelDRAW 软件被广泛应用于工业设计、产品包装设计、网页制作、效果图绘制等设计领域。

(6) 美图秀秀。是一款免费的图片处理软件,由美图网推出。相对于专业的 Photoshop,它的功能较为简单,但是对普通用户来说,美图秀秀更为简单易用。它支持多种平台,在摄影类软件中长期位居第一。

(7) ACDSee。ACDSee 是 ACD Systems 公司开发的一款数字资产管理、图片管理编辑工具软件。该软件操作界面良好,具有简单人性化的操作方式和强大的图形文件管理功能等。ACDSee 软件能打开包括 PNG、ICO 在内的 20 多种图像格式,并且显示速度非常快。该软件的最新版本为 ACDSee Photo Studio 2021,已经开始支持 WAV 格式的音频文件播放。

2. 视频处理软件

首先认识一下常用的视频文件格式。

(1) MOV 格式。MOV 格式是苹果公司推出的一种视频格式,用于保存音频信息和视频信息,具有跨平台、存储空间小等特点。

(2) AVI 格式。是 Audio Video Interleave 的缩写,即音视频交错格式,可以将音频和视频交织在一起进行同步播放,用于保存电影和电视等影音信息。AVI 格式的图像质量好,可以跨平台使用,但是所占的存储空间较大,没有严格限定的压缩标准。

(3) MPEG 格式。是 Moving Picture Experts Group 的缩写,即运动图像专家组,它是运动图像压缩算法的国际标准,几乎支持所有平台。MPEG 采用有损压缩算法,具有高压缩比,其图像及音响的质量非常高,兼容性好。平常说的 MP4 格式指的就是 MPEG-4 格式。

(4) RM 格式。RM 格式是 Real Networks 公司推出的一种流式文件格式,可以在较低速的网络上实时传输音频和视频信息。该类格式的突出特点是可以根据网络当前的数据传输速率制定不同的压缩标准,是较为流行的网络视频格式。RM 格式是 Real Networks 公司对多媒体世界的一大贡献,对在线影视推广的贡献也很大。Real Networks 公司还推出了另外一种 RMVB 格式,它的清晰度比 RM 格式要高很多。

(5) ASF。为 Advanced Streaming Format 的缩写,是一种高级流格式,由微软公司推出,也是一个在 Internet 上广泛使用的视频文件压缩格式。ASF 格式的视频部分采用了 MPEG-4 压缩算法,音频部分则采用了微软的 WMA 压缩格式,支持本地及网络回放、部分下载等。

下面介绍常用的视频处理软件,主要包括 Premiere、After Effects、Combustion、Shake、绘声绘影、Movie Maker 等。

(1) Premiere。该软件是 Adobe 公司推出的基于非线性编辑设备的音视频编辑软件,在影视制作领域取得了巨大的成功,是当前广告创意公司、电视台、电影制作商的首选软件品牌。

(2) After Effects。该软件是由 Adobe 公司推出的专业影视合成软件，适用于影视设计、特效制作等，在动画设计、网页设计领域也有广泛的应用。

(3) Combustion。该软件由 Discreet 公司推出，是一个视觉效果制作系统，具有强大的特效合成和视频创作能力。

(4) Shake。也是一个特效合成高端软件，功能强大，由苹果公司出品。目前已经停止销售。

(5) 绘声绘影。是一款非常容易上手使用的视频编辑软件，该软件是针对家庭娱乐、个人纪录片制作的简便型的视频编辑软件，具有较高的市场占有率。

(6) Movie Maker。该软件由微软公司开发，是一个影视剪辑软件，功能简单，可以组合镜头、声音、特效等，适合于家用家庭摄影之后的一些小规模处理。Movie Maker 是一个免费软件。

3. 音频处理软件

首先来认识常用的音频文件格式。

(1) WAV 格式。WAV 格式由微软公司推出，是一个事实上的通用音频格式，目前所有的音频播放软件都支持这一格式。WAV 文件也称为波形文件，是最常见的声音文件格式之一，但它所占用的磁盘空间太大，其数据基本无压缩。

(2) MP3 格式。MP3 格式是国际上第一个实用的有损音频压缩编码格式，其压缩比甚至可以达到 12∶1，这是 MP3 格式能够迅速流行的主要原因。虽然有如此高的压缩率，但音质效果并不差，几乎所有的音频编辑工具都支持 MP3 格式。

(3) MIDI 格式。MIDI 技术最初并不是为计算机发明的，它主要应用在电子乐器上，用于记录音乐弹奏过程，以便后期重新播放。计算机内部引入了支持 MIDI 格式的合成声卡后，MIDI 就成为一种正式的音频格式。当前大多数播放器都支持 MIDI 格式，但要实现好的播放效果，还需要软波表(用软件代替声卡上的波表合成器)的支持。

(4) WMA 格式。WMA 的全称是 Windows Media Audio，是微软力推的一种音频格式。该格式以减少数据流量但保持音质的方法来达到更高的压缩率，其压缩率一般可以达到 18∶1，生成的文件大小只有相应 MP3 文件的一半。WMA 格式的音频内部可以加入限制播放时间和播放次数，甚至还可以限制播放设备，可有力地防止盗版。

(5) Real Media 格式。互联网大行其道之后，Real Media 就出现了，这种文件格式几乎成了网络流媒体的代名词。RA、RMA 这两个文件类型就是 Real Media 里面向音频的格式。它们是由 Real Networks 公司发明的，可以在非常低的带宽下提供足够好的音质，让用户能在线聆听。

(6) AIFF 格式。AIFF 是音频交换文件格式(Audio Interchange File Format)的英文缩写，是苹果公司开发的一种声音文件格式，被 Macintosh 平台及其应用程序所支持。

下面介绍常用的音频处理软件，主要包括 Sound Forge、Audition、Goldwave、Windows 录音机、Audio Converter 等。

(1) Sound Forge。是 Sonic Foundry 公司开发的一款功能强大的专业化数字音频处理软件，能方便、直观地对音频文件及视频文件中的声音部分进行各种处理，满足从普通用户到专业录音师的各类用户的不同要求，是多媒体开发人员首选的音频处理软件之一。

（2）Adobe Audition。Adobe Audition 是由 Adobe 公司开发的一个专业音频编辑和混合环境，广泛应用于照相、广播设备和后期制作等，可提供先进的音频混合、编辑、控制和效果处理功能。

（3）Goldwave。GoldWave 是一个功能强大的数字音乐编辑器，是一个集声音编辑、播放、录制和转换功能于一体的音频工具。GoldWave 可以对音频内容进行转换格式等处理，体积小，但功能强大，支持许多格式的音频文件。

（4）Windows 录音机。这是 Windows 操作系统自带的应用软件，具有语音录制及播放功能。

（5）Audio Converter。是一种音频转换器，支持几乎所有流行的音频、视频格式，如 MP3、MP2、OGG、APE、WAV、WMA、AVI、RM、RMVB、ASF、MPEG、DAT、3GP、MP4、FLV、MKV、MOD、MTS 等，能转换成 MP3、WAV、AAC、WMA、AMR 等音频格式。该软件还能从视频格式中提取出音频文件，并支持批量转换。

10.3 数字多媒体系统的组成

数字多媒体系统也称为多媒体计算机系统，也就是具备多媒体功能的计算机系统。多媒体计算机系统能够对文字、图像、视频等多种媒体进行处理。一个完整的多媒体计算机系统包括多媒体软件系统和多媒体硬件系统。

10.3.1 多媒体软件系统

多媒体软件系统包括多媒体操作系统、多媒体创作工具、多媒体素材编辑工具以及多媒体应用软件等。

1. 多媒体操作系统

操作系统是计算机系统中系统软件的核心软件，其作用是对设备、数据及软件进行管理和控制。多媒体操作系统就是对多媒体设备、多媒体数据、多媒体软件进行管理和控制的操作系统，它能在多媒体环境下实现多任务调度，保证音频、视频的同步及信息处理的实时操作，提供对多媒体信息的各种基本操作和管理，提供对各类多媒体设备的操作和控制。当前常用的 Windows、Mac OS、Linux 等都是多媒体操作系统。

2. 多媒体创作工具

多媒体创作人员需要有专业的多媒体创作工具，从而可以组织多种媒体，开发出方便实用的多媒体应用软件。常用的创作及设计工具包括 PowerPoint、Flash、Authorware 等。

3. 多媒体素材编辑工具

同多媒体创作工具不同，多媒体素材编辑工具主要是对各种媒体数据进行采集、整理、编辑等操作，常用的软件有 Photoshop、Audition、Premiere、3ds Max 等。

4. 多媒体应用软件

多媒体应用软件是为多媒体创作人员开发的一些应用程序，是直接面向用户应用的，如平常见到的多媒体广告、游戏软件、多媒体教学软件、多媒体仿真系统、多媒体导游系统、多媒体导购系统、多媒体抖音系统等。

10.3.2 多媒体硬件系统

一个典型的多媒体计算机的硬件系统主要包括主机、光盘驱动器、音频卡、视频卡以及交互控制接口。针对多媒体数据的特点而研发的多媒体信息处理芯片及相应的板卡，是多媒体硬件系统中非常重要的部件。

10.4 本章小结

本章主要介绍了数字多媒体技术的基本概念、技术特征及相关技术，以及数字多媒体技术的应用领域和常用软件。通过本章的学习，可以对数字多媒体系统的组成结构及功能有较为深刻的理解。

习题 10

1. 单选题

(1) 有关媒体的概念中，错误的是________。

A. 能为信息传播提供平台的媒介，就可以称为媒体

B. 从广义的角度看，媒体就是一切能携带信息的载体

C. 从计算机的角度看，媒体指文字、声音、图形、图像、动画、视频等载体及相关设备

D. 媒体不包括对载体进行加工、记录、显示、存储和传输的设备

(2) ________不属于常见的媒体类型。

A. 感觉媒体　　B. 表示媒体　　C. 显示媒体　　D. 打印媒体

(3) 不属于数字多媒体技术特点的是________。

A. 多样性　　B. 集成性　　C. 交互性　　D. 智能性

(4) 有关数字多媒体技术的特点中,说法错误的是________。

A. 实时性是指在人的感官系统允许的情况下进行的多媒体处理和交互

B. 交互性是在多媒体信息传播过程中可实现人对信息的主动选择、使用、加工和控制

C. 集成性包括多媒体信息的集成以及操作媒体信息软件的集成,不包括硬件设备的集成

D. 多样性重点强调不同形式的多媒体信息

(5) 有关图形和图像的区别的说法中,错误的是________。

A. 图形由绘图软件绘制而成,所对应的图形文件中存放的是描述生成图形的指令

B. 图形以矢量图形文件形式存储,矢量图文件大小同图大小无关,同图的复杂程度有关

C. 图像通过扫描仪等设备捕捉真实场景画面,以位图格式存储

D. 位图的清晰度同像素多少有关,单位面积像素数目越少,图像越清晰

(6) 有关动画的说法中,错误的是________。

A. 动画实质上就是多幅静态图像连续播放产生的动态效果

B. 按照图形、图像的生成方式,动画分为实时动画和逐帧动画

C. 按照动画的表现形式,动画分为二维动画和三维动画

D. 构成动画的基本单位是像素

2. 多选题

(1) 数字多媒体技术的应用领域非常广泛,包括________。

A. 教育培训领域　　B. 电子出版领域

C. 咨询服务领域　　D. 多媒体远程通信领域

(2) 属于多媒体远程通信领域应用的是________。

A. 视频会议　　B. 远程教学　　C. 远程医疗诊断　　D. 视频点播

(3) 属于多媒体计算机典型配置的是________。

A. 光盘驱动器　　B. 声卡　　C. 视频卡　　D. 网卡

(4) 多媒体个人计算机软件系统包括________。

A. 多媒体操作系统　　B. 多媒体创作工具

C. 多媒体素材编辑软件　　D. 多媒体应用软件

(5) 属于常用的专业图形、图像处理软件的是________。

A. Photoshop　　B. CorelDRAW　　C. Illustrator　　D. Shake

(6) 属于常见音频文件格式的是________。

A. WAV　　B. MP4　　C. MIDI　　D. MP3

3. 判断题

(1) 显示媒体也称为表示媒体、呈现媒体,用于进行信息输入和输出的媒体。(　　)

(2) 多媒体技术是一种基于计算机的综合技术,同人工智能技术、网络通信技术无关。( )

(3) 交互性是多媒体技术有别于传统信息媒体的主要特性。 ( )

(4) 位图也称为栅格图像,由多个像素组成。 ( )

(5) 多媒体技术是多门学科的综合,涉及计算机技术、通信技术及现代媒体技术。( )

(6) 为解决存储和传输问题,高效的信息安全保证是多媒体系统运行的关键。( )

(7) 计算机辅助教学(CAI)是数字多媒体技术在教育培训领域的具体应用。 ( )

(8) 远程教学是近期发展较快的多媒体网络传输应用。 ( )

4. 填空题

(1) 按照国际电话电报咨询委员会的定义,媒体分为以下几种类型:感觉媒体、表示媒体、显示媒体、________媒体和传输媒体。

(2) ________技术是利用计算机、通信、广播电视技术把文字、图形、图像、动画、声音及视频媒体等信息数字化,将它们有机组织起来并建立逻辑关系,能支持完成一系列交互式操作的信息技术。

(3) 多媒体技术的特点包括多样性、________性、交互性和实时性。

(4) ________是多媒体技术有别于传统信息媒体的主要特征。

(5) 通过绘图软件绘制的直线、圆、任意曲线等组成的画面称为________,也称为矢量图或向量图形。

(6) 位图也称为________,由多个方形的色块组成,这些色块称为________。

(7) Windows 系统下的标准位图格式对应的文件扩展名为________,该类文件未经过压缩,一般图像文件比较大。

(8) GIF 格式的图像文件只能处理________种色彩。

5. 简答题

(1) 什么是数字多媒体技术?

(2) 数字多媒体技术的特点是什么?

(3) 数字多媒体系统中的媒体元素有哪些?

(4) 请简述数字多媒体的相关技术。

(5) 请简述数字多媒体技术的应用领域。

(6) 一个典型的多媒体计算机的配置主要包括哪些方面?

第11章 信息安全

学习目标：

掌握信息安全的概念；了解信息安全意识；了解计算机犯罪及网络黑客的概念；掌握常见的信息安全技术。

11.1 信息安全概述

11.1.1 信息安全的概念

信息安全是一门涉及计算机科学、网络技术、通信技术、密码技术、信息安全技术、应用数学、数论、信息论等多种学科的综合性学科。国际标准化组织已明确将信息安全定义为“信息的完整性、可用性、保密性和可靠性”。通俗地说，信息安全主要是指保护信息系统，使其没有危险、不受威胁、不出事故地运行。从技术角度来讲，信息安全的技术特征主要表现在系统的可靠性、可用性、保密性、完整性、确认性、可控性等方面。

信息安全是一门以人为主的学科，涉及管理技术、法律伦理的综合效果，还与个人道德意识等方面密切相关。随着信息化的发展，信息安全领域也获得了巨大的发展。很多专业领域相继出现，如安全测试信息系统、安全评估、安全数据库及应用软件、企业安全规划设计、数字取证技术、安全网络及公共设施等。

对信息安全的需求主要表现在两个方面：系统安全和网络安全。系统安全包括操作系统管理的安全、数据存储的安全、对数据访问的安全等，而网络安全则涉及信息传输的安全、网络访问的安全认证和授权、身份认证、网络设备的安全等。如果不能很好地解决信息安全这个基本问题，必将阻碍信息化发展的进程。

11.1.2 信息安全意识

互联网大数据技术迅猛发展，对人类的生产生活学习产生了重要影响。但是毋庸讳言，当前人们的信息安全意识还非常淡薄，还没有真正意识到信息泄露可能产生的重要不良影响。在我国，由于信息网络安全管理体制尚不完善，导致我国的计算机犯罪数量快速增长，其造成的负面影响也在快速增长。因此，加强信息安全管理，提高国民的信息安全意识具有重要意义。

1）正确认识信息安全的重要性

从信息在各个领域的应用来看，无论是工业还是农业，实体产业还是虚拟产业，商业还是教育，信息安全的地位都是极为突出的。信息安全不仅涉及政府企业运行的稳定，也对个人的信息安全至关重要。

2）明确信息安全的四大要素

信息安全包括四大要素：技术、制度、流程和人。技术的重要性不言而喻，通过提高技术水平保障信息的安全，是信息安全领域的重要研究内容。可以说，完善的技术保障、符合要求的制度及信息安全流程，以及具备基本信息安全保障能力的人，是确保信息安全的重要因素。一定要清楚技术不等于全部，良好的技术只是确保信息安全的基本保障。一个单位或系统的安全，并不是安装了杀毒软件或防火墙就万事大吉了。

3）清除可能面临的威胁及风险

信息安全面临的威胁来自方方面面。想切实提高系统的安全性，必须非常清楚地知道威胁来自何方。信息安全的威胁分为两类：自然威胁和人为威胁。自然威胁往往指那些具有不可抗拒性的威胁，如自然灾害、网络设备老化、电磁辐射和电磁干扰，以及相对恶劣的场地环境。虽然这些威胁具有不可抗拒性，但是可以提前采取预防措施，例如双机备份、定期检查等。

人为威胁是由人发起的一些破坏信息安全的行为，包括人为攻击，安全缺陷，软件漏洞(数据库的安全漏洞、TCP/IP 的安全漏洞)，结构隐患等。具体内容如下。

(1) 人为攻击。任何系统都有弱点，如果这个弱点被敌方所掌握，采取人为攻击的方法进行破坏、欺骗，就可能造成经济上或政治上的重大损失。人为攻击分为偶然事故和恶意攻击。偶然事故没有明显的恶意，但是造成的后果可能会比较严重。恶意攻击则带有明显的恶意，是故意行为，这种行为往往是带有明显的目的性和针对性，分为被动攻击和主动攻击两种类型。被动攻击指不干扰网络信息系统正常工作，进行侦收、截获、窃取、破译和业务流量分析及电磁泄露等攻击，被侵害方一般难以发现；主动攻击包括各种有选择的破坏，如修改、删除、伪造、添加、重放、乱序、冒充、制造病毒等，容易让被侵害方发现。

(2) 安全缺陷。所谓缺陷，指的是网络信息系统本身存在的一些安全问题。因为开发人员的技术能力所限，或是各种折中方案，使得系统不完善，这都使得信息系统或多或少地存在一些安全缺陷。攻击者如果发现了这些缺陷，就会对系统进行各种攻击。对技术人员来说，需要做的就是尽量弥补这些安全缺陷。

(3) 软件漏洞。随着软件规模的逐渐扩大，开发过程中总是会出现一些不易发现的软件漏洞。这些漏洞也会影响信息安全，有时候还比较严重。例如，有的系统因为口令设置较为简单，或者编程时没有作相对严格的验证，入侵者就可以直接进入计算机系统的后台数据库破坏。

(4) 结构隐患。结构隐患一般指的是网络体系结构方面的隐患，或者是网络设备在结构方面的一些安全隐患。网络结构设计不合理，有可能导致暴露攻击点；网络设备结构出现问题，也可能会出现内存溢出的问题。攻击者可以基于以上隐患发起攻击，所以结构隐患也是非常重要的信息安全隐患。

4）养成良好的安全习惯

现在大多数网络信息系统都存在安全缺陷，从用户的角度出发，如果要避免信息系统被攻击，就要养成良好的安全习惯。实际上，很多信息安全问题都是因为没有养成良好的安全习惯造成的。

(1) 良好的密码设置习惯。密码是一个系统的第一道屏障，没有密码的网络信息系统是不可想象的。如果用户的密码设置比较简单，系统的安全性就会堪忧，网上很多暴力破解软件可能采取穷举的方法来试探密码。建议密码要设置得相对复杂，应该包括大小写字母、各种特殊字符、阿拉伯数字等，同时长度不能太短。

另外一定注意，生日、身份证号码的后几位，或者666、654321、521等常用的简单数字组合一般不要作为密码使用。

(2) 网络和个人设备安全。不要随意将自己的个人设备连到公共网络中。另外，个人设备要安装防火墙及杀病毒软件，不要安装那些未经授权的软件。

(3) 电子邮件安全。电子邮件在网络上传输的每一个环节都有可能造成信息泄露，因为网络系统管理员或网络黑客可能会采取技术手段截取电子邮件内容。可以采取数字证书对电子邮件进行数字签名和加密，以增强电子邮件的安全性。另外还需要学会辨识哪些是恶意的电子邮件，不要打开那些来源不明的电子邮件。

(4) 媒介安全。有些文档资料可以不打印出来，即使要打印也尽量不要使用公共计算机。打印出来的资料如果已经不需要了，尽量用碎纸机粉碎，或者按照单位或机构规定的流程销毁。有些商业间谍就是通过垃圾堆里的废纸发现了公司的商业秘密及技术秘密，这一点也需要引起足够的重视。

(5) 物理安全：这属于管理层面的安全保障，企业或机构需要采取措施保证内部的信息资源不外泄，尤其要保障各类敏感资源不遭到破坏。在商业竞争中，如果竞争对手采取不法行为盗取了硬盘，各类敏感信息将会完全暴露，这对企业的打击有可能是致命的。

11.1.3 网络道德

计算机网络道德简称网络道德，是用于约束上网民众的言语行为，指导他们思想的一套道德规范。随着网络时代的快速发展，现代社会的民众已经离不开网络。我们每天都需要和网络打交道，如何建立网络环境中人与人之间的关系，避免网络带给现代社会道德意识规范及行为上的冲击，是网络社会必须要慎重考虑的问题。

以下属于基本的计算机网络道德规范：不应该干扰他人的计算机正常工作；不应该破坏计算机资产；不允许使用计算机作伪证；不应该使用应该付费但未付费的软件；未经允许不应该使用他人的计算机资源及网络资源；不应该利用自己掌握的计算机技术进行危害社会的行为。

加强网络道德建设，对维护计算机网络的安全具有重要意义。首先作为一种规范，网络道德可以引导和影响人们的网络行为；另外，从网络信息法规建设的角度看，加强网络道德建设也可以对其产生积极影响。

11.2 计算机犯罪

11.2.1 计算机犯罪概述

所谓计算机犯罪，是指行为人以计算机作为工具或以计算机资产作为攻击对象而实施的严重危害社会的行为。我国公安部计算机管理监察司给出的定义是：所谓计算机犯罪，就是在信息活动领域中，利用计算机信息系统或计算机信息知识作为手段，或者针对计算机信息系统，对国家、团体或个人造成危害，依据法律规定，应当予以刑罚处罚的行为。

1. 计算机犯罪类型

计算机犯罪分为以下三大类。

(1) 以计算机为犯罪对象的犯罪。如行为人针对个人计算机或网络发动攻击，包括非法访问计算机或网络上的信息、非法破坏信息、非法窃取他人电子身份等。

(2) 以计算机作为攻击主体的犯罪。常见的有黑客攻击、传播特洛伊木马、传播蠕虫、传播病毒和逻辑炸弹等形式的犯罪。

(3) 以计算机作为犯罪工具的传统犯罪。如使用计算机系统盗窃他人信用卡信息，或者通过连接互联网的计算机存储、传播非法信息等。

2. 计算机犯罪的特征

不同于传统的犯罪类型，计算机犯罪具有如下特征。

(1) 犯罪主体智能化。计算机犯罪主体一般具有专业的计算机及网络知识，掌握网络系统的核心机密，或者能用专用工具对计算机资产进行攻击。这些专业人士的破坏性比一般人的破坏性要强很多。

(2) 犯罪手段隐蔽性。计算机网络具有开放性与不确定性，犯罪人员可在任何时间、任何地点发起攻击，发起攻击时也不会留下非常明显的犯罪痕迹。即使留下犯罪痕迹，也需要更为专业的反计算机犯罪的专业人员才能发现，这就使得犯罪行为很难被发现。

(3) 跨国性。因为 Internet 是无国界的，犯罪人员只要能上网就能实施犯罪行为，这使得计算机犯罪具有明显的跨国性。而且这种跨国行为更不容易被发现，危害性也更大。

(4) 犯罪目的多样性。不同于其他的犯罪类型，计算机犯罪的目的呈现多样性特点。有人犯罪是为了发泄个人的不满，有人是为了实现个人经济或政治目的，也有人仅仅是为了炫耀自己的技术。

(5) 犯罪分子低龄化。由于 Internet 具有虚拟化特征，青少年实施计算机犯罪的比例非常大。他们并没有真正认识到自己的行为对社会的危害，而仅仅是把计算机犯罪看成是一种炫耀技能的手段。

(6) 犯罪后果严重。Internet 的发展使得几乎所有行业都离不开网络和信息技术，整个社会对网络的依赖与日俱增。一些关键部门，如商业、国防、交通、政府等的网络系统如果遭到攻击，其中的数据有可能被泄露或破坏，造成的后果不堪设想。

3. 计算机犯罪的手段

(1) 制造和传播计算机病毒。计算机病毒是一类特殊的程序，这些程序隐藏在正常的可执行程序或数据内部，能对计算机的软件系统、数据甚至硬件系统发动攻击。计算机病毒是犯罪人员发动攻击的有效手段，通过计算机病毒可以窃取密码，破坏数据，制造网络拥塞，从而给信息社会带来致命打击。

(2) 数据欺骗。这是一类较为普遍的计算机犯罪手段，犯罪嫌疑人利用工具非法篡改计算机的输入数据、处理中的数据及输出数据，从而达到欺骗的目的。

(3) 特洛伊木马。特洛伊木马(简称木马)是隐藏在系统中的用以完成未授权功能的非法程序，是黑客常用的一种攻击工具。它伪装成合法程序植入系统，对计算机网络安全构成严重威胁。特洛伊木马是基于 C/S(Client/Server)结构的远程控制程序，是一类隐藏在合法程序中的恶意代码，这些代码或者执行恶意行为，或者为非授权访问系统的特权功能提供后门。

(4) 意大利香肠术。从大量资财中窃取一小部分，这种手法称为截尾术，也就是只对构成总数的明细项目进行调整，而保持总数不变，以达到取走一部分而又不会在总体上被发现的目的，也称为“意大利香肠术”。计算机网络在金融领域中的大量应用，导致以“意大利香肠术”实施的犯罪增多。例如，在大笔存款中，由于储户存取频繁或多次转账，对每笔账目的尾数记不清楚或不甚在意，犯罪分子便将其截留并转到自己私设的账户上，积少成多。

(5) 超级冲杀。当计算机停机、出现故障或出现其他需要人为干预的事件时，需要使用计算机系统干预程序，它相当于系统的一把总开关钥匙。如果被非授权用户使用，就构成了对系统的潜在威胁，而这个威胁是巨大的。

(6) 活动天窗。指的是程序设计人员为了进行软件测试而故意设置的计算机软件入口。通过这些入口，程序员可以绕过正常检查而进入系统。在软件系统开发过程中，这种行为是正常的，一旦软件交付使用，原则上这些入口应该被关闭。如果没有关闭，这些系统将会存在严重的安全缺陷。

(7) 逻辑炸弹。逻辑炸弹引发时的症状与某些病毒的作用结果相似，并可能会对社会引发连带性灾难。与病毒相比，它强调破坏作用本身，而实施破坏的程序不具有传染性。计算机世界中的“逻辑炸弹”采用了这样的手法：计算机系统运行时，如果某个条件恰好得到满足，如系统时间达到某个值、服务程序收到某个特定的消息，就会触发恶意程序。

(8) 数据泄漏。是一种有意转移或窃取数据资产的行为。有的犯罪分子利用各种便利条件大肆窃取隐私数据，并通过网络售卖获利，有的犯罪分子在硬件上做手脚，甚至通过在系统的中央处理器、显卡上安装无线电发射器，将计算机处理的信息传送给外界接收机，从而获得大量非法数据。

(9) 电子嗅探器。电子嗅探器是一种获取网络隐私信息的软件或硬件。犯罪分子通过电子嗅探器可以获得账号密码、商业数据等，是为后期攻击提供入口的一种技术。

实际上，计算机犯罪的手段多种多样。除了以上手段，还包括社交方法(如通过聊天实施诈骗)，电子欺骗技术，对程序、数据集、系统设备进行物理破坏等犯罪。

11.2.2 网络黑客概述

黑客是一个中文词语，源自英文 Hacker，最初曾指热心于计算机技术、水平高超的电脑高手，尤其是程序设计人员，而现在的黑客是指那些专门利用电脑搞破坏或恶作剧的人。目前，黑客已成为一个广泛的社会群体，黑客的行为会扰乱网络的正常运行，甚至会演变为犯罪。黑客的主要观点是：所有信息都应该免费共享；信息无国界，任何人都可以在任何时间、任何地点获得他认为有必要的信息；通往计算机的路不止一条；打破计算机集权；反对国家和政府部门对信息的垄断和封锁。

1. 黑客行为特征

网络黑客具有以下行为特征。

(1) 恶作剧型。该类黑客本身没有恶意，他们在网上随意选取攻击对象，以删除或修改文字数据、攻击篡改网站主页来炫耀自己的技术。

(2) 隐蔽攻击型。这是一类非常危险的黑客行为。行为人躲在暗处，通过网络实施各种攻击。他们有时会冒充网络合法用户入侵网络，社会危害性非常大。

(3) 定时炸弹型。通过在网络系统内部安设后门程序，并设定引发条件。当条件满足时，后门程序执行，或者删除篡改数据，或者导致网络崩溃。

(4) 窃密高手型。这一类黑客主要从事窃取密码的工作，通过窃取密码入侵数据库或系统，从而满足自己的私利。

(5) 制造矛盾型。这一类黑客行为的主要特征是修改数据，借以制造混乱或矛盾，从而达到不可告人的目的。

(6) 职业杀手型。该类黑客行为的主要特征是删除资料。他们往往会入侵某些网站的后台，并删除数据库的内容，从而使得网站使用者无法获得最新资料。他们甚至会入侵某些特殊网站(如政府网站或军事网站)，通过删除数据、修改数据等非法手段干扰系统的正常运行，危害性非常大。

(7) 业余爱好型。有些黑客为了炫耀自己的技术，通过技术手段非法入侵网站或系统。他们本质上没有恶意，但有时候会给被攻击方带来重大影响。

2. 预防黑客攻击

作为网络用户，要尽量降低黑客攻击行为带给我们的影响。请注意以下几点。

(1) 不要随便打开来历不明的邮件。网络黑客通过群发带有木马程序或其他病毒的电子邮件诱导用户打开链接，从而实现用户账号、密码等隐私信息的窃取。因此，网络用户要具备基本的电子邮件识别能力，不要随便打开来历不明的邮件，发现类似邮件请直接删除。

(2) 使用防火墙。防火墙是抵御黑客攻击的非常有效的手段,可以是硬件产品,也可以是软件产品。安装完操作系统后,建议马上安装防火墙,并根据需要制定进出策略。

(3) 不要暴露自己的 IP 地址。如果网络黑客锁定用户的 IP 地址,就可以采取各种措施实施攻击行为。因此,不暴露 IP 地址可以避免或降低被黑客攻击。

(4) 安装杀毒软件,并及时升级。优秀的杀毒软件能够发现大部分的病毒并清除,这是预防黑客攻击的有效手段。同时注意病毒库也要及时升级,以便随时应对新型病毒的攻击。

(5) 做好数据备份。一旦出现数据泄露或被攻击的问题,损失是肯定的。为了将损失降到最低,需要提前进行数据备份。将重要数据进行异地备份,是非常好的网络安全策略。

11.3 常见的信息安全技术

11.3.1 信息安全基础

信息安全技术的作用在于为数据处理系统建立和采用的技术、管理上的安全保护,保护计算机硬件、软件、数据不因偶然和恶意的原因而遭到破坏、更改和泄露。信息安全技术主要包括密码技术、防火墙技术、虚拟专用网技术(VPN 技术)、病毒与反病毒技术,以及实体及硬件安全技术、数据库安全技术等。

1. 密码技术

密码技术是信息安全与保密的核心和关键。下面给出几个重要术语。

(1) 密码学:研究密码技术的学科,包括两个分支(密码编码学、密码分析学)。前者对信息进行编码,以实现信息屏蔽,后者研究分析破译密码的理论和技术。

(2) 明文:发送方要发送的消息。

(3) 密文:明文被变换成看似无意义的随机消息,称为密文。

由明文到密文的变化过程,称为加密,相应的算法称为加密算法。合法接收者从密文恢复为明文的过程称为解密,对应解密算法。非法接收者试图从密文分析出明文的过程称为破译。需要清楚,合法接收者拥有解密密码,而非法接收者没有解密密码,只能不断尝试。

(4) 密钥:加密和解密是在一组仅有合法用户知道的秘密信息的控制下进行的,该密码信息称为密钥,分为加密密钥和解密密钥。

密码体制分为两类:对称密码体制和非对称密码体制,下面进行简要介绍。

(1) 对称密码体制:也称单钥,是传统的密码体制,加密密钥和解密密钥是相同的,或者从一个可以推出另外一个。其特点是加密、解密速度快,但密钥的管理非常困难。著名的密码算法有 DES(数据加密标准),是世界上应用最广泛的分组密码算法。其他的算法还包括 IDEA 算法、LOKI 算法等。

(2) 非对称密码体制：也称双钥、公钥，两个密码中的加密密钥是可以公开的，解密密钥是秘密的。该密码体制仅需要保密解密密钥，其突出优点为不存在密钥管理问题，拥有数字签名功能；缺点是算法复杂，加密、解密速度慢。RSA 算法是理论上最成熟的加密算法，其他常用算法还有 Elgamal 等。利用非对称密码可实现数字签名，其中合法签名者有解密密钥，具有身份的不可否认性。实际上，区块链中的加密体制也是非对称加密体制。

2. 防火墙技术

防火墙的概念来源于建筑领域。对木质结构或高层楼房来说，为了防止火灾的发生及蔓延，人们在房屋周围或某一层楼上堆砌防火材料，这种防护构筑物就称为防火墙。

在 Internet 中，所谓“防火墙”是指一种将内部网和外部网分开的方法，它实际上是一种建立在现代通信网络技术和信息安全技术基础上的应用性安全技术和隔离技术。防火墙借助硬件和软件技术，在内部网和外部网之间构建一个保护屏障，从而实现对计算机不安全网络因素的阻断。只有在防火墙同意的情况下，用户才能够进入计算机内，如果不同意就会被阻挡于外，并提醒用户的行为。

防火墙可以是硬件系统，也可以是软件系统，也可以是两者的结合，其主要作用是制定进出规则，决定网络内部哪些服务可以被外部访问，外界哪些人可以访问哪些内部服务，内部人员可以访问哪些外部服务。

防火墙的方法有不同的标准，主要包括以下几种方式。

(1) 按照保护网络使用方法不同，分为网络层防火墙、应用层防火墙、链路层防火墙。

(2) 按照发展顺序，分为包过滤型防火墙(第一代防火墙)、复合型防火墙(第二代防火墙)和第三代防火墙。

(3) 按照在网络中的位置，分为边界防火墙、分布式防火墙。分布式防火墙又分为主机防火墙、网络防火墙。

(4) 按照实现手段，分为硬件防火墙、软件防火墙和软件兼施防火墙。

防火墙技术具有如下优点。

(1) 能强化安全策略。对于一个网络来说，每天进出的用户非常多。防火墙能够发现别有用心的违反规则的个别用户，并禁止其进入内网。

(2) 能有效记录 Internet 活动。因为防火墙的位置在内网和外网之间，所以非常适合记录用户的活动。这些信息收集上来后，可以用于后期网络运行的分析和优化。

(3) 可限制暴露用户点。一个大型网络可分为多个网段，当某网段出现问题后，防火墙可以避免此类问题通过网络传播到其他网站，避免网络运行的大震动。

(4) 是安全策略检查站。进出网络的用户信息都必须经过防火墙，所以可疑的访问将会被拒之门外。

防火墙技术具有如下缺点。

(1) 不能防止恶意知情者。恶意知情者一般是指网内用户，如果他们的攻击不经过防火墙，那么防火墙是无能为力的。如果恶意知情者通过内部对网络展开攻击，防火墙也无能为力。

(2) 不能防范不通过它的连接。防火墙针对通过它传输的信息是可以有效防范的，但是如果传输不经过防火墙，防火墙就没有办法阻止。例如，外界用户访问内部数据还有其他的通道，而这个通道也是防火墙授权允许的，当外界用户通过这个通道传输非法数据时，防火墙就无能为力。

(3) 不能防范所有威胁。网络威胁类型非常多，一个设置良好的防火墙可以防范已知的威胁，甚至可以防范已知类型的新威胁，但是没有一个防火墙能够防范所有的威胁。

(4) 不能防范病毒。防火墙的主要作用是用于制定规则，不能清除计算机病毒。实际上，计算机病毒可以通过合法手段进出网络。一旦计算机病毒进入内网，就可以对网络实施攻击。

3. 虚拟专用网技术

虚拟专用网络(Virtual Private Network，VPN)也称虚拟私有网络，本质是通过一个公用的网络建立一个临时的安全连接，这个连接可以看作是一条通过混乱复杂的公用网络的安全的稳定的隧道，是对企业内部网的扩展。

虚拟专用网依靠 ISP 和其他 NSP，在公用网络中建立专用的数据通信网络。在虚拟专用网中，任意两个结点之间没有传统专用网络所需的端到端的物理链路，而是利用公共网络的资源动态组成。用户不再需要拥有实际的长途数据线路，而是使用 Internet 公共网络的线路。

4. 病毒与反病毒技术

计算机病毒(Virus)是一组人为设计的程序，这些程序隐藏在计算机系统中，通过自我复制来传播，满足一定条件就被激活，从而给计算机系统造成一定损害，甚至严重的破坏。这种程序的活动方式与生物学上的病毒相似，所以被称为“计算机病毒”。1994 年出台的《中华人民共和国计算机安全保护条例》对病毒的定义是：计算机病毒是指编制或在计算机程序中插入破坏计算机功能或毁坏数据，影响计算机使用，并能自我复制的一组计算机指令或程序代码。要注意，病毒不是软件，仅仅是程序或程序片段。

计算机病毒的危害非常巨大，可以称为是 Internet 上的公害。人类采取了一系列行之有效的措施来查杀病毒，并专门针对病毒进行了立法。

计算机病毒具有如下特点。

(1) 可执行性。计算机病毒实际上是可执行文件，它隐藏在其他的可执行文件或数据内部，执行时将和合法程序抢占计算机资源。

(2) 破坏性。计算机病毒的破坏性主要表现在两个方面，一是占用计算机资源，导致计算机运行效率较低；二是破坏计算机的软件、数据和硬件设备。

(3) 传染性。计算机病毒通过复制自身进行传染。一个带病毒的文件被传染后，它就可以把病毒传染给其他文件。如此反复执行，计算机病毒很快就会蔓延到整个局域网，甚至整个 Internet。

(4) 潜伏性。计算机系统被病毒感染后，并不是马上就产生不良后果，而是有可能满足条件后才运行，这就称为潜伏性。当条件具备后，计算机病毒发作将会给整个计算机系统带来不良影响。

(5) 针对性。计算机病毒往往具有一定的针对性,例如某些病毒只传染某种类型的文件,或者只传染某公司的软件。

(6) 衍生性。设计良好的计算机病毒有可能在传染过程中进行自我演化(衍生),从而产生不同版本的病毒,这称为病毒变种。变种病毒给计算机网络系统带来的危害可能比原始版本更严重。

(7) 抗反病毒软件性。有的病毒针对反病毒软件专门开发了新的功能,也就是说此类病毒具备检测、破坏反病毒软件的功能。

计算机病毒的传播途径包括以下几类。

(1) 计算机网络。是计算机病毒最重要的传播途径。早期的计算机病毒需要通过宿主传播,而新型病毒可以不通过宿主,直接通过 Internet 传播。使用 Internet 时,无论是浏览网页、下载文件还是收发电子邮件,都有可能感染病毒。

(2) 不可移动的计算机硬件设备。这类设备往往具有专用芯片和硬盘,感染此类硬件设备的病毒很少,但是破坏力很强,而且监测手段也比较少。

(3) 移动存储设备。当前计算机中广泛使用移动硬盘、U 盘、光盘等移动存储设备。如果这些设备被感染,它们也将成为计算机病毒传播的重要途径。

(4) 点对点通信系统及无线通道。有的病毒通过点对点软件和无线通道传播。

计算机病毒的分类方法有多种标准,下面举几个例子来说明。

(1) 根据病毒存在的媒体,计算机病毒可以分为网络病毒、文件病毒和引导区病毒。网络病毒通过计算机网络传染可执行文件,文件病毒传染计算机中某些类型的文件,如 com 文件、exe 文件、docx 文件、xlsx 文件等,引导区病毒感染启动扇区及硬盘的系统引导扇区。实际上,有的病毒兼具以上三种特征,称之为混合型病毒。

(2) 根据病毒传染方法,计算机病毒可以分为驻留型病毒和非驻留型病毒。驻留型病毒指的是计算机运行后把自身保留在内存中的病毒,它始终处于激活状态。非驻留型病毒是指病毒在激活前不感染计算机内存,只有被激活后才进入内存。

(3) 根据病毒的破坏能力,计算机病毒分为无害型病毒、无危险型病毒、危险型病毒、非常危险型病毒。无害型病毒指的是病毒感染后只占用部分磁盘空间,不会对系统产生其他影响;无危险型病毒指的是病毒感染后,系统会产生某些异常现象,例如图像变化、产生声响等,除了占用内存外不会对计算机产生其他影响;危险型病毒对计算机的危害比较大,有可能使计算机产生严重的错误;非常危险型病毒的危害最大,会删除程序,破坏数据,影响内存使用等。

(4) 根据病毒算法的不同,计算机病毒可以分为伴随型病毒、蠕虫型病毒、寄生型病毒。

伴随型病毒并不入侵文件本身,而是基于 exe 文件生成主文件名相同但扩展名为 com 的文件。基于操作系统中 com 文件的运行优先级高于 exe 文件的特点,当操作系统加载文件时,含有病毒体的 com 伴随文件优先执行,然后再由伴随文件执行原来的 exe 文件。

蠕虫型病毒通过计算机网络传播,但是不改变文件内容,此类病毒通过网络复制自身,由一台机器的内存传播到另外一台机器。蠕虫型病毒的主要作用是占据系统内存。

除了伴随型病毒和蠕虫型病毒外,其他病毒都可以称为寄生型病毒。此类病毒依附在系统的引导扇区或某些文件中,通过系统的某些功能传播。

计算机病毒的危害非常大,需要采取以下各种措施进行病毒预防。

(1) 从管理上预防病毒:计算机病毒的传染是通过一定途径来实现的,为此必须重视制定措施、法规,加强职业道德教育,不得传播和制造病毒。另外,还应采取一些有效方法来预防和抑制病毒的传染:①谨慎地使用公用软件或硬件;②对任何新使用的软件或硬件(如磁盘),必须先检查;③定期检测计算机上的磁盘和文件,并及时消除病毒;④对系统中的数据和文件,要定期进行备份;⑤对所有系统盘和文件等关键数据要进行写保护。

(2) 从技术上预防病毒:从技术上对病毒的预防有硬件保护和软件预防两种方法。

任何计算机病毒对系统的入侵都是利用 RAM 提供的自由空间及操作系统提供的相应的中断功能来达到传染的目的。因此,可以通过增加硬件设备来保护系统,此硬件设备既能监视 RAM 中的常驻程序,又能阻止对外存储器的异常写操作,这样就能实现预防计算机病毒的目的。软件预防方法是使用计算机病毒疫苗。计算机病毒疫苗是一种可执行程序,它能够监视系统的运行,当发现某些病毒入侵时可防止病毒入侵,当发现非法操作时及时警告用户或直接拒绝这种操作,使病毒无法传播。

如果发现计算机感染了病毒,应立即清除。通常采用人工处理或使用反病毒软件的方式。人工处理的方法有:用正常的文件覆盖被病毒感染的文件,删除被病毒感染的文件,重新格式化磁盘等。这种方法有一定的危险性,容易造成对文件的破坏。用反病毒软件清除病毒是一种较好的方法。常用的反病毒软件有瑞星、江民杀毒、诺顿以及卡巴斯基等,需要特别注意的是,要及时对反病毒软件进行升级更新,以保持软件的良好杀毒性能。保证数据的安全性,防止病毒破坏,是当今计算机研制人员和应用人员面临的重大课题。

11.3.2 Windows 10 操作系统的安全策略

使用 Windows 10 操作系统时,一定要注意信息安全,同时要做好各种安全防范工作。保持操作系统良好的运行状态是每个用户的需求,因此了解 Windows 操作系统的安全策略并使用是非常有必要的。

以下是常用的 Windows 10 操作系统的安全策略。

(1) 选择 NTFS 文件格式来分区。Windows 10 支持 NTFS 和 FAT32 格式,但 NTFS 格式更安全。另外,在分区的时候,需要将系统程序和应用程序放在不同的分区。

(2) 谨慎安装默认组件。用户需要明白:最少的服务+最小的权限=最大的安全。Windows 10 默认安装的时候,会安装很多普通用户用不到的组件,而这些组件实际是很危险的。如果用户平常用不到,最好不要安装。

(3) 安装正版 Windows 10 操作系统。众所周知,只有正版才是最安全的,有些盗版操作系统内部嵌入了很多木马程序。

(4) 启用 Windows 10 的内部防御系统。Windows Defender 是 Windows 10 操作系

统自带的系统安全防控工具,该工具既可以主动监控,又可以手动扫描,能够满足日常的安全需求。同时该软件所占内存空间较少,误报率较低。

(5) 及时更新和安装系统补丁。作为复杂的 Windows 10 操作系统,虽然功能强大,但也会存在这样那样的问题。因此及时进行系统更新,安装系统补丁是非常有必要的。

(6) 停止使用某些不必要的服务。Windows 提供很多服务,这些服务支持计算机的正常运行,服务组件安装得越多,能享受的服务也就越多,但风险也会越大。因此尽量把那些暂时不用的服务组件屏蔽掉。

(7) 密切关注浏览器的安全设置。人们通过浏览器上网获取信息,但是浏览器经常存在各种漏洞。为保障浏览器更加健壮,需要对浏览器进行安全设置。一般需要设置浏览器的安全级别为“中等”,屏蔽某些插件和脚本,及时清除上网临时文件。

(8) 禁止随意进行网络共享设置。网络共享的目的是为网络用户共享数据提供方便,但同时也带来很大的安全隐患,一些非法用户经常利用网络共享漏洞获得访问权限。需要注意,使用完共享权限后,应及时关闭。

(9) 谨慎使用电子邮件系统。有的电子邮件具有危害性,一旦单击,病毒就可能侵入系统并造成系统的瘫痪,因此不要随便单击电子邮件中的链接,也不要随便下载电子邮件中的附件,尽量使用 Web 格式的电子邮件系统,因为此类电子邮件系统的安全性较高。

11.3.3 电子商务及电子政务安全技术

1. 电子商务安全

电子商务产生于 20 世纪 90 年代,是以电子方式进行商品的服务、生产分配、市场营销、销售或支付行为。同传统的商务相比,电子商务更加高效快捷。近年来,电子商务在中国获得了迅猛发展。

随着 Internet 的发展,电子商务已经在各个平台上生根发芽。虽然其前景非常诱人,但是也存在着巨大风险。尤其是商务活动中的安全问题,已经成为制约电子商务发展的关键因素。电子商务采用的安全技术如下。

(1) 加密技术。对电子商务活动中的敏感信息进行加密是保证电子商务安全的重要步骤。

(2) 数字签名。通过数字签名技术可以实现对原始报文的鉴别和不可抵赖性。数字签名技术是非对称加密技术的应用。

(3) 认证中心。英文为 Certificate Authority,简称为 CA,是专门提供网络认证服务的第三方机构,负责签发和管理数字证书,具有权威性和公正性。CA 类似于公证人,是普遍可信的第三方。

(4) 安全套接层协议(Secure Socker Layer,SSL)。SSL 是网景公司在网络传输层之上提供的一种安全连接技术,它通过数字签名和数字证书实现了浏览器和服务器之间的身份验证。双方身份验证后,就可以用保密密钥进行安全会话了。

(5) 安全电子交易协议(Secure Electronic Transaction,SET)。SET 协议针对网上

安全有效的银行卡交易，为 Internet 上信用卡支付交易提供高层的安全和反欺诈保证，是专门针对电子商务而设计的协议。

（6）Internet 电子邮件的安全协议。电子邮件是电子商务应用中的主要信息传输手段，但是它本身的安全性并不强。Internet 工程任务组为扩充电子邮件的安全性起草了相关的规范。

2. 电子政务安全

电子政务是一个国家的各级政府机关或有关机构借助电子信息技术而进行的政务活动，其实质是通过应用信息技术转变政府传统的集中管理、分层结构的运行模式，以适应数字化社会的需求。由于电子政务对内部数据的保密要求非常高，因此安全问题是首要问题。从安全威胁的来源看，威胁来源于内部和外部，其中内部指的是政府机关内部，而外部指的是社会环境。国务院办公厅明确把信息网络分为内网（涉密网）、外网（非涉密网）和因特网。内网和外网要物理隔离。

当前电子政务存在的安全隐患包括窃取信息、篡改信息、冒名顶替、恶意破坏和失误操作等。有关电子政务安全技术方面的研究，可以借鉴电子商务的经验，也就是说，加密技术数字签名技术认证中心安全认证协议的同样适用于电子政务系统。需要特别强调的是，在电子政务系统的安全建设过程中，管理的作用至关重要。我们不仅需要强调技术的价值，还要认识到人在电子政务信息安全中的价值。因为人既是技术的实施者，又是管理过程的实施者。一定要考虑技术和管理的密切结合，要培训人的安全意识，要以人为本。

11.3.4 信息安全法规概述

计算机犯罪是随着网络化、信息化时代的到来而到来的。随着计算机应用、网络应用的逐步普及和深入，计算机犯罪带来的负面影响越来越大。我们必须采取一切措施，有效防止计算机犯罪规模的扩大化。前面已经说过，防止计算机犯罪，不仅需要技术，还需要管理。从国家层面上来说，我们需要针对信息安全制定一些切实有效的安全法律法规，相关的伦理道德规范如下。

1. 国内信息系统安全法规简介

1987 年，公安部推出了《电子计算机系统安全规范（试行草案）》，这是我国第一部有关计算机安全工作的国家级管理规范。1994 年，《计算机信息系统安全保护条例》发布并实施。2000 年 1 月 1 日，《计算机信息系统国际联网保密管理规定》正式生效，该规定针对计算机信息系统中涉及国家秘密的保密制度及保密监督制度进行了详细规定。2000 年 3 月 20 日，《计算机病毒防治管理办法》正式发布实施，该办法对计算机病毒进行了定义，并对计算机病毒防治工作、传播计算机病毒行为、计算机病毒防治产品生产及检测等进行了具体阐述。2016 年 11 月 7 日，《中华人民共和国网络安全法》正式颁布，2017 年 6 月 1 日正式实施。该法律从网络安全支持与促进、网络运行安全、网络信息安全、监测预警与应急处置、法律责任等方面进行立法。2020 年 1 月 1 日，《中华人民共和国密码法》

正式实施。该法律是国家安全法律体系的重要组成部分,其颁布实施极大提升了立法工作的科学化、规范化和法治化水平,有力促进了密码技术的进步,促进了产业的发展。

2. 国外信息系统安全法规简介

发达国家的信息系统安全立法是从20世纪60年代开始的。1973年,瑞典制定了《数据法》,这可能是世界上第一部直接涉及计算机安全问题的法规。1986年,美国签署《计算机欺诈与滥用法》,对原有立法进行了补充,宣告未经授权的破解计算机口令为犯罪行为。1991年,欧共体部长理事会通过了《计算机程序法律保护的指令》,旨在协调欧共体计算机程序,保护其一致性。1996年,美国发布《国家信息基础设施保护法》,规定未经授权进入受保护的基层的系统,并通过各种形式进行恶意破坏的行为都要受到刑事指控。2018年5月,欧盟颁布了新一代的制度规范《一般数据保护条例》,这是欧盟数据治理的里程碑事件,对全球数据治理生态产生广泛而深刻的影响。

实际上,全世界各个国家都在根据本国的实际情况制定符合实际需求的计算机信息安全法规。

11.4 本章小结

本章介绍了信息安全的概念、信息安全意识及网络道德,使读者对计算机犯罪、网络黑客有初步的认识和辨别能力。详细讲解了常见的信息安全技术,使读者能够掌握这些安全技术的作用和价值,将其应用到日常工作中。本章还详细介绍了Windows 10操作系统的安全策略、电子商务及电子政务的安全技术问题,以及我国及世界各国的信息安全法规等。

习 题 11

1. 单选题

(1) 有关计算机病毒的说法,________不正确。

A. 计算机病毒分为引导区病毒、文件型病毒、混合型病毒、宏病毒等

B. 计算机病毒是一种具有破坏性的程序

C. 计算机病毒实际上是一种计算机程序

D. 计算机病毒是由于程序的错误编制而产生的

(2) 为了保证数据遭到破坏后能及时恢复,必须定期进行________。

A. 数据维护　　B. 数据备份　　C. 病毒检测　　D. 数据加密

(3) 导致信息安全问题产生的原因比较多,但综合起来一般有________两类。

A. 自然威胁和人为威胁　　B. 黑客与病毒

C. 系统漏洞与硬件故障　　D. 计算机犯罪与破坏

(4) 目前常用的反病毒软件的作用是________。

A. 检查计算机是否染有病毒,消除已感染的大部分病毒

B. 杜绝病毒对计算机的侵害

C. 查出计算机已感染的任何病毒

D. 禁止有病毒的计算机运行

(5) ________是网络信息安全面临的自然威胁。

A. 人为攻击　　B. 安全缺陷

C. 设备老化　　D. TCP/IP 的安全漏洞

(6) 有关计算机病毒的说法,错误的是________。

A. 计算机病毒可能破坏硬件设备

B. 计算机病毒是一个程序

C. 不使用外来的不明软盘,就可以减少感染病毒的可能性

D. 计算机病毒是一个应用软件

(7) ________不属于计算机病毒感染的途径。

A. U 盘在不同机器之间频繁使用

B. 把文件保存到硬盘上

C. 通过网络收发电子邮件

D. 通过网络共享或上网检索获得资源

2. 多选题

(1) 信息安全包括四大要素,分别是________。

A. 技术、制度　　B. 流程　　C. 人　　D. 道德

(2) 信息安全所面临的人为威胁,包括________。

A. 人为攻击　　B. 安全缺陷　　C. 软件漏洞　　D. 结构隐患

(3) 良好的信息安全习惯有利于避免不必要的损失,下列属于正确的安全习惯的是________。

A. 定期更换密码　　B. 安装防火墙软件

C. 不要打开可疑的电子邮件　　D. 尽量把文档都打印出来

(4) 有关网络道德的说法中,正确的是________。

A. 用于约束网络从业人员的言行

B. 计算机网络的发展给现实社会的道德意识等带来了冲击

C. 网络犯罪是网络道德行为失范的具体表现

D. 加强网络道德建设对发挥信息安全技术的力量具有重要意义

(5) 计算机犯罪的特点包括________。

A. 犯罪智能化、跨国性　　B. 犯罪手段隐蔽

C. 犯罪目的多样化　　D. 犯罪后果较轻

(6) 计算机犯罪的手段包括________。

A. 制造和传播计算机病毒　B. 数据欺骗和数据泄露
C. 活动天窗、清理垃圾　D. 电子嗅探器、口令破解程序

(7) 常见的信息安全技术包括________。
A. 密码技术　B. 防火墙技术
C. 虚拟专用网技术　D. 病毒与反病毒技术

(8) 计算机病毒具有的特点有________。
A. 可执行性　B. 破坏性　C. 传染性　D. 潜伏性

(9) 属于病毒常见的传播途径的是________。
A. 计算机网络　B. 不可移动的计算机硬件设备
C. 移动存储设备　D. 点对点通信系统和无线通道传播

(10) 防火墙的优点包括________。
A. 能强化安全策略　B. 能有效记录 Internet 上的活动
C. 能隔开网络的不同网段　D. 能够防范病毒

3. 判断题

(1) 防火墙不能防止感染了病毒的软件或文件的传输。（　）

(2) 密码设置得再好,攻击者也能够破解。因此,不需要费心设置密码,只要保证密码不让其他人得到即可。（　）

(3) 网络设备自然老化的威胁属于人为威胁。（　）

(4) 非法接收者试图从密文分析出明文的过程称为解密。（　）

(5) 数据欺骗是指非法篡改计算机输入、处理和输出过程中的数据或输入假数据,从而实现犯罪目的的手段。（　）

(6) 计算机病毒可能破坏硬件。（　）

4. 填空题

(1) 信息安全包括四大要素：技术、制度、流程和________。

(2) 信息安全所面临的威胁来自很多方面,包括自然威胁和________威胁。

(3) 恶意攻击分为被动攻击和________。

(4) ________一般是指网络拓扑结构的隐患和网络硬件的隐患。

(5) ________是用来约束网络从业人员的言行,指导他们思想的一套道德规范。

(6) 所谓________,是指行为人以计算机作为工具或以计算机资产作为攻击对象实施的严重危害社会的行为。

(7) 目前常用的信息安全技术主要有密码技术、防火墙技术、虚拟专用网技术(简称________技术)、病毒与反病毒技术等。

(8) 在信息传输过程中,发送者要发送的消息称为________,将其变成看似毫无意义的随机消息，这样的消息称为________。

(9) 防火墙是用于在内部网和________、专用网和________之间的界面上构造的保护屏障。

(10) ________被定义为通过一个公用网络建立一个临时的、安全的连接，是对企业内部网的扩展。

(11) ________是一组人为设计的程序，这些程序隐藏在计算机系统中，对计算机系统造成一定损害甚至严重破坏。

(12) 计算机病毒预防包括两方面，一是从________上预防病毒，二是从________上预防病毒。

5. 简答题

(1) 什么是信息安全？

(2) 信息安全的四大要素是什么？

(3) 请简述信息安全所面临的威胁。

(4) 什么是计算机犯罪？有什么特点？有哪些计算机犯罪手段？

(5) 简述常见的信息安全技术。

(6) 什么是计算机病毒？病毒的特点是什么？

(7) 简述病毒的传播途径。

(8) 防火墙的优点、缺点是什么？

(9) 什么是虚拟专用网？

参 考 文 献

[1] 刘法胜，曹宝香，郭爱章. 大学 IT[M]. 济南：中国石油大学出版社，2014.

[2] 严蔚敏，吴伟民. 数据结构(C 语言版)[M].北京：清华大学出版社，2018.

[3] 周志华. 机器学习[M]. 北京：清华大学出版社，2016.

[4] 解福，葛俊杰，时秀波. 计算机文化基础[M].高职高专版.12 版. 青岛：中国石油大学出版社，2020.

[5] 邵增珍. 计算机公共课考点分析与题解[M]. 济南：山东大学出版社，2018.

[6] 张海藩，牟永敏. 软件工程导论[M].6 版. 北京：清华大学出版社，2013.

[7] 黄振东.从零开始学区块链[M]. 北京：清华大学出版社，2018.

[8] 刘瑜，刘胜松. NoSQL 数据库入门与实践(基于 Mongo DB、Redis)[M]. 北京：中国水利水电出版社，2018.

[9] 董付国. Python 程序设计[M]. 3 版. 北京：清华大学出版社，2020.

[10] 柏静，邵增珍. 单片机原理与应用技术[M]. 北京：清华大学出版社，2013.

图书资源支持

感谢您一直以来对清华版图书的支持和爱护。为了配合本书的使用，本书提供配套的资源，有需求的读者请扫描下方的“书圈”微信公众号二维码，在图书专区下载，也可以拨打电话或发送电子邮件咨询。

如果您在使用本书的过程中遇到了什么问题，或者有相关图书出版计划，也请您发邮件告诉我们，以便我们更好地为您服务。

我们的联系方式：

地　　址：北京市海淀区双清路学研大厦 A 座 714

邮　　编：100084

电　　话：010-83470236　010-83470237

客服邮箱：2301891038@qq.com

QQ：2301891038（请写明您的单位和姓名）

资源下载：关注公众号“书圈”下载配套资源。

资源下载、样书申请

书圈

获取最新书目

观看课程直播